摩擦材料实用纤维与应用技术

Moca Cailiao Shiyong Xianwei Yu Yingyong Jishu

钱勤 司万宝 杨余章 | 编著

大连理工大学出版社

图书在版编目(CIP)数据

摩擦材料实用纤维与应用技术 / 钱勤，司万宝，杨余章编著. — 大连 : 大连理工大学出版社，2021.10
ISBN 978-7-5685-3210-5

Ⅰ. ①摩… Ⅱ. ①钱… ②司… ③杨… Ⅲ. ①摩擦材料－增强纤维 Ⅳ. ①TB36

中国版本图书馆CIP数据核字(2021)第194545号

出版发行：大连理工大学出版社
（地址：大连市软件园路80号 邮编：116023）
印 刷：大连理工印刷有限公司
幅面尺寸：185mm×260mm
印 张：14
字 数：310千字
出版时间：2021年10月第1版
印刷时间：2021年10月第1次印刷
责任编辑：杨 丹
封面设计：王志峰
责任校对：张昕焱
书 号：ISBN 978-7-5685-3210-5
定 价：78.00元

发 行：0411-84708842
传 真：0411-84701466
E-mail：dutp@dutp.cn
URL：http://dutp.dlut.edu.cn

本书如有印装质量问题，请与我社发行部联系更换。

序

2021 年，全国人民都在认真贯彻落实党的十九届五中全会精神，努力践行习近平新时代中国特色社会主义思想，以实际行动庆祝中国共产党成立 100 周年。

在这个特殊的时刻，行业内的企业家和技术专家钱勤、司万宝、杨余章先生，结合自身多年的工作实践，著书立说，编著出版《摩擦材料实用纤维与应用技术》，向同行奉献自己的知识和经验，为产业的高质量发展助力，不失为一种高尚的行为，应予点赞。

业内人士众所周知，摩擦材料由增强纤维、胶黏剂、填料调整剂三大组分构成，三部分缺一不可。通过对它们进行科学的配伍及合理的加工，才能调整制造出满足具体需要的好产品。多年来的国内外业务交流让我们得出一个结论：要想生产、制造出好的制动与传动制品，虽然影响因素很多，但原材料的质量水平与稳定性因素占据相当大的比重，其中，增强纤维又是基础材料及重要组分。我理解作者正是因为看到了这一点，才会根据自身的生产和研发体会，编著出版本书。

本书系统介绍了用于制造摩擦材料的各种增强纤维的生产工艺和加工技术，比较详细地阐述了各种纤维的性能与应用，同时也列举了部分应用实例以供读者参考。

本书可作为高等院校摩擦材料相关专业的学生和摩擦材料生产企业技术人员的专业性参考资料。希望它能够对行业的人才培养和企业的技术研发及生产应用起到较好的促进作用。

2021 年 4 月 25 日于北京

前 言

编著者之一曾分别于2003年和2017年参与编著了《摩擦材料实用生产技术》和《摩擦材料实用填料与配方设计》两本作品。这两本作品的出版，是编著者从业多年后对摩擦理论与实践经验的总结，在行业内得到了广泛的关注。近几年来，好多朋友询问，对摩擦材料行业涉及的增强纤维材料是否也能出版一本著作，这样就可以完美地形成一个摩擦材料行业技术著作群。当然，这也是编著者多年来的一个心愿，因此我们于2020年撰写了《摩擦材料实用纤维与应用技术》，它也是我们摩擦材料行业技术工作者对建党100周年的献礼。

摩擦材料应用在车辆或各种动力机械上依靠摩擦作用来执行制动和传动功能的部件中，主要包括制动器衬片（俗称刹车片）、制动带和离合器面片（俗称离合器片）、离合器块（俗称刹车块）等。刹车片或带等用于制动，离合器面片或块等用于传动。摩擦材料是一种应用极广又甚为关键的材料，是保证设备运转与行车安全的重要消耗性部件材料。作为一种复合材料，它由高分子黏结（树脂与橡胶等）材料、增强纤维材料和摩擦性能调节类材料构成。这种材料的特点是具有良好的摩擦系数和耐磨损性能，同时还具有一定的耐热性和机械强度，能满足车辆或机械的传动与制动性能要求。它被广泛应用于汽车、火车、农用车辆、飞机、船舰、石油钻机、矿山机械及其他各类工程机械设备以及自行车、洗衣机等生活用机械设备中。

为保证这种关键的安全性消耗部件能正常工作，就应使其满足各种适当的性能要求，如耐热性、抗压强度、冲击强度、洛氏硬度、压缩强度、剪切强度和旋转爆裂强度等技术要求。

确保这些性能的重要措施，就是选择使用适宜的增强材料纤维。因此，进一步了解和掌握作为摩擦材料重要组成成分的增强纤维材料及其作用，就是本书要讨论的内容。

本书包括六章：摩擦材料实用纤维概述、摩擦材料中的常用纤维、摩擦材料用纺织类纤维生产、摩擦材料应用长纤维制品、摩擦材料应用短纤维制品、相关标准。

本书的撰写得到了南通新源特种纤维有限公司、北京恒年技贸公司、江西峰竺新材料科技有限公司、大冶市都鑫摩擦粉体有限公司、海晶须复合材料制造有限公司、博尔纤维有限公司和南通奥新电子科技有限公司等单位以及杨欧、刘巧及冯文广等个人的大力协助。在此表示感谢!

本书的编写还得到了中国摩擦密封材料协会及理事长王耀的支持和指导，在此一并表示感谢!

由于编写人员水平有限，书中所述难免出现疏漏之处，欢迎读者提出批评并指正。

编著者

2021年9月

目 录

绪 论

摩擦是一种“无处不在”的自然现象。在各种车辆或动力机械上应用摩擦进行安全工作是最为典型的利用摩擦。摩擦材料是依靠摩擦作用来执行制动或传动功能的部件，主要包括制动器衬片（俗称刹车片）、制动带（俗称刹车带）和离合器面片（俗称离合器片）、离合器块（俗称刹车块）等。刹车片或刹车带等用于制动，离合器面片或离合器块等用于传动。

任何机械设备与各种车辆运动，都必须要有制动或传动装置。摩擦材料就是这种制动或传动装置上的关键性部件。制动片最主要的功能就是确保机械等正常安全运转，从而使机械设备与各种机动车辆能够安全可靠地工作。所以说摩擦材料是一种应用极广又甚为关键的材料，也是保证设备运转与行车安全的消耗性重要部件。摩擦材料是一种复合材料，由高分子黏结（树脂与橡胶等）材料、增强纤维材料和摩擦性能调节类材料，即构成摩擦材料的三大要素所构成。摩擦材料的主要性能特点是具有良好的摩擦系数及良好的耐磨损性能，同时还具有一定的耐热性和机械强度等，能满足车辆或机械的传动与制动的性能要求。它被广泛应用在汽车、轨道车辆、农用机械与农用车辆、飞机、船舰、石油钻机、矿山机械及各类工程机械设备以及自行车、洗衣机等生活用机械方面。

为保证这种关键的安全性消耗部件能正常工作，就应使其具有适当的各种物理机械强度，如耐热性、抗压强度、冲击强度、洛氏硬度、压缩强度、剪切强度等。

确保摩擦材料这些性能的重要措施，就是选择使用适宜的增强纤维材料。因此，进一步了解和掌握作为摩擦材料重要组成成分的增强纤维材料及其作用，就是本书要讨论的内容。

第一章 摩擦材料实用纤维概述

纤维是指一种由连续或不连续的细丝组成的物质。通常人们将长度比直径大数百倍的、具有一定柔韧性和强力的纤细物质统称为纤维。纤维的主要特性是弹性模量大，塑性形变小，强度高。

在自然界中，可以看到很多长度比直径大数百倍并具有一定柔韧性的纤细物质，它们都可以称为纤维，用在摩擦材料中的纤维称为增强纤维。但是，并不是所有的纤维都能作为摩擦材料制品的增强纤维材料。

作为摩擦材料制品的增强纤维，要具有可纺性和一定的强度、弹性、细度、长度等，更为重要的是要有较好的耐热性。随着科学技术的发展，人们已经开发出很多新型化学纤维作为增强纤维，用于生产摩擦材料。

第一节 纤维的分类与鉴别方法

纤维的种类很多，一般分为天然纤维与化学纤维两大类。天然纤维是自然界存在的、可以直接取得的纤维，根据其来源又可分为植物纤维、动物纤维和矿物纤维三种。而化学纤维又可分为人造纤维、合成纤维、无机纤维三种。

天然纤维，是指棉、羊毛、蚕丝、麻等自然界生长形成的适用于纺织的纤维。在动植物体内，纤维在维系组织方面起到重要作用。

人造纤维，是指由人通过各种方法制造成的一大类纤维。人造纤维是聚合物经过一定的加工（牵引、拉伸、定型等）后形成的细而柔软的细丝。人造纤维具有弹性模量大、塑性形变小、强度高等特点，具有很高的结晶能力，相对分子质量小，一般为几万。

纤维用途广泛，可制成细线、线头、麻绳以及造纸或织毡，还可以织造成纤维层状物体，同时也常用来制造其他类型物料。纤维是组成复合材料以及摩擦材料等的重要材料，是摩擦材料的重要组成成分之一。

一、分类

（一）天然纤维

天然纤维是自然界存在的、可以直接取得的纤维，根据其来源可分为植物纤维、动物纤维和矿物纤维三类。

1. 植物纤维

植物纤维是指由植物的种子、果实、茎、叶等，经处理加工得到的纤维，是天然的纤维素纤维，有从植物韧皮得到的纤维，如亚麻、黄麻、罗布麻等，以及从植物叶上得到的纤维，如剑麻、蕉麻等。

（1）植物纤维：其主要化学成分是纤维素，故也称纤维素纤维。

（2）种子纤维：是指由一些植物种子表皮细胞生长成的单细胞纤维，如棉、木棉等。

（3）韧皮纤维：是从一些植物韧皮部取得的单纤维或工艺纤维，如亚麻、苎麻、黄麻、竹纤维等。

（4）叶纤维：是从一些植物的叶子或叶鞘取得的工艺纤维，如剑麻、蕉麻等。

（5）果实纤维：是从一些植物的果实取得的纤维，如椰子纤维等。

2. 动物纤维

动物纤维是指由动物的毛或昆虫的腺分泌物中得到的纤维。从动物毛发得到的纤维有羊毛、兔毛、骆驼毛、山羊毛、牦牛绒等，从动物腺分泌物得到的纤维有蚕丝等。因动物纤维的主要化学成分是蛋白质，故也称其为蛋白质纤维。

动物纤维（天然蛋白质纤维）包括：毛发纤维和腺体纤维。

（1）毛发纤维：在动物毛囊中生长的、具有多细胞结构、由角蛋白组成的纤维，如绵羊毛、山羊绒、骆驼毛、兔毛、马海毛等。

（2）腺体纤维：由一些昆虫丝腺所分泌的，特别是由鳞翅目幼虫所分泌的物质形成的纤维，如蚕丝。此外还有由一些软体动物的分泌物形成的纤丝纤维。

3. 矿物纤维

矿物纤维是从纤维状结构的矿物岩石中获得的纤维，主要组成物质为各种氧化物，如二氧化硅、氧化铝、氧化镁等，其主要来源为各类石棉，如温石棉、青石棉等。

（二）化学纤维

化学纤维是指经过化学处理加工而制成的纤维，可分为人造纤维、合成纤维和无机纤维。

1. 人造纤维

人造纤维也称再生纤维。人造纤维是指用含有天然纤维的物质，如木材、甘蔗、芦苇、大豆蛋白质纤维等及其他失去纺织加工价值的纤维原料，经过化学加工而制成的纺织纤维。主要用于纺织的人造纤维有粘胶纤维、醋酸纤维、铜氨纤维。

2. 合成纤维

合成纤维的化学组成和天然纤维完全不同，是指用一些本身并不含有纤维素或蛋白质的物质，如石油、煤、天然气、石灰石或农副产品，先合成单质，再用化学合成与机械加工的方法制成的纤维，如聚酯纤维（涤纶）、聚酰胺纤维（锦纶或称尼龙）、聚乙烯醇纤维（维尼纶）、聚丙烯腈纤维（腈纶）、聚丙烯纤维（丙纶）、聚氯乙烯纤维（氯纶）等。

3. 无机纤维

无机纤维是指以天然无机物或含碳高聚物纤维为原料，经人工抽丝或直接碳化制成的纤维，包括玻璃纤维、金属纤维、碳纤维和单晶纤维（晶须）。

（三）其他分类

（1）按长度与细度，分为棉型（38~51 mm）、毛型（64~114 mm）、长丝、中长型（51~76 mm）、超细型（小于0.9 dtex）。

（2）按截面形态，分为普通圆形、中空和异形纤维以及环状或皮芯纤维。

（3）按卷曲程度，分为高卷曲、低卷曲、异卷曲、无卷曲纤维。

（4）按差别化纤维分类，可分为高性能纤维、功能纤维或智能纤维等。

（5）按加工方式，分为不同初加工和改性的纤维。

（6）按纺织方式，分为高速纺丝、牵伸丝（DTY）、预取向丝（POY）、全取向丝（FOY）、变形丝等。

（7）按资源储备状态，分为大种纤维和特种纤维。

二、鉴别方法

（一）手感目测法

所谓手感目测法，就是用眼看、用手摸来鉴别纤维的方法，其原理是根据各种纤维的外观、颜色、光泽度、长短、粗细、强度、弹性、手感和含杂情况等，依靠人的感觉器官来定性鉴别纤维制品。

（二）显微镜法

显微镜法是用显微镜观察未知纤维的纵面和横截面形态，对照纤维的标准照片和形态描述来鉴别未知纤维的类别。

（三）溶解法

溶解法是利用纤维在不同温度下、不同化学试剂中的溶解特性来鉴别纤维。

（四）含氯含氮呈色反应法

含有氯、氮元素的纤维用火焰、酸碱法检测，会出现特定的呈色反应，这种鉴别方法称为含氯含氮呈色反应法。

（五）熔点法

合成纤维在高温作用下，大分子间键接结构产生变化，由固态转变为液态。通过目测和光电检测，从外观形态的变化测出纤维的熔融温度即熔点。不同种类的合成纤维具有不同的熔点，依此鉴别纤维的类别，称为熔点法。

（六）密度梯度法

各种纤维的密度不同，根据所测定的未知纤维密度并将其与已知纤维密度对比来鉴别未知纤维的类别，称为密度梯度法。

（七）红外吸收光谱鉴别法

当一束红外光照射到被测试样上时，该物质分子将吸收一部分光能并将其转变为分子的振动能和转动能。借助于仪器将吸收值与相应的波数作图，即可获得该试样的红外吸收光谱。该光谱中每一个特征吸收谱带都包含了试样分子中基团和键的信息。不同物质有不同的红外吸收光谱图。红外吸收光谱鉴别法就是利用这种原理，将未知纤维与已知纤维的标准红外吸收光谱进行比较来鉴别纤维的类别。

（八）双折射率测定法

由于纤维具有双折射性质，利用偏振光显微镜可分别测得平面偏光振动的方向，得到平行于纤维长轴方向的折射率和垂直于纤维长轴方向的折射率，二者相减即得双折射率。由于不同纤维的双折射率不同，因此可以用双折射率的大小来鉴别纤维的类别，这就是双折射率测定法。

（九）燃烧法

根据纤维靠近火焰、接触火焰和离开火焰时的状态及燃烧时产生的气味和燃烧后残留物的特征来辨别纤维类别的鉴别方法称为燃烧法。

1. 棉、麻、竹等植物纤维和粘胶纤维

棉、麻、竹等植物纤维和粘胶纤维的主要成分是纤维素，容易燃烧，产生黄色及蓝色火焰，有烧纸或草的气味，灰烬呈灰色，易飞扬。

2. 羊毛、蚕丝

羊毛、蚕丝（蛋白质）燃烧缓慢，徐徐冒烟，燃烧时缩成一团，有特殊的焦臭味，灰烬呈小球状，一压即碎。

3. 合成纤维

（1）锦纶：边燃烧边熔化，无烟或略有白烟，火焰小，呈蓝色，有烧焦的芹菜味，灰烬为浅褐色小硬珠，不易捻碎。

（2）涤纶：燃烧时边卷缩，边熔化，边冒烟，火焰为黄白色，有芳香味，灰烬为褐色小珠，可以用手捻碎。

（3）腈纶：边缓慢燃烧，边熔化，火焰为亮白色，有时略有黑烟，有鱼腥味，灰烬为黑色小珠，脆而易碎。

（4）维尼纶：缓慢燃烧并迅速收缩，火焰小，呈红色，有黑烟和特殊气味，灰烬为褐色小珠，可用手捻碎。

（5）氯纶：难以燃烧，当接近火焰时，边收缩边燃烧，离火即灭，有氯气的气味，灰烬为黑色硬块。

（6）丙纶：燃烧时边卷缩，边熔化，火焰明亮，呈蓝色，有燃烧蜡质的气味，灰烬为硬块，但可以捻碎。

4. 无机纤维

（1）玻璃纤维：不燃烧，熔融不变色，灰烬为本色，呈小玻璃珠状。靠近火焰时不熔不缩，接近火焰时变软发红光，离开火焰时变硬不燃烧，灼烧后纤维变形，呈硬珠状。

（2）碳纤维：靠近火焰时不熔不缩，接近火焰时像烧铁丝一样发红，离开火焰时不燃烧。燃烧时略有辛辣味，残留物呈原有状态。

（3）金属纤维：靠近火焰时不熔不缩，接近火焰时在火焰中燃烧并发光，离开火焰时自灭，残留物呈硬块状。

第二节　摩擦材料用增强纤维的技术性能指标

在自然界中，有许多长度比直径大得多且具有一定柔韧性的纤维物质，但并不是所有的纤维都能用作摩擦材料的增强纤维材料。哪些纤维能用作摩擦材料制品的增强纤维材料，是根据摩擦材料性能的需要决定的。目前，摩擦材料制品所选用的增强纤维材料的技术要求，主要是对增强纤维材料的力学性能或其他性能方面的一些要求，如要具有良好的可纺性和具有一定的强度、弹性、细度、长度等。更为重要的是，摩擦材料制品的工作环境还需要增强纤维材料有较好的耐热性。自然界中的棉、麻等都是比较理想的增强纤维材料。

随着科学与技术的发展，人们已经开发出很多新型化学纤维作为增强纤维材料，用于生产摩擦材料，从而使摩擦材料可用的增强纤维的种类变得更多。按照天然纤维和化学纤维的线状形态，可分为连续长纤维、短切纤维与粉状纤维三大类，以满足不同摩擦材料制品的结构、性能与生产工艺的要求。简言之，不同的摩擦材料制品对增强纤维材料均有不同的技术要求。

适用于摩擦材料制品的增强纤维材料的主要技术性能指标有细度、纤维长度、拉伸强度、捻度、捻向、含水率等。

一、细度

细度是指单位长度纤维或纱线的质量，表征纱线的粗细度。

细度是纤维和纱线的重要指标，在其他条件相同的情况下，纤维越细，可纺纱的细度越细，成纱强度越高。纤维和纱线的细度指标有直接和间接两种。直接指标即纤维单丝直径和截面积。由于大多数纤维及纱线的截面形状不规则，其直径和截面积难以测定，所以细度一般都用间接指标表示。间接指标一般用纤维的细度来表示，即用单位长度的纤维量或单位质量的纤维长度来表示，因为纤维密度是固定的。

（一）定长制单位

特克斯（简称特）tex：1 tex = $g/L \times 1\,000$，式中 g 为纤维或纱线的质量单位，L 为纤维或纱线的长度（m）。

旦尼尔（D）：1 D = $g/L \times 9\,000$，式中 g为纤维或纱线的质量（g），L为纤维或纱线的长度（m）。

（二）定重制单位

公制支数（Nm）：1 Nm = L/G，式中 G 为纤维或纱线的质量（g），L为纤维或纱线的长度（m）。

英制支数（Ne）：1 Ne = $L/G \times 840$，式中G为纤维或纱线的质量（lb），L为纤维或纱线的长度（yd）。

（三）线密度换算

公制支数（Nm）与旦尼尔（D）的换算公式：1 D = 9 000 / Nm。

英制支数（Ne）与旦尼尔（D）的换算公式：1 D = 5 315 / Ne。

英制支数（Ne）与公制支数（Nm）的换算公式：1 Nm = 1.693 Ne。

特克斯（tex）与旦尼尔（D）的换算公式：1 tex = 1 D / 9。

特克斯（tex）与公制支数（Nm）的换算公式：1 tex = 1 000 / Nm。

特克斯（tex）与英制支数（Ne）的换算公式：1 tex = 1 K / Ne。

注：纯棉纱公定回潮率为 9.89% 时，K = 583.1；公定回潮率为 8.5% 时，K = 590.5。

二、纤维长度

纤维长度是指纤维伸直而未产生伸长时两端的距离。纤维长度越长，成纱的强度越高，可纺纱支越细。

天然纤维的长度主要受动植物的种类和生长条件的影响，化学纤维的长度是根据需要而定的，可以人为控制。

天然纤维的长度是不均的，在一定长度范围内形成一定的长度分布，测定纤维长度时，一般都是测定纤维集合体的长度。根据测定方法的不同，表达纤维长度的指标也有很多种，主要长度指标有以下几点：

（一）纤维加权平均长度

纤维加权平均长度是纺织纤维长度的集中性指标，指一束纤维试样长度的平均值。根据测试方法不同，可分为计数加权平均长度、计重加权平均长度和调和平均长度等，主要用于毛、麻、绢和化学短纤维。

（二）主体长度

主体长度是常用的纺织纤维长度指标之一，指一束纤维试样中根数最多或质量最大的一组纤维的长度，分别称为计数或计重主体长度。

（三）品质长度

品质长度是用来确定纺纱工艺参数的纺织纤维长度指标，又称右半部平均长度或上半部平均长度。采用不同的测试方法，得出的品质长度不同，目前主要指使用可见光扫描式长度分析仪测得的比平均长度长的那一部分纤维的计数加权平均长度。计重（罗拉式仪器法）主体长度以上的平均长度亦称右半部平均长度。

（四）跨距长度

跨距长度是使用HVI系列数字式照影仪测得的纤维长度指标。该指标的测定是利用伸出梳子的纤维的透光量与纤维层遮光量，来快速测定纤维长度及长度整齐度的。跨距长度是指采用梳子随机夹持取样（纤维须丛）、纤维由夹持点伸出的长度。所形成的分布符合纤维长度计数的二次积分函数规律，可在照影仪上自动快速测出，并且已成为重要的长度指标。棉纤维常采用2.5%的跨距长度。

（五）手扯长度

手扯长度是在手感目测的检验方法中，用手扯尺量法测得的棉纤维长度。测定时用手扯的方法整理纤维，并除去丝团、杂质，使其成为伸直平行端平齐的纤维束，在黑绒板上量取平齐端到另一端不露黑绒板处的长度即为手扯长度，其度量单位为 mm，以组距为 1 mm 的单数值表示，如 28 mm、29 mm 等。各国的手扯长度值是不同的，这是根据使用的仪器长度来定义的。

三、拉伸性能

纺织纤维的拉伸性能测试是纤维品质检验的重要内容，纺织纤维在加工和使用过程中会受到各种外力的拉伸作用而产生变形，甚至被破坏，拉伸性能与纤维的纺织加工性能和纺织品的服用性能有密切的关系。纤维制品的坚牢度在一定程度上也取决于纤维本身的拉伸强度。纺织纤维的拉伸强度指标主要有以下几点。

（一）断裂强力

断裂强力是指拉断纤维或纱线断裂所需要的力，一般以 cN、N 或 dN 表示。断裂强力是一个绝对指标，与纤维或纱线的材质和细度有关。

（二）断裂应力

断裂应力是指纤维或纱线断裂时单位截面积所承受的力，其计算公式为

$$\sigma = P/S$$

式中　σ——纤维或纱线的断裂应力，cN/mm^2；

P——纤维或纱线的断裂强力，cN；

S——纤维或纱线的截面积，mm^2。

（三）相对强度

相对强度是指纤维或纱线断裂时单位线密度所承受的力，其计算公式为

$$P_0 = P/Tt$$

式中　P_0——纤维或纱线的相对强度，cN/tex；

P——纤维或纱线的断裂强力，cN；

Tt——纤维或纱线的线密度，tex。

（四）断裂长度

断裂长度是指纤维或纱线在自身重力的作用下被拉断时所具有的长度，用 Lp 表示，单位是 km。直接测量纤维或纱线的断裂长度是很困难的，一般都是根据其断裂强力和线密度计算得到的。

四、捻度、捻向

捻度、捻向是纱线的物理性能和使用特性，是由组成纱线的纤维的性质和纱线的结构决定的。影响纱线的结构最重要的因素是加捻。加捻是指将短纤维条、长丝或纱线绕轴线回转，使之相互抱合成纱、股线和线缆的工艺过程。

（一）捻度

纱线单位长度内的捻回数称为捻度。按不同的单位长度，有特克斯制捻度（T_1）、公制捻度（T_m）和英制捻度（T_e）等。

三种单位之间的换算公式为

$$T_1 = T_m/10 = 3.937\, T_e$$

式中　T_1——每 10 cm 长纱线的捻回数；

T_m——每米长纱线的捻回数；

T_e——每英寸长纱线的捻回数。

（二）捻向

纱线加捻的方向称为捻向，有 Z、S 两种。它是根据加捻后纤维在纱线中或单纱在股线中的倾斜方向而定的，如图 1.1 所示。一般单纱多采用 Z 捻，股线多采用 S 捻。

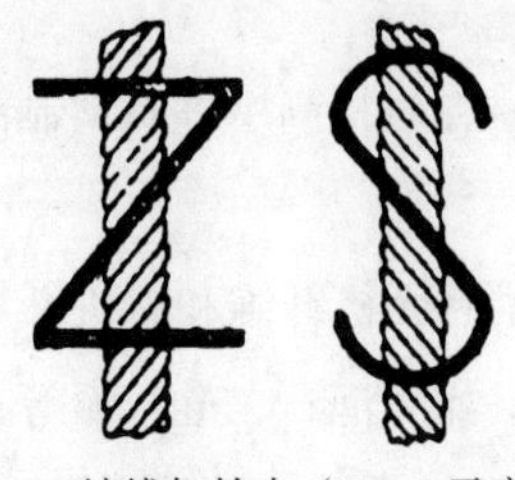

图 1.1　纱线加捻向（Z、S 示意图）

五、含水率

一般情况下，纺织材料中均含有一定的水分，其含水量的多少用含水率或回潮率表示。

（1）含水率：纺织材料所含水分的质量对纺织材料的实际质量的百分率；

（2）回潮率：纺织材料所含水分的质量对纺织材料的干燥质量的百分率。

含水率计算公式为

$$H=\frac{(G-G_0)}{G}\times 100\%$$

式中 H——纺织材料的含水率，%；

G——纺织材料的实际质量，g；

G_0——纺织材料的干燥质量，g。

回潮率计算公式为

$$W=\frac{(G-G_0)}{G_0}\times 100\%$$

式中 W——纺织材料的回潮率，%；

G——纺织材料的实际重量，g；

G_0——纺织材料的干燥重量，g。

含水率和回潮率换算公式为

$$H=\frac{100\,W}{100+W} \qquad W=\frac{100\,H}{100-H}$$

第三节 摩擦材料用增强纤维及其制品的要求

摩擦材料属于一类复合材料。摩擦材料用增强纤维在制品中的主要作用，就是能增加摩擦材料制品的强度，以使制品符合和满足各种应用工况条件的使用要求。

一、基本要求

摩擦材料中所使用的增强纤维材料对提高摩擦材料制品的强度性能有最为直接的影响，是摩擦材料重要的组成成分之一。

现在摩擦材料制品中常用的纤维有无机纤维和有机纤维。

无机纤维包括天然矿物纤维类，如海泡石、硅灰石等；各种特性的矿棉纤维类和无机纤维类，如 FKF 纤维、陶瓷纤维、硅酸铝纤维、岩棉纤维类、复合矿物纤维、玻璃纤维等；金属纤维类，如钢纤维、铜纤维，铝纤维等；高性能纤维，如芳纶或芳纶浆粕、碳纤维等。

有机纤维在一般摩擦材料制品中采用，如纤维素纤维、纸基有机纤维或合成纤维，植物纤维也多有应用，但主要作为辅助成分被少量使用。但随着技术的发展，目前已上市的产品是具有明显有别于传统生产工艺制品特性的摩擦材料，如碳/陶类摩擦材料，以简单的纸基有机纤维为主要增强材料，用其制成的摩擦材料制品可达到较佳性价比。

增强纤维材料是构成摩擦材料的基材，它赋予摩擦制品足够的机械强度，使其能承受摩擦片在生产过程中的磨削和铆接加工的负荷力，以及使用过程中由于制动和传动所产生的冲击力、剪切力、压力，离合器面片高速旋转的作用力，避免发生破坏和破裂。

摩擦材料对增强纤维材料的基本要求：化学成分稳定，耐热性好，可提高制品强度和改善耐磨性，有较大的比表面积，具有良好的工艺性能且分散性好，吸附能力强并有较好的可纺性，硬度适宜而不损伤对偶，不产生噪声，符合环保要求等。

具体要求如下：

（1）纤维均匀、强度较高、增强效果好、性价比高。

（2）耐热性好，在摩擦工作温度下，不会发生因纤维而影响摩擦工作的现象。

（3）纤维硬度不宜过高，以免产生制动噪声和损伤对偶。

（4）工艺可操作性好或与他种纤维的互混性、分散性好。

（5）有利于舒适及安全环保要求。

由于对摩擦材料制品性能的上述要求，再加上产品价格成本因素，所以一些纤维无法单独担任增强组分的角色及较好满足各方面的性能要求。因此，现在摩擦材料制品均混合使用多种纤维，以达到纤维的最佳使用效果。

在选用纤维时，一个重要的原则是纤维及制品的综合技术经济性能，即合理的性价比，根据不同的品种、不同的用途以及不同用户的不同要求来选择适当的纤维组合，组织摩擦材料制品的生产，满足用户对摩擦材料制品使用性能的要求。

二、制品技术要求

众所周知，摩擦材料的主要工作往往是在较高温度下进行的，又是在具有一定压力、速度的环境中，因其使用特点，要求它必须具有较好的耐热性、较高的强度及其他的一些特性，如，摩擦材料制品在机动车辆或运动机械的离合器系统及制动器系统中都是关键的、安全的消耗性部件。在传动和制动过程中，摩擦材料制品的主要性能应满足以下技术要求。

（一）有适宜而稳定的摩擦系数

摩擦系数是评价任何一种摩擦材料制品的一个很重要的性能指标，关系到摩擦材料制品执行传动或制动功能。摩擦系数不是一个常数，而是受温度、压力、摩擦速度或表面状态及周围介质因素等环境影响而发生变化的一个系数。理想的摩擦系数应是理想的冷摩擦系数和可以控制的温度衰退。由于摩擦产生热量，增高了工作温度，会引起摩擦材料的摩擦系数与磨损率发生较大变化，因此在摩擦材料结构中，必须含有适宜的增强材料作为基本保证。

温度是影响摩擦系数的重要因素。摩擦材料在摩擦过程中，温度会迅速升高，一般当温度达到200 ℃以上后，摩擦系数开始急剧下降，当温度达到制品结构中的树脂或橡胶分解温度范围后，就会产生摩擦系数的骤然降低。这种现象被称为热衰退，热衰退会严重影响摩擦材料的使用性能，在摩擦过程中会导致制动效能变差或恶化，在应用中就会降低摩擦力，即降低了制动作用，这是非常危险的，也是必须要避免的，否则会造成重大行车安全事故。因此在摩擦材料中加入耐高温、增强作用理想的增强纤维材料与摩擦调节材料，是减少和克服产生热衰退和过恢复的有效手段。我国汽车制动器衬片台架试验标准中就有制动力矩速度稳定性的要求，规定在恢复性试验中，最大的制动力矩与第一次效能试验中制动管路压力相同的制动力矩之差值，以百分数计，应小于20%。与此同时引起的磨损增大，也是影响安全的重要因素。下一个较长大坡路段磨损过大，将会影响行车安全。这与摩擦材料制品强度有直接的关系。

摩擦系数与磨损性能通常随速度增大而降低，但过多的降低也不能忽视。因此当车辆行驶速度加快时，要防止制动效能的下降。

摩擦材料表面沾水时，摩擦系数也会降低；当表面的水膜消除、恢复至干燥状态后，摩擦系数就会恢复正常，这被称为涉水恢复性。装车涉水试验表明，一般经涉水的摩擦片在轻点刹车后，性能就可基本恢复正常。

摩擦材料表面沾有油污时，摩擦系数会显著下降，但应能保持一定的摩擦力，摩擦片仍有一定的制动效能，但制动效果要大打折扣。因此，在摩擦材料制品中配制适宜的增强纤维材料也非常重要。

（二）良好的耐磨性

摩擦材料的耐磨性是其使用寿命的反映，也是衡量摩擦材料耐用程度的重要经济技术指标。耐磨性越好，表明它的使用寿命越长。尽管摩擦材料属于消耗性材料，但是应该是耐用的时间越长越好。摩擦材料在工作过程中的磨损主要是由摩擦接触表面产生的剪切力造成的，磨损方式有黏着磨损、切削磨损及磨粒磨损。

工作温度是影响磨损量的重要因素。当材料表面温度达到有机黏结剂的热分解温度范围时，有机黏结剂如橡胶或树脂等均会产生分解、碳化和失重现象。随温度的升高，这种现象加剧，黏结作用下降，磨损量急剧增大，这种磨损被称为热磨损。

选用合适的减磨填料，使用耐热性好的树脂或橡胶，能有效地减少材料的工作磨损，特别是热磨损，从而延长摩擦材料制品的使用寿命。

摩擦材料的耐磨性指标有多种表示方法。GB 5763《汽车用制动器衬片》中规定的磨损指标是，测定材料样品在定速式摩擦试验机上在100 ℃至350 ℃温度范围内每档温度（50 ℃为一档）的磨损率。磨损率是样品与对偶表面进行相对滑动过程中做单位摩擦功时的体积磨损量，可由测定其摩擦力、滑动距离及样品因磨损而造成的厚度减少计算得出。但由于被测样品在摩擦性能测试的过程中受高温影响会产生不同程度的热膨胀，因此掩盖了样品的厚度磨损，有时甚至出现负值，即样品经高温磨损后的厚度反而增大，这就不能真实反映出实际磨损。因此有的生产厂除测定样品的体积磨损率外，还要测定样品的质量磨损率。

国内一些汽车制造厂对配套用的刹车片的磨损率有规定，要求在对检测样品进行定速式摩擦试验中，100 ℃、150 ℃、200 ℃、250 ℃、300 ℃、350 ℃六档温度下的磨损率总和不应超过一个限定值（一般规定为 2.5%、1.8% 或 1.5%）。

若要使制品耐磨性好，其工作中受各种力的作用影响就要小，要有较强的强度保证。显而易见，这与使用增强纤维材料有密不可分的关系。

（三）具有良好的机械强度和物理性能

摩擦材料制品在装配使用之前，需要进行钻孔、铆装、装配等机械加工，这样才能制成制动器总成或离合器总成。在摩擦工作过程中，摩擦材料除了要承受很高的温度，同时还要承受较大的压力与剪切力。因此，要求摩擦材料必须具有足够的机械强度，以保证在加工或使用过程中不出现破损与碎裂。对于刹车片，要求有一定的抗冲击强度、铆接应力、抗压强度等，对于黏结型的刹车片，如盘式片，还要求具有足够的常温黏结强度与高温（200 ℃以上的温度）黏结强度，以保证刹车片与钢背黏结得相当牢固，可经受盘式刹车片制动过程中的高剪切力而不产生相互脱离，避免造成制动失效的严重后果；对于离合器面片，则要求具有足够的抗冲击强度、抗弯曲强度、最大应变值以及较高的旋转破坏强度等，这是为了保障离合器面片在运输、铆装加工过程中不致损坏，也是为了保障离合器面片在高速旋转的工作条件下不发生破裂。

在摩擦材料制品直接进行机械加工和安装、装配的过程中，制品强度更为重要，这都体现出增强纤维材料在摩擦材料中的重要作用。

（四）制动噪声要低

制动噪声关系到车辆行驶时的舒适性，而且会对周围环境特别是对城市环境造成噪声污染。对于轿车和城市公交车来说，制动噪声低是一项重要的性能要求，对于轿车盘式刹车片而言，摩擦性能良好的无噪声或低噪声刹车片成为首选产品。制动噪声已经被人们所重视，有关部门已经提出了标准规定。一般汽车产生的噪声不应该超过85 dB。

引起制动噪声的因素很多，因为刹车片只是制动总成的一个部件，制动时刹车片与刹车鼓（或盘）在高速与高比压相对运动下的强烈摩擦作用，会使彼此产生震动，从而产生不同程度的噪声。

就摩擦材料而言，长期的使用经验告诉我们，造成制动噪声的因素大致有以下几点：

（1）摩擦材料的摩擦系数越高，越容易产生噪声。摩擦系数达到0.45以上时，极易产生噪声。

（2）制品材质硬度高，易产生噪声。

（3）硬度较高的填料或高硬度的增强纤维材料用量过多时，易产生噪声。

（4）刹车片经高温制动作用后，工作表面形成光亮而坚硬的碳化膜，又称釉质层，在制动摩擦时会产生较高的震动及相应的噪声。

由此可知，适当控制摩擦系数使其不要过高，降低制品的硬度，减少硬质填料用量，不采用高硬度的纤维材料及避免工作表面形成碳化层，使用减震垫以降低振动频率等，均有利于减少与消除噪声。

（五）磨损对偶面较小

摩擦材料制品在传动或制动过程中，都要通过与对偶件即摩擦盘或制动鼓（或盘）的摩擦实现，在此摩擦过程中，这一对摩擦偶件相互都会产生磨损，这是正常现象。但是作为消耗性材料的摩擦材料制品，除自身应该尽量小地磨损外，与对偶件的磨损也要小，也就是应该使对偶件的使用寿命延长，这才能充分显示出其具有良好的摩擦性能。同时在摩擦过程中，也不应使对偶件即摩擦盘或制动鼓（或盘）的表面出现较重的擦伤、划痕、沟槽等过度磨损的情况。

（六）符合环保要求

现在对摩擦材料制品在环保方面的要求也越来越高，如欧美国家要求在摩擦材料成分中不得含有重金属，如铅、六价铬等。据资料介绍，近期欧盟国家要对摩擦材料制品中使用的铜等金属提出限制。从发展上看，还要及时满足对磨削产物提出的环保性要求，因此摩擦材料中选用的增强纤维材料，除要满足使用性能要求外，还要符合环保的要求。

（七）完好的外观

摩擦材料制品的外观质量应符合使用图纸要求，经加工的制品表面应光滑、平整，不得有严重的毛刺与黏附磨削加工产生的磨灰。制品表面不得有锈蚀，如离合器面片表面最好进行表面处理，以防止出现粘连和造成车辆启动不了的后果。这就要求在摩擦材料制品中选用不影响外观质量的重要材料，即纤维材料。

（八）较低的产品成本

摩擦材料制品要有较低的成本，材料的选用、生产的工艺方法、生产效率、工时与能耗等均应考虑成本。

除此之外，对摩擦材料的性能要求还包括附着性、密度、黏附性、压缩性、膨胀性、内剪切、耐震性、耐候性、吸油、吸水、弹性模量、抗压强度、孔隙度、弯曲强度、最大应变等。

第二章 摩擦材料中的常用纤维

人们在日常生活中接触到的纤维和纤维制品繁多。用于生产摩擦材料制品的纤维也很多，其中常用的纤维种类有石棉、棉纤维、玻璃纤维、碳纤维、芳纶纤维、有机纤维、无机纤维、天然矿物纤维、陶瓷纤维及金属纤维等。

摩擦材料制品中应用纤维的主要目的是提高摩擦材料制品的强度与性能。纤维材料在摩擦材料中的增强作用赋予摩擦材料足够的机械强度，使其能够承受生产和使用过程中的各种力的影响，避免制品在加工和使用过程中受到破损。摩擦材料对所用纤维材料的基本要求：化学成分稳定，热稳定性好，以提高摩擦材料的强度、改善摩擦和磨损性能；比表面积大，且最好呈绒毛状，具有优良的亲和性与吸附性，有利于与摩擦材料组成成分中的黏结材料，如酚醛树脂或各类改性酚醛树脂等及其他组分的粘接；具有良好的分散性，以满足产品技术质量的要求和较高的生产工艺需要；硬度适中，避免产生噪声和损伤摩擦对偶；具有良好的环保性能，以满足环保要求。

目前在摩擦材料中，常用的增强纤维材料主要有以下数种：

（1）玻璃纤维。玻璃纤维是使用最广泛的增强结构材料，其主要优点是具有良好的性价比，具有稳定、耐腐蚀、耐热和易加工等特点。其长纤维与短切纤维均是摩擦材料广泛使用的重要的增强纤维材料。

（2）有机聚合物纤维。有机聚合物纤维包括芳纶纤维、芳纶浆粕纤维和聚酯纤维，在制品结构中不像玻璃纤维那样呈直线状，而是呈卷曲状，这一性状可使其在制品中的分布均匀性更好。

（3）碳纤维。碳纤维有 PAN 型碳纤维和沥青基碳纤维两种，这两种纤维的增强作用有一定的差异，PAN 型碳纤维要明显优于沥青基碳纤维，应用于生产具有特殊性能要求的摩擦材料制品，而沥青基碳纤维应用于生产一般性能要求的摩擦材料制品。

（4）腈纶纤维。腈纶纤维学名为聚丙烯腈纤维，商品名称为腈纶，国外商品名称为奥纶。因外观蓬松，有卷曲，也被称为人造羊毛。

（5）粘胶纤维。粘胶纤维是再生纤维的一个主要品种。以棉为原料制成的纤维素纤维，叫作粘胶纤维。

（6）天然纤维。天然纤维主要包括纤维素纤维、棉纤维、剑麻纤维、黄麻纤维。这些纤维在一些摩擦材料制品中均有所应用。

（7）玄武岩纤维。玄武岩纤维是以天然玄武岩石料在1 450~1 500 ℃熔融后，通过铂铑合金拉丝漏板高速拉制而成的连续纤维。

（8）矿物纤维。矿物纤维主要有矿棉和陶瓷纤维，包括氧化铝纤维、硼纤维、碳化硅纤维、硅铝纤维以及其他金属氧化物纤维等，在摩擦材料制品中也被开始利用。

（9）纸基纤维。纸基纤维是一种利用废纸经加工制成的短纤维，价格低，对于明显提高强度的效果不太理想，但较适用于盘式刹车片制品。其工艺性能较好，极易与他种纤维互混，尤其是用于新型的摩擦材料"水湿法"新工艺，对改善制品摩擦稳定性能具有特别明显的作用。纸基纤维不结团，互混性好，分散性好，极易与多种纤维相容，特别是具有"湿料经干后"仍不起尘的特点。

（10）金属纤维。金属纤维包括钢纤维、铜纤维和铝纤维等，在摩擦材料中的主要作用是增强或改善制品耐磨、耐热等性能。

（11）其他纤维。其他纤维主要是石棉纤维。石棉纤维过去是摩擦材料中最重要的增强纤维材料，现在由于对人有危害已被多国禁用，但随着石棉替代纤维的不断出现，一些新的无机纤维开始用于摩擦材料制品中，如海泡石、水镁石和FKF纤维等。

第一节　玻璃纤维

玻璃纤维（glass fiber）是一种性能优异的无机非金属工程材料，简称玻纤，是最重要的人造矿物纤维。玻纤种类繁多，优点是绝缘性好、耐热性强、抗腐蚀性好、机械强度高，缺点是性脆、耐磨性较差。它是由叶蜡石、石英砂、石灰石、白云石、硼钙石、硼镁石等矿石为原料，经高温熔制、拉丝、络纱、织布等工艺处理加工制成的。其单丝的直径为几微米到二十几微米，每束纤维原丝都由数百根甚至上千根单丝组成。玻璃纤维通常用作复合材料中的增强材料、电绝缘材料、绝热保温材料、过滤材料、电路基板材料等。

玻璃是一种非晶体，它没有固定的熔点，一般认为它的软化点为500～750 ℃，沸点为1 000 ℃。

一、基本性能

（一）外观形态

玻璃纤维外观呈光滑的圆柱状。棉、麻、粘胶纤维等有机纤维表面由于具有较深的褶皱，表面为非圆形形态。而玻璃纤维由于表面光滑，纤维之间的抱合力很小，因此影响了与制品中黏结材料的复合效果。

（二）物理性能

1. 密度

玻璃纤维的密度为2.4～2.76 g/cm^3，比有机纤维高，与金属铝的密度相近。玻璃纤维的密度主要取决于玻璃纤维的成分。一些特种玻璃纤维，如石英玻璃纤维、高硅氧玻璃纤维、低介电玻璃纤维等，其密度只有2.0～2.2 g/cm^3。而含有大量重金属氧化物的高模量玻璃纤维，其密度可达2.7～2.9 g/cm^3。玻璃纤维的密度通常要比相同成分的块状玻璃低。

2. 机械强度

玻璃纤维具有较高的拉伸强度，在重量相同时，其断裂强度要比钢丝高2～4倍。玻璃纤维的拉伸模量为7 800 MPa，远远高于一般的有机纤维。玻璃纤维作为增强塑料的补强材料应用时，最大的特征是拉伸强度大。拉伸强度在标准状态下是6.3～6.9 g/d，湿润状态下是5.4～5.8 g/d。密度为2.54 g/cm^3。耐热性好，温度在达到300 ℃时对强度没影响。

（三）主要特点

玻璃纤维比有机纤维耐高温，不燃，抗腐，隔热、隔声性能好，拉伸强度高，电绝缘性好，但性脆，耐磨性较差，用来制造增强塑料或增强橡胶。玻璃纤维本身具有绝缘性好、耐高温、抗腐蚀能力好的特性，已被应用在3D打印技术领域。

作为补强材料的玻璃纤维具有以下特点，这些特点使玻璃纤维的应用远较其他种类纤维来得广泛，发展速度亦遥遥领先：

（1）拉伸强度高，伸长率小（3%）。

（2）弹性系数高，刚性佳。

（3）弹性限度内伸长量大，且拉伸强度高，故吸收冲击能量大。

（4）为无机纤维，具有不燃性，耐化学性佳。

（5）吸水性小。

（6）尺度安定性、耐热性均佳。玻璃纤维不会因环境温度的变化而变形。玻璃纤维的最大伸长率仅为3%。玻璃纤维的应力和应变之间保持线性关系，直至断裂。在承受拉伸载荷时，玻璃纤维具有弹性材料的性质，没有塑性能量损耗。

（7）硬度较高。玻璃纤维的硬度与其固有的脆性相结合，构成了突出的低弯曲阻抗性。在对玻璃纤维进行纺织加工的过程中，玻璃纤维会受到弯曲应力，为了提高纤维的弯曲阻抗性，应减小其直径。

（8）加工性佳，可做成股、束、毡、织布等不同形态的产品。

（9）透明，可透过光线。

（10）与树脂附着性良好。

（11）价格便宜。

（12）不易燃烧，高温下可熔成玻璃状小珠。

二、主要成分

玻璃纤维的主要成分为二氧化硅、氧化铝、氧化钙、氧化硼、氧化镁、氧化钠等，根据玻璃中碱含量的多少，可分为无碱玻璃纤维 [氧化钠0~2%（质量分数），属铝硼硅酸盐玻璃]、中碱玻璃纤维 [氧化钠8%~12%（质量分数），属含硼或不含硼的钠钙硅酸盐玻璃] 和高碱玻璃纤维 [氧化钠13%（质量分数）以上，属钠钙硅酸盐玻璃]。

三、材料分类

玻璃纤维按形态和长度可分为连续纤维、定长纤维和玻璃棉；按单丝直径分类可分为粗纤维、初级纤维、中级纤维和高级纤维；按玻璃成分可分为无碱、高碱、中碱、高强度、高弹性模量和耐碱（抗碱）玻璃纤维等；按玻璃纤维生产工艺分为两种：两次成型坩埚拉丝法、一次成型池窑拉丝法玻璃纤维。目前用在摩擦材料中的玻璃纤维一般是中碱或无碱玻璃纤维，或初级纤维，或中级纤维。

（一）按形态和长度分类

生产玻璃纤维的主要原料有石英砂、氧化铝和叶蜡石、石灰石、白云石、硼酸、纯碱、芒硝、萤石等。生产方法大致分为两类：一类是将熔融玻璃直接制成纤维；另一类是将熔融玻璃先制成直径为20 mm的玻璃球或棒，再以多种方式加热重熔后制成直径为3~80μm的超细纤维。通过铂合金板以机械拉丝方法拉制的无限长的纤维，称为连续玻璃纤维，通称长纤维。通过辊筒或气流制成的非连续纤维，称为定长玻璃纤维，通称短纤维。玻璃棉在摩擦行业目前不用，故省略。

（二）按单丝直径分类

玻璃纤维按单丝直径可分为粗纤维（单丝直径为30μm）、初级纤维（单丝直径为20μm）、中级纤维（单丝直径为10~19μm）和高级纤维（单丝直径为3~9μm）。

（三）按成分、性能和用途分类

玻璃纤维按成分、性能和用途，可分为无碱、中碱、低碱玻璃纤维三种。E 玻璃纤维也就是无碱玻璃纤维使用最普遍，广泛应用于电绝缘材料。

生产玻璃纤维所使用的玻璃不同于生产其他玻璃制品的玻璃。国际上已经商品化的用于生产纤维的玻璃如下：

1. E 玻璃

E 玻璃亦称无碱玻璃，是一种硼硅酸盐玻璃。它具有良好的电气绝缘性及机械性能，广泛用于生产电绝缘玻璃纤维，也大量用于生产玻璃钢用玻璃纤维，它的缺点是易被无机酸侵蚀，故不宜用在酸性环境中。

2. C 玻璃

C 玻璃亦称中碱玻璃，其特点是耐化学性较好，特别是耐酸性优于无碱玻璃，但电气性能差，机械强度低于无碱玻璃纤维 10%~20%。通常国外的中碱玻璃纤维含一定数量的三氧化二硼，而我国的中碱玻璃纤维则完全不含硼。在国外，中碱玻璃只是用于生产耐腐蚀的玻璃纤维产品，如用于生产玻璃纤维表面毡等，也用于增强沥青屋面材料，但在我国中碱玻璃纤维占据玻璃纤维产量的一大半（60%），广泛用于玻璃钢的增强以及过滤织物、包扎织物等的生产，因为其价格低于无碱玻璃纤维而有较强的竞争力。

3. 高强玻璃

高强玻璃的特点是具有高强度、高模量，它的单纤维拉伸强度为2 800 MPa，比无碱玻璃纤维拉伸强度高25%左右，弹性模量为86 000 MPa，比E玻璃纤维的强度高。用高强玻璃纤维生产的玻璃钢制品多用于军工、空间、防弹盔甲及运动器械。但是由于价格昂贵，如今在民用方面还不能得到推广，全世界年产量也就几千吨左右。

4. AR 玻璃

AR玻璃亦称耐碱玻璃，用它生产的耐碱玻璃纤维是玻璃纤维增强（水泥）混凝土（简称GRC）的肋筋材料，是100%无机纤维，在非承重的水泥构件中是钢材和石棉的理想替代品。耐碱玻璃纤维的特点是耐碱性好，能有效抵抗水泥中高碱物质的侵蚀，握裹力强，弹性模量、抗冲击、抗拉、抗弯强度极高，不燃，抗冻，耐温度、湿度变化能力强，抗裂、抗渗性能卓越，具有可设计性强、易成型等特点，耐碱玻璃纤维是广泛应用在高性能增强（水泥）混凝土中的一种新型的绿色环保型增强材料。

5. A 玻璃

A 玻璃亦称高碱玻璃，是一种典型的钠硅酸盐玻璃，因耐水性很差，故很少用于生产玻璃纤维。检验高碱玻璃纤维的简单方法是将纤维放在沸水里煮 6 ~ 7 h，如果是高碱玻璃纤维，经过沸水煮后，经向和纬向的纤维就全部变疏松了。

6. E-CR 玻璃

E-CR 玻璃是一种改进的无硼无碱玻璃，用于生产耐酸、耐水性好的玻璃纤维，其耐水性比无碱玻纤改善 7 ~ 8 倍，耐酸性比中碱玻纤也优越不少，是专为地下管道、贮罐等开发的新品种。

7. D 玻璃

D 玻璃亦称低介电玻璃，用于生产介电强度好的低介电玻璃纤维。

除了以上的玻璃纤维成分以外，如今还出现一种新的无碱玻璃纤维，它完全不含硼，从而减轻了环境污染，但其电绝缘性能及机械性能都与传统的 E 玻璃相似。另外还有一种双玻璃成分的玻璃纤维，已用在生产玻璃棉中，据称在做玻璃钢增强材料方面也有潜力。此外还有无氟玻璃纤维，是为环保要求而开发出来的改进型无碱玻璃纤维。

（四）按生产工艺分类

玻璃纤维的生产工艺有两种：两次成型坩埚拉丝法，一次成型池窑拉丝法。

两次成型坩埚拉丝法工艺繁多，先把玻璃原料高温熔制成玻璃球，然后将玻璃球二次熔化，高速拉丝制成玻璃纤维原丝。这种工艺有能耗高、成型工艺不稳定、劳动生产效率低等种种弊端，基本被大型玻纤生产厂家淘汰。

一次成型池窑拉丝法把叶腊石等原料在窑炉中熔制成玻璃溶液，排除气泡后经通路运送至多孔漏板，高速拉制成玻纤原丝。窑炉可以通过多条通路连接上百个漏板同时生产。这种工艺工序简单、节能降耗、成型稳定、高效高产，便于大规模全自动化生产，成为国际主流生产工艺，用该工艺生产的玻璃纤维约占全球产量的90%以上。

四、安全防护

（1）穿戴适当的防护服。

（2）切勿吸入粉尘。

（3）避免与皮肤和眼睛接触。不慎与眼睛接触后，请立即用大量清水冲洗并征求医生意见。

五、主要用途

（一）无捻粗纱

无捻粗纱是由平行原丝或平行单丝集束而成的。无捻粗纱按玻璃成分可分为无碱玻璃无捻粗纱和中碱玻璃无捻粗纱。生产玻璃无捻粗纱所用玻纤的直径为12~23μm。无捻粗纱的号数从150号到9 600号。无捻粗纱可直接用于某些复合材料工艺成型方法中，如缠绕、拉挤工艺，因其张力均匀，故也可织成无捻粗纱织物，在某些用途中还将无捻粗纱进一步短切。

1. 喷射用无捻粗纱

适用于玻璃钢喷射成型的无捻粗纱要具备如下性能：

（1）良好的切割性，在连续高速切割时产生的静电少。

（2）无捻粗纱切割后分散成原丝的效率要高，即分束率高，通常要求在90%以上。

（3）短切后的原丝具有优良的覆模性，可覆盖在模具的各个角落。

（4）树脂浸透快，易于被辊子辊平并易于驱赶气泡。

（5）原丝筒退解性能好，粗纱线密度均匀，适用于各种喷枪及纤维输送系统。喷射用无捻粗纱都由多股原丝络制而成，每股原丝含200根玻纤单丝。

2.SMC用无捻粗纱

SMC即片状模塑料，主要用于压制汽车部件、浴缸、水箱板、净化槽、各种座椅等。SMC用无捻粗纱在制造SMC片材时要切成1 in（25.4 mm）的长度，分散在树脂糊中，因此对SMC用无捻粗纱的要求是短切性好、毛丝少、抗静电性优良，在切割时短切丝不会黏附在刀辊上。对着色的SMC而言，无捻粗纱要在颜料含量高的树脂糊中被树脂浸透。SMC用无捻粗纱一般为2 400 tex，少数情况下也有4 800 tex的。

3. 缠绕用无捻粗纱

缠绕法用于制造各种口径的玻璃钢管、贮罐等。缠绕用无捻粗纱的号数从1 200号到

9 600 号，缠绕大型管道及贮罐多倾向于直接无捻粗纱，如 4 800 tex 的直接无捻粗纱。对缠绕用无捻粗纱的要求如下：

（1）成带性好，呈扁带状。

（2）退解性好，在从纱筒退解时不脱圈，不形成“鸟巢”状乱丝。

（3）张力均匀，无悬垂现象。

（4）线密度均匀，一般误差须小于 ±7%。

（5）浸透性好，从树脂槽通过时易为树脂浸润及浸透。

4. 拉挤用无捻粗纱

拉挤用于制造断面一致的各种型材，其特点是玻纤含量高、单向强度大。拉挤用无捻粗纱可以是由多股原丝并合的，也可以是直接的无捻粗纱，其线密度范围为1 100号到4 400号。各种性能要求与缠绕用无捻粗纱大体相同。

5. 织造用无捻粗纱

无捻粗纱的一个重要用途是织造各种厚度的方格布或单向无捻粗纱织物，它们大多用于手糊玻璃钢成型工艺。对织造用无捻粗纱有如下要求：

（1）良好的耐磨性。

（2）良好的成带性。

（3）在织造前须强制烘干。

（4）张力均匀，悬垂度应符合一定标准。

（5）退解性好。

（6）浸透性好。

6. 预型体用无捻粗纱

在预型体工艺中，无捻粗纱被短切并喷附在预定形状的网上，同时喷少量树脂使纤维网固定成型，然后将成型的纤维网片移入金属模具，注入树脂热压成型，即得制品。对用于这种工艺的无捻粗纱的性能要求与对喷射无捻粗纱的要求基本相同。

（二）无捻粗纱织物

方格布是无捻粗纱平纹织物，是手糊玻璃钢重要基材。方格布的强度主要在织物的经纬方向上，对于要求经向或纬向强度高的场合，也可以织成单向方格布，它可以在经向或纬向布置较多的无捻粗纱。对方格布的质量要求如下：

（1）织物均匀，布边平直，布面平整呈席状，无污渍、起毛、折痕、皱纹等。

（2）经、纬密度，单位面积的重量，布幅及卷长均符合标准。

（3）卷绕在牢固的纸芯上，卷绕整齐。

（4）迅速、良好的树脂渗透性。

（5）织物制成的层合材料的干、湿态机械强度均应达到要求。

用方格布铺敷成型的复合材料其特点是层间剪切强度低，耐压和疲劳强度差。

（三）玻璃纤维毡片

1. 短切原丝毡

将玻璃原丝（有时也用无捻粗纱）切割成 50 mm 长，随机但均匀地铺陈在网带上，随后施以乳液黏结剂或撒布上粉末黏结剂，经加热固化后黏结成短切原丝毡。短切毡主要用于手糊、连续制板、对模模压和 SMC 工艺中。对短切原丝毡的质量要求如下：

（1）沿宽度方向单位面积的重量均匀。

（2）短切原丝在毡面中分布均匀，无大孔眼形成，黏结剂分布均匀。

（3）具有适中的干毡强度。

（4）优良的树脂浸润及浸透性。

2. 连续原丝毡

将拉丝过程中形成的玻璃原丝或从原丝筒中退解出来的连续原丝呈8字形铺敷在连续移动网带上，经粉末黏结剂黏合而成。连续玻纤原丝毡中的纤维是连续的，故其对复合材料的增强效果较短切毡好。主要用在拉挤法、RTM法、压力袋法等工艺及玻璃毡增强热塑料（GMT）中。

3. 表面毡

玻璃钢制品通常需要形成富有树脂层，这一般是用中碱玻璃表面毡来实现的。这类毡由于采用中碱（C）玻璃制成，故赋予玻璃钢耐化学性，特别是耐酸性，同时因毡薄、玻纤直径较细之故，还可吸收较多树脂形成富树脂层，遮住了玻璃纤维增强材料（如方格布）的纹路，起到表面修饰作用。

4. 针刺毡

针刺毡分为短切纤维针刺毡和连续原丝针刺毡。短切纤维针刺毡是将玻纤粗纱短切成50 mm长，随机铺放在预先放置在传送带上的底材上，然后用带倒钩的针进行针刺，针将短切纤维刺进底材中，而钩针又将一些纤维向上带起形成三维结构。所用底材可以是玻璃纤维或其他纤维的稀织物。这种针刺毡有绒毛感，其主要用途包括用作隔热隔声材料、衬热材料、过滤材料，也可用在玻璃钢生产中，但所制玻璃钢强度较低，使用范围有限。连续原丝针刺毡是将连续玻璃原丝用抛丝装置随机抛在连续网带上，经针板针刺，形成纤维相互勾连的三维结构的毡。这种毡主要用于玻璃纤维增强热塑料可冲压片材的生产。

5. 缝合毡

短切玻璃纤维从50 mm至60 cm长均可用缝编机将其缝合成短切纤维或长纤维毡，前者可在若干用途方面代替传统的用黏结剂黏结的短切毡，后者则在一定程度上代替连续原丝毡。它们的共同优点是不含黏结剂，避免了生产过程的污染，同时浸透、结合性能好，价格较低。

（四）短切原丝与磨碎纤维

1. 短切原丝

短切原丝分为干法短切原丝及湿法短切原丝。前者用在增强塑料生产中，而后者则用于造纸。用于玻璃钢的短切原丝又分为增强热固性树脂（BMC）用短切原丝和增强热塑性树脂用短切原丝两大类。对增强热塑性塑料用短切原丝的要求是用无碱玻璃纤维，强度高且电绝缘性好，短切原丝集束性好、流动性好、白度较高。增强热固性塑料用短切原丝要求集束性好，易被树脂浸透，具有很好的机械强度及电气性能。

2. 磨碎纤维

磨碎纤维由锤磨机或球磨机将短切纤维磨碎而成。磨碎纤维主要在增强反应注射工艺（RRIM）中用作增强材料，在制造浇铸制品、模具等制品时用作树脂的填料，用以改善表面裂纹现象，降低模塑收缩率，也可用作增强材料。

（五）玻璃纤维织物

玻璃纤维织物是以玻璃纤维纱线织造的各种玻璃纤维织物。

1. 玻璃布

我国生产的玻璃布分为无碱和中碱两类，国外大多数是无碱玻璃布。玻璃布主要用于生产各种电绝缘层压板、印制电路板、各种车辆车体、贮罐、船艇、模具等。中碱玻璃布主要用于生产涂塑包装布，以及用于耐腐蚀场合。织物的特性由纤维性能，经、纬密度，纱线结构和织纹所决定，经、纬密度又由纱结构和织纹决定。经、纬密度加上纱结构，就决定了织物的物理性质，如重量、厚度和断裂强度等。有五种基本的织纹：平纹、斜纹、缎纹、螺纹和席纹。

2. 玻璃带

玻璃带分为有织边带和无织边带（毛边带），主要织法是平纹。玻璃带常用于制造强度高、介电性能好的电气设备零部件。

3. 单向织物

单向织物是一种用粗经纱和细纬纱织成的四经破缎纹或长轴缎纹织物，其特点是在经纱主向上具有高强度。

4. 立体织物

立体织物是相对于平面织物而言的，其结构特征从一维、二维发展到了三维，从而使以此为增强体的复合材料具有良好的整体性和仿形性，大大提高了复合材料的层间剪切强度和损伤容限。它是根据航天、航空、兵器、船舶等部门的特殊需求发展起来的，今天其应用已拓展至汽车、体育运动器材、医疗器械等部门。

立体织物主要有五类：机织三维织物、针织三维织物、正交及非正交非织造三维织物、三维编织织物和其他形式的三维织物。立体织物的形状有块状、柱状、管状、空心截锥体及变厚度异形截面等。

5. 异形织物

异形织物的形状和它所要增强的制品的形状非常相似，必须在专用的织机上织造。对称形状的异形织物有圆盖、锥体、帽、哑铃形织物等，还可以制成箱、船壳等不对称形状。

6. 槽芯织物

槽芯织物是由两层平行的织物，用纵向的竖条连接起来所组成的织物，其横截面形状可以是三角形或矩形。

7. 玻璃纤维缝编织物

玻璃纤维缝编织物亦称为针织毡或编织毡，它既不同于普通的织物，也不同于通常意义的毡。最典型的玻璃纤维缝编织物是一层经纱与一层纬纱重叠在一起，通过缝编将经纱与纬纱编织在一起成为织物。

玻璃纤维缝编织物的优点如下：

（1）可以提高玻璃钢层合制品的极限抗张强度、张力下的抗脱层强度以及抗弯强度。

（2）减轻玻璃钢制品的重量。

（3）表面平整使玻璃钢表面光滑。

（4）简化手糊成型工艺，提高劳动生产效率。

这种增强材料可以在拉挤法玻璃钢及 RTM 中代替连续原丝毡，还可以在离心法玻璃钢管生产中取代方格布。

8. 玻璃纤维绝缘套管

玻璃纤维绝缘套管以玻璃纤维纱编织成管，并涂以树脂材料制成的各种绝缘等级的套管，有 PVC 树脂玻纤漆管、丙烯酸玻纤漆管、硅树脂玻纤漆管等。

（六）组合玻璃纤维

20 世纪 70 年代以来，出现了把短切原丝毡、连续原丝毡、无捻粗纱织物和无捻粗纱等按一定的顺序组合起来的增强材料，大体有以下几种：

（1）短切原丝毡 + 无捻粗纱织物。

（2）短切原丝毡 + 无捻粗纱布 + 短切原丝毡。

（3）短切原丝毡 + 连续原丝毡 + 短切原丝毡。

（4）短切原丝毡 + 随机无捻粗纱。

（5）短切原丝毡或布 + 单向碳纤维。

（6）短切原丝毡 + 表面毡。

（7）玻璃布 + 单向无捻粗纱或玻璃细棒 + 玻璃布。

（七）玻璃纤维湿法毡

玻璃纤维无纺布系列产品起源于欧洲，后引入美国、日本、中国等国家。我国先后建立了几条大型生产线，主要技术来自德国，如常州的中兴天马、陕西华特的生产线。

国内玻璃纤维湿法毡主要分类：

（1）屋面毡，用作改性沥青防水卷材、彩色沥青瓦等防水材料的基材。

（2）管道毡，用于石油、天然气管道的包覆，与沥青结合防止地下管道腐蚀。

（3）表面毡，用于玻璃钢制品的塑形和表面抛光。

（4）贴面毡，用于墙面和天花板，可以防止涂料的开裂、橘皮，多用于装饰大型会议室、高档酒店。

（5）地板毡，用作 PVC 地板的基材。

（6）地毯毡，用作方块地毯的基材。

（7）覆铜板毡，贴附于覆铜板可增强其冲、钻性能。

（8）蓄电池隔板毡，用作铅酸蓄电池隔板毡的基材。

（八）玻璃纤维布

玻璃纤维布主要用于玻璃钢行业。建筑行业也有用玻璃纤维布的，主要作用就是增大强度。也用作建筑外墙保温层、内墙装饰、内墙防潮防火等。

玻璃纤维布品种：玻璃纤维网格布、玻璃纤维方格布、玻璃纤维平纹布、玻璃纤维轴向布、玻璃纤维壁布、玻璃纤维电子布。

玻璃纤维布的作用：

（1）增强刚性和硬度，玻纤的增加可以提高塑料的强度和刚性，但是塑料的韧性会下降，例如，弯曲模量。

（2）提高耐热性和热变形温度，以尼龙为例，增加了玻纤的尼龙，热变形温度至少提高 2 倍，一般的玻纤增强尼龙耐温都可以在 220 ℃以上。

（3）提高尺寸稳定性，降低收缩率。

（4）减少翘曲变形。

（5）减少蠕变。

（6）因为存在烛芯效应，所以会干扰阻燃体系，影响阻燃效果。

（7）降低表面的光泽度。

（8）增加吸湿性。

玻纤处理：玻纤的长度直接影响材料的脆性。短纤玻纤如果处理不好会降低冲击强度，长纤玻纤处理好会提高冲击强度。要使材料脆性不至于下降很大，就要选择一定长度的玻纤。

结论：要获得好的冲击强度，玻纤的表面处理和玻纤的长度至关重要！

含纤量：产品的含纤量也是一个关键的问题。我国的含纤量一般取 10%、15%、20%、25%、30%（质量分数）等整数，而国外则根据产品的用途来决定含纤量。

我国玻璃纤维产能有显著的增加，目前正在研发先进玻璃纤维，其目的是提高拉伸强度、模量和耐热性。为了满足市场对强度更高材料的需求，利于玻璃纤维与碳纤维和其他材料的竞争，玻纤制造商正在致力于研发拉伸强度比现有产品高2~3倍的玻璃纤维。目标用途包括风轮叶片、自行车架和航空器件。

近几年玻纤热塑性增强材料发展迅猛，玻纤应用已从建筑建材、电子电器、轨道交通、石油化工、汽车制造等传统工业领域扩展到航天航空、风力发电、过滤除尘、环境工程、海洋工程等新兴领域。

摩擦材料中使用的玻璃纤维主要是 E 玻璃纤维和 C 玻璃纤维。在性能方面，E 玻璃纤维优于 C 玻璃纤维。用玻璃纤维制成的摩擦片与石棉纤维摩擦片相比，有较高的冲击强度，但不足之处是它的硬度偏高，容易损伤对偶金属材料。所以，在摩擦材料基体中，采用模量较低的改性树脂及橡胶共混，有益于改善制品的硬度。

第二节 对位芳纶纤维

对位芳纶纤维（aramid fiber）全称为聚对苯二甲酰对苯二胺，英文缩写为PPTA，我国俗称芳纶1414，是一种新型高科技合成纤维。对位芳纶纤维各项性能优异，具有超高强度、高模量、耐高温、耐酸耐碱、密度小等优良性能，它还具有良好的绝缘性和抗老化性能，并且在高温下不熔化。对位芳纶纤维的发现，被认为是材料界一个非常重要的历史进程。

对位芳纶纤维具有的良好的耐热性能、耐腐蚀性能和很高的机械性能，使得它在摩擦密封复合材料行业得到了广泛的应用。

一、发展历史

对位芳纶纤维首先由美国杜邦（Dupond）公司于1965年开始研制，并于1972年商业化，商品名为ARAMID纤维，牌号为Kevlar，行销全球各地。该纤维具有超高强度、高模量、耐高温、耐酸耐碱、耐大多数有机溶剂腐蚀的特性，且Kevlar纤维尺寸稳定性也非常好。这使得它在航天工业、轮船、帘子线、通信电缆及增强复合材料等方面得到了广泛的应用。

我国的清华大学、东华大学、晨光化工研究院、上海市合成纤维研究所有限公司及巴陵石油化工有限责任公司等单位先后开展过 PPTA 的合成及纺丝研究工作。最近几年来，加快其开发及产业化步伐已成为促进我国国防军工及相关产业快速发展的迫切需要。

二、主要性能

对位芳纶最突出的性能是其高强度、高模量和出色的耐热性。同时，它还具有适当的韧性可供纺织加工。标准PPTA芳纶的比拉伸强度是钢丝的6倍、玻纤的3倍、高强尼龙工业丝的2倍；其拉伸模量是钢丝的3倍、玻纤的2倍、高强尼龙工业丝的10倍；在200 ℃下经历100 h，仍能保持原强度的75%，在160 ℃下经历500 h，仍能保持原强度的95%。据此，对位芳纶大多被用作轻质、耐热的纺织结构材料或复合结构增强材料。对位芳纶的性能缺陷是压缩强度和压缩模量较低、耐潮湿和耐紫外辐射性差、表面与基体复合黏合性差。为了适应不同的应用需要，厂商开发了不同型号的对位芳纶品种，对位芳纶的主要应用特性见表2.1。

表 2.1 对位芳纶的主要应用特性

商品牌号	应用特性	密度 / ($g·cm^{-3}$)	拉伸强度 / ($cN·dtex^{-1}$)	拉伸模量 / ($cN·dtex^{-1}$)	伸长率 / %	氧指数 / %	分解温度 / ℃	吸湿率 / %
Kevlar 29	标准	1.44	20.3	490	3.6	29	500	7.0
Kevlar 49	高模	1.45	20.8	780	2.4	29	500	3.5
Kevlar 119	高伸	1.44	21.2	380	4.4	29	500	7.0
Kevlar 129	高强	1.44	23.4	670	3.3	29	500	7.0
Kevlar 149	高模	1.47	16.8	1 150	1.3	29	500	1.2
Twaron Reg	标准	1.44	21.0	500	4.4	29	500	6.5
Twaron HM	高模	1.45	21.0	750	2.5	29	500	3.5
Technora	高强	1.39	24.7	520	4.6	25	500	2.0
Armos	高强高模	1.43	35.0 ~ 39.0	1 050	3.5 ~ 4.0	39 ~ 42	575	2.0 ~ 3.5
Rusar C	高强高模	1.46	36.3	1 074	2.6	35	575	2.3
Rusar HT	高强高模	1.47	34.7	1 200	2.6	45	575	1.4

三、对位芳纶的纺丝工艺及应用

（一）杜邦公司工艺

杜邦公司的 Kevlar 纤维用两步法工艺，其步骤如下：

（1）溶解，将合成好的聚合物与冷冻浓硫酸混合，固含量约为 19.4%。

（2）熔融，将混合好的纺丝液加热到 85 ℃的纺丝温度，此时形成液晶溶液。

（3）挤出，纺丝液经过滤后用齿轮泵从喷丝口挤出。

（4）拉伸，挤出液在一个被称为气隙的约为 8 mm 的空气层中进行拉伸后长度约为拉伸前的 6 倍。

（5）凝固，液态丝条可以在温度为5 ~ 20 ℃、质量分数为5% ~ 20%的硫酸凝固浴中凝固成型。

（6）水洗 / 中和 / 干燥，丝条从凝固浴出来后水洗，在 160 ~ 210 ℃加热干燥。

（7）卷绕，干的 Kevlar 纤维在卷筒上卷绕。此工艺的纺丝速度大于 200 m/min。

（二）一步法制备工艺

由于对位芳纶两步法纺丝过程复杂，生产成本较高。由于硫酸有腐蚀性，对设备的要求很高，且残存的浓硫酸会使纤维在纺丝过程中导致聚合物的降解，因此限制了纤维的强度和模量。为缩短流程、简化工艺，人们探索出由聚合物原液直接纺丝制纤维的新工艺。

1. 旭化成公司工艺

旭化成公司生产对位芳纶，其工艺流程图如图 2.1 所示。

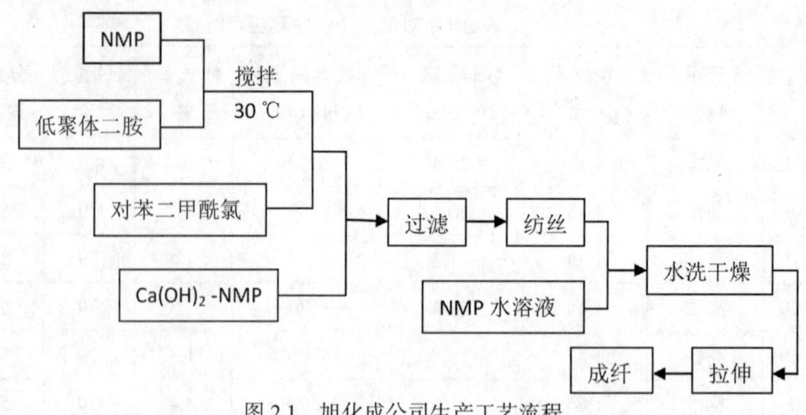

图 2.1　旭化成公司生产工艺流程

2. 帝人公司工艺

该公司采用新单体低聚二胺聚合，其生产工艺流程如图 2.2 所示。

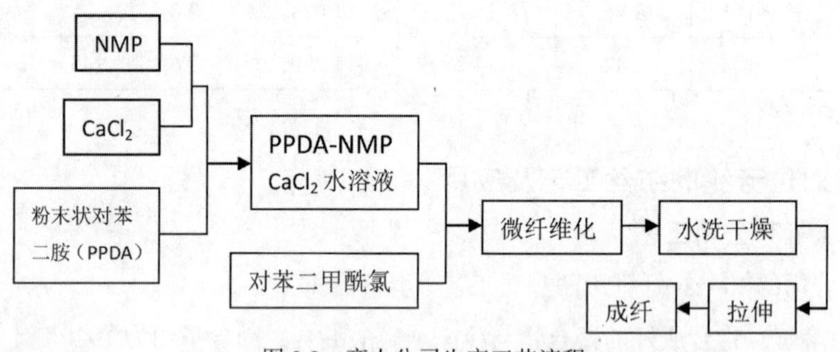

图 2.2　帝人公司生产工艺流程

（三）其他工艺

褚风奎等人开发的直接成纤工艺：缩聚后的聚合溶液不经纺丝，直接处理得到短纤维。该法中聚合物溶液由N–甲基吡咯烷酮（NMP）、氯化锂、吡啶和聚对苯二甲酰对苯胺（PPTA）构成，其中聚合物的浓度必须要能形成液晶态，以保证后续沉析过程的顺利进行。该工艺受搅拌速度的影响很大，一般搅拌速度增加会造成短纤维长径比增大。由该法获得的短纤维长度为1~50 mm，直径为2~100 μ m。其简化工艺流程如图2.3所示。

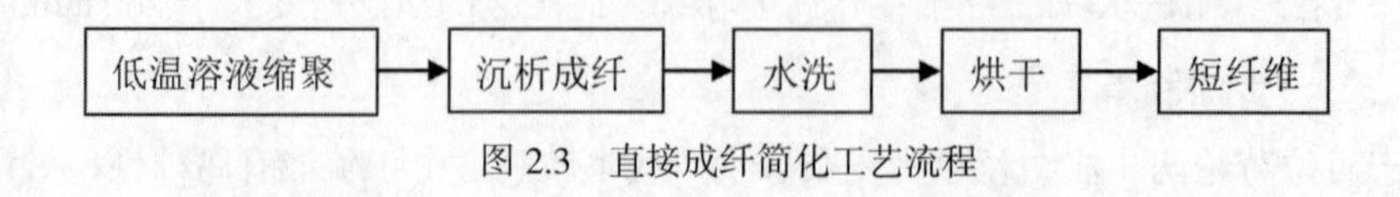

图 2.3　直接成纤简化工艺流程

四、对位芳纶的应用

我国进行现代化建设也迫切需要发展高性能芳纶，目前年用量在 3 000 t 以上。目前，国内多家单位正在实现对位芳纶产业化。

近年来，随着世界经济和科技的快速发展，对位芳纶的用途不断扩展，尤其在复合材料、轮胎橡胶、建筑和电子通信领域的应用进展显著。经过几十年的研究开发，对位芳纶从少量应用于军工、航天的特殊材料发展成为在工业和民用领域也广泛使用的标准材料。不仅如此，当前活跃的对位芳纶改性和差别化研究也预示着对位芳纶其正在快速成为一类通用材料的发展趋势。

作为一类高性能材料，对位芳纶的优异性能在不同的领域被开发应用。实际上，对位芳纶不但可以单独用作各种结构材料和功能材料，而且还可与其他材料复合应用。

目前芳纶的主要消耗领域是橡胶工业、摩擦密封材料、防弹防护、复合材料和绳缆市场。根据芳纶最终用途的市场区分，对位芳纶的应用见表 2.2。

表 2.2 对位芳纶的应用

用途分类	最终用途举例	应用特性
轮胎	飞机轮胎、赛车轮胎、高速轿车轮胎、货车和工程车轮胎、摩托车轮胎、自行车轮胎	重量轻，强度高，模量高，尺寸稳定，收缩率低，耐刺
橡胶制品	输送带、传动带、汽车用软管、液压系统软管、海洋勘探用软管、油气管道、胶辊、涂覆织物、空气弹簧	强力高，模量高，尺寸稳定，耐热性好，耐化学腐蚀
防弹材料	防弹衣、头盔、防弹护甲、交通工具保护、战略保护设施	强度高，能量耗散性好，质量轻，舒适性好
防护服装	消防服、防火毯、耐热工作服、阻燃织物、防切割手套、耐切割座椅面料	耐热，阻燃，耐切割
摩擦密封绝缘材料	刹车衬带、离合器面片、密封圈、盘根、垫圈、触变剂、工业用纸、绝缘材料	纤维原纤化，耐热，耐化学腐蚀，阻燃，机械性能好
复合材料	航天航空结构件增强、造船、高速列车厢内隔板、压力容器、集装箱结构、运动及休闲器具、塑料添加剂、混凝土加固	质量轻，强度高，模量高，耐冲击，耐磨耗
绳缆	管道电缆增强、通用电缆增强、机械结构用绳缆、船用绳缆	强度高，尺寸稳定性好，耐腐蚀，耐热，介电性好
通信电子器材	光缆增强材料、机载星载舰载雷达罩、透波结构材料、轻型天线、特种印制电路板、电子电器运动结构件、控制操纵用电缆	强度高，模量高，尺寸稳定性好，透波性好，绝缘性好

五、对位芳纶新产品

为了适应需求，除标准型的对位芳纶外，还不断开发出了新的对位芳纶产品，主要用于胶管和输送带增强。除了力学性能更能满足胶管和输送带的要求外，这两种产品还经过活化处理，应用时只需一步浸胶即可与橡胶基体黏合良好。防弹专用的超细对位芳纶显著提高了防弹性能。耐切割手套可以使用超细、有色的对位芳纶短纤。对位芳纶不但可以单独用作各种结构材料和功能材料，而且还可与其他材料复合应用。对位芳纶的大部分应用在先进复合材料、轮胎、机械橡胶制品、土木建材、涂覆织物以及其他各种工业和民用制品领域。

编者经过几年的研发实践，成功研发了采用水湿法生产新工艺的含对位芳纶纤维摩擦材料新产品。这个新工艺不产生粉尘尘害，还解决与消除了芳纶纤维混合结团问题。在混料时将对位芳纶纤维与其他有机类纤维、黏结用酚醛树脂、各种填料等摩擦材料配方用的各种材料进行湿混合，可以实现完全消除静电影响，达到极易混合均匀的程度，并实现与多种纤维同时混合利用的目的。

混合设备采用一种本书编者发明的水湿法立式一字形高速混料机（发明专利号 ZL 2013 1 0071757.5）高速混料机。

第三节 碳纤维

碳纤维（carbon fiber，CF），是由有机纤维经固相反应转变而成的纤维状聚合物，它不属于有机纤维，是一种非金属材料。从制作工艺方面考虑，与普通无机纤维有较大区别。碳纤维复合材料强度大、质量轻，耐高温、耐腐蚀、耐辐射，在航空航天、军事工业、体育器材等许多方面有着广泛的用途。

一、性能

碳纤维具有许多优良性能，碳纤维的轴向强度和模量高，密度低，比性能高，无蠕变，非氧化环境下耐超高温，耐疲劳性好，比热及导电性介于非金属和金属之间，热膨胀系数小且具有各向异性，耐腐蚀性好，X射线透过性好，导电导热性能良好，电磁屏蔽性好。

碳纤维与传统的玻璃纤维相比，杨氏模量是其 3 倍多；与对位芳纶纤维相比，杨氏模量是其 2 倍左右。

碳纤维是碳质量分数高于90%的无机高分子纤维。其中碳质量分数高于99%的称石墨纤维。碳纤维的微观结构类似人造石墨，是乱层石墨结构。碳纤维各层面的间距为 3.39～3.42 Å，各平行层面间的各个碳原子排列不如石墨那样规整，层与层之间借范德华力连接在一起。

碳纤维具有高强拉力及柔软两大加工特性，是一种力学性能优异的新材料。碳纤维拉伸强度为2～7 GPa，拉伸模量为200～700 GPa。密度为1.5～2.0 g/cm^3。这些除了与原丝结构有关外，主要取决于碳化处理的温度。一般经过高温（3 000 ℃）石墨化处理，密度可以达到 2.0 g/cm^3。碳纤维比铝轻，不到钢的1/4，其强度约为铁的20倍。

碳纤维的热膨胀系数与其他纤维不同，它有各向异性的特点。碳纤维的比热容一般为7.12。热导率随温度升高而下降，平行于纤维方向是负值（0.72~0.90），而垂直于纤维方向是正值（22~32）。

碳纤维在所有高性能纤维中具有最高的比强度和比模量。同钛、钢、铝等金属材料相比，碳纤维在物理性能上具有强度大、模量高、密度低、线膨胀系数小等特点，可以被称为新材料之王。

碳纤维除了具有一般碳素材料的特性外，其外形有显著的各向异性特点，可加工成各种织物，又由于密度小，沿纤维轴方向也表现出了很高的强度。碳纤维与增强环氧树脂制成的复合材料，其比强度、比模量综合指标在现有结构材料中是最高的。

碳纤维还具有良好的耐低温性能，如在液氮温度（-196 ℃）下也不会产生变化。

碳纤维的化学性质与碳相似，它除能被强氧化剂氧化外，对一般碱性是惰性的。在空气中温度高于400 ℃时则出现明显的氧化，生成CO与CO_2。碳纤维对一般的有机溶剂、酸、碱都具有良好的耐腐蚀性，不溶不胀，耐蚀性出类拔萃，完全不存在生锈的问题。碳纤维还有耐油、抗辐射、抗放射、吸收有毒气体和减速中子等特性。

二、分类与应用

（一）分类

碳纤维按产品规格的不同可被划分为宇航级和工业级两类，主要应用于国防军工和高技术领域，如飞机、导弹、火箭、卫星等，以及体育休闲用品，如钓鱼竿、球杆、球拍等。工业级碳纤维应用于不同的民用工业，包括纺织、医药卫生、机电、土木建筑、交通运输和能源等。

由于碳纤维神秘的面纱尚未被完全揭开，人们还不能直接用碳或石墨来制取，只能采用一些含碳的有机纤维（如腈纶丝、粘胶丝等）为原料，经过碳化制得碳纤维。

碳纤维可分别用聚丙烯腈纤维、沥青纤维、粘胶丝或酚醛纤维经碳化制得。应用较普遍的碳纤维主要是聚丙烯腈基碳纤维和沥青基碳纤维。

聚丙烯腈（PAN）基碳纤维的生产工艺：将原丝放入温度为200~300 ℃的氧化炉中进行预氧化，在温度为1 000~2 000 ℃的碳化炉中经过碳化等工序制成碳纤维。

沥青基碳纤维是将沥青精制、纺丝、预氧化、碳化或石墨化而制得的碳质量分数大于92%的特种纤维，是一种力学性能优异的新材料，具有强度高、模量高、耐高温、耐腐蚀、抗疲劳、抗蠕变、导电与导热等优良性能，是航空航天工业中不可缺少的工程材料，另在交通、机械、体育娱乐、休闲用品、医疗卫生和土木建筑方面也被广泛应用。

（二）应用

从2000年开始，我国碳纤维向技术多元化发展，放弃了原来的硝酸法原丝制造技术，采用以二甲基亚砜为溶剂的一步法湿法纺丝技术获得成功。2018年2月，由中国完全自主研发的第一条百吨级T1000碳纤维生产线实现投产且运行平稳，这标志着我国高性能碳纤维行业又上了一个新台阶，迈入了碳纤维高品质发展的新时代，解决了国家对高端材料急需的问题。

碳纤维在传统使用中除用作绝热保温材料外，多作为增强材料加入树脂、金属、陶瓷、混凝土等材料，构成复合材料。碳纤维已成为先进复合材料最重要的增强材料。高性能碳纤维是制造先进复合材料最重要的增强材料。

碳纤维也应用于工业与民用建筑物、铁路公路桥梁、隧道、烟囱、塔结构等的加固补强。在铁路建筑中，大型的顶部系统和隔声墙在未来会有很好的应用，这些也将是碳纤维很有前景的应用方面。

碳纤维是火箭、卫星、导弹、战斗机和舰船等尖端武器装备必不可少的战略基础材料。将碳纤维复合材料应用在战略导弹的弹体和发动机壳体上，可大大减轻重量，提高导弹的射程和突击能力，如美国20世纪80年代研制的洲际导弹三级壳体全都采用碳纤维和环氧树脂复合材料。

碳纤维还是让大型民用飞机、汽车、高速列车等现代交通工具实现“轻量化”的“完美”材料。

碳纤维也成为汽车制造的新材料，在汽车内外装饰和动力系统中开始大量采用。碳纤维作为汽车用材料，最大的优点是质量轻、强度大，重量仅相当于钢材的20%~30%，硬度却是钢材的10倍以上。

三、主要原料

碳纤维的主要原料是聚丙烯腈基碳纤维。丙烯腈纤维（腈纶）是人造合成纤维，俗称人造羊毛。为了生产碳纤维，行业选用的是组分特殊且性能优异的专用丙烯腈纤维。丙烯腈原丝经过一系列的热处理后，由有机合成纤维转变为碳质量分数在92%以上的无机碳纤维。决定碳纤维结构、制取高性能碳纤维的要点是细旦化、细晶化和均质化，还要特别强调生产的洁净化，表面缺陷和内部缺陷是制约碳纤维拉伸强度的最重要因素。碳化温度一般在300~1 800 ℃，石墨化温度在2 500~3 000 ℃，所以其碘化设备也是相当关键的。

纤维状碳包括连续碳（石墨）纤维、碳晶须及最近研究开发的碳纳米管，它们是一种新型非金属材料。连续碳（石墨）纤维是由不完整石墨结晶沿纤维轴向排列的一种多晶纤维。所有商用的连续碳纤维的制造，都是如下步骤：由碳质先驱体用各种纺丝工艺转变成纤维状态后，将先驱体纤维交联（稳定化），再在保护性稀有气体中加热（碳化）到1 200~3 000 ℃，以除去非碳元素，最后制成多晶碳纤维。最有代表性的碳材料是连续碳纤维，它是最近几十年来商业化碳制品中最成功的产品，已经发展成为现代工业材料之一。

摩擦材料中使用的连续碳纤维，主要是在汽车缠绕离合器面片类或有特别要求的制品中，而非缠绕（或编织）类特别摩擦材料制品则使用短切碳纤维作为增强纤维使用。

碳纤维主要应用于聚合物基、陶瓷基及碳基复合材料的增强体。目前各先进国家均把碳纤维视为21世纪的尖端材料。碳纤维按力学性能可分为高强型（HT）碳纤维、超高强型（UHT）碳纤维、高模量型（HM）碳纤维、超高模量型（UHM）碳纤维。按制造碳纤维先驱体可分为聚丙烯腈基（PAN）碳纤维、沥青基碳纤维和人造丝（粘胶丝）碳纤维。

第四节 腈纶纤维

腈纶纤维（acrylic fiber）学名聚丙烯腈纤维，我国的商品名称为腈纶，国外商品名称为奥纶。因外观蓬松，有卷曲，也被称为人造羊毛。腈纶由聚丙烯腈或丙烯腈含量大于85%（质量分数）的丙烯腈共聚而成。常用的第二单体为非离子型单体，如丙烯酸甲酯、甲基丙烯酸甲酯等，第三单体为离子型单体，如丙烯磺酸钠和2–亚甲基–1、4–丁二酸等。

腈纶纤维化学分子结构式为

$$-\!\!\left[CH2-\underset{\displaystyle \mid \atop \displaystyle CN}{CH} \right]_n$$

一、主要性质

（一）吸湿性与染色性

吸湿性较差，标准回潮率为1.2%~2%。腈纶中加入了第二、第三单体，改善了染色性，可采用阳离子染料或酸性染料染色。

（二）热学性能

腈纶纤维具有特殊的热收缩性，若将纤维热拉伸1.1~1.6倍后骤然冷却，则纤维的伸长暂时不能恢复，若在松弛状态下高温处理，则纤维会相应地发生大幅度回缩，这种性质称为腈纶纤维的热弹性。膨体纱就是利用这种特性制成的。腈纶纤维有两个玻璃化温度，分别为80~100 ℃和140~150 ℃，无明显熔点。190~200 ℃开始软化，280~300 ℃时分解。腈纶纤维在空气中以220 ℃处理20~50 h进行预氧化后，在稀有气体中以1 000~1 500 ℃碳化，在2 500 ℃以上进行石墨化，可以制造高性能碳纤维，以腈纶纤维为原丝进行碳化制成的碳纤维，也被称为PAN基碳纤维。

（三）耐光学性能

腈纶大分子中含有氰基，能吸收日光中的紫外线而保护分子主链，因而腈纶纤维及其织物的耐光性在合成纤维中是最好的。

（四）耐化学性能

腈纶对化学药品的稳定性良好，但在浓硫酸、浓硝酸、浓磷酸的作用下会溶解。耐碱性比锦纶差，在热稀碱、冷浓碱溶液中会变黄，在热浓碱溶液中立即被破坏。腈纶纤维能完全溶解于二甲基甲酰胺（DMF）溶液（93 ℃），这一性质常用于对腈纶、粘胶纤维、芳纶纤维、棉纤维等混纺纱线组分的定量分析和纤维及纱线样品的材质鉴别。

二、制造流程

腈纶纤维制造流程如图2.4所示。

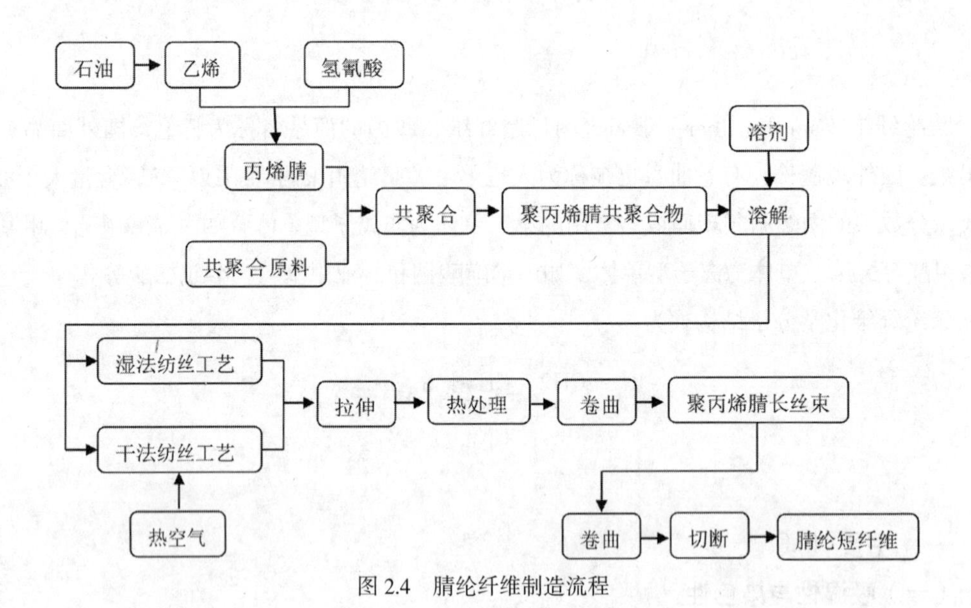

图 2.4　腈纶纤维制造流程

聚丙烯腈共聚合物可用溶液、悬浮、乳化聚合方式制得，首先制得象牙色的聚合物，再用高极性的溶剂溶解DMF二甲基甲酰胺、DMSO二甲亚腈等使之溶解过滤，之后以湿式或干式纺丝法抽丝。最后经过拉伸、热处理及卷曲处理制成聚丙烯腈长丝束，丝束经卷曲、切断后制成腈纶短纤维。特制的聚丙烯腈长丝束常用于制造高性能碳纤维。

三、在摩擦与密封材料中的应用

（一）腈纶短纤维

腈纶短纤维常用的规格有1.67 dtex × 38 mm、1.67 dtex × 51 mm、3.33 dtex × 65 mm等，经过梳理、纺纱工艺制成腈纶粗纱、腈纶包芯纱、腈纶、粘胶纤维、芳纶纤维、玻璃纤维混纺纱等，用于制造汽车离合器面片、制动片与密封盘根等。

（二）长丝束

长丝束除用于制造碳纤维外，也用于生产亚克力短纤维、腈纶浆粕类产品。

第五节 粘胶纤维

粘胶纤维（viscose fiber）是再生纤维的一个主要品种。在1891年，克罗斯（Cross）、贝文（Bevan）和比德尔（Beadle）等首先以棉为原料制成了纤维素磺酸钠溶液，由于这种溶液的黏度很大，因而命名为粘胶。粘胶遇酸后，纤维素又重新析出。根据这一原理，1893年发展了一种制造纤维素纤维的方法，这种纤维就叫作粘胶纤维。到1905年，米勒尔（Muller）等发明了一种稀硫酸和硫酸盐组成的凝固浴，实现了粘胶纤维的工业化生产。因此，粘胶纤维的名称是其工艺过程中间产物的状态，其实粘胶纤维是一种由天然木纤维提取出来的纤维素纤维。粘胶纤维原料来源广泛，成本低廉，在纺织纤维中占有相当重要的位置。

粘胶纤维的吸湿性符合人体皮肤的生理要求，具有光滑凉爽、透气、抗静电、防紫外线、色彩绚丽、染色牢度较好等特点，具有棉的本质、丝的品质，是地道的植物纤维，源于天然而优于天然，目前广泛运用于内衣、纺织、服装、无纺等领域。

粘胶纤维属纤维素纤维。它以天然纤维（木纤维、棉短绒）为原料，经碱化、老化、磺化等工序制成可溶性纤维素黄原酸酯，再溶于稀碱液制成粘胶，经湿法纺丝而制成。采用不同的原料和纺丝工艺，可以分别得到普通粘胶纤维、高湿模量粘胶纤维、强力粘胶纤维和改性粘胶纤维等。

普通粘胶纤维具有一般的物理机械性能和化学性能，又分棉型、毛型和长丝型，俗称人造棉、人造毛和人造丝。高湿模量粘胶纤维具有较高的聚合度、强力和湿模量。这种纤维在湿态下单位线密度每特可承受22.0 cN的负荷，且在此负荷下的湿伸长率不超过15%，主要有富强纤维。在高性能粘胶纤维中，在湿态下弹性模量较高的纤维称为波里诺西克纤维，也称高湿模量粘胶纤维，中国称富强纤维，简称富纤。湿模量介于普通型纤维和波里诺西克纤维之间，但具有较高勾结强度、脆性较小的纤维，称为改良型高湿模量粘胶纤维。在强力粘胶纤维中，干态强度超过30.0 cN/tex的长丝称为强力丝，超过38.0 cN/tex的称为超强力丝，超过44.1 cN/tex的称为二超强力丝，超过48.5 cN/tex的称为三超强力丝，超过53.0 cN/tex的称为四超强力丝。高强力粘胶纤维具有较高的强力和耐疲劳性能。

一、特点

粘胶纤维的基本组成是纤维素（$C_6H_{10}O_5$）。普通粘胶纤维的截面呈锯齿形皮芯结构，纵向平直有沟横。而富纤无皮芯结构，截面呈圆形。

粘胶纤维具有良好的吸湿性，在一般大气条件下，回潮率在 13% 左右。吸湿后显著膨胀，直径增加可达 50%，所以织物下水后手感发硬，收缩率大。

普通粘胶纤维的断裂强度比棉小，为1.6~2.7 cN/dtex；断裂伸长率大于棉，为16%~22%；

湿强下降较多，约为干强的50%，湿态伸长增加约50%。其模量比棉低，在小负荷下容易变形，而弹性回复性能差，因此织物容易伸长，尺寸稳定性差。富纤的强度特别是湿强比普通粘胶高，断裂伸长率较小，尺寸稳定性良好。普通粘胶的耐磨性较差，而富纤则有所改善。

粘胶纤维的化学组成与棉相似，所以较耐碱而不耐酸，但耐碱耐酸性均较棉差。富纤则具有良好的耐碱耐酸性。粘胶纤维的染色性与棉相似，染色色谱全，染色性能良好。此外粘胶纤维的热学性质也与棉相似，密度接近棉，为1.50~1.52 g/cm^3。

纤维素大分子的羟基易于发生多种化学反应，因此，可通过接枝等方法，对粘胶纤维进行处理，以提高粘胶纤维的性能，并生产出各种特殊用途的纤维。

普通粘胶纤维吸湿性好，易于染色，不易起静电，有较好的可纺性能。短纤维可以纯纺，也可以与其他纺织纤维混纺，织物柔软、光滑、透气性好，穿着舒适，染色后色泽鲜艳、色牢度好。适宜于制作内衣、外衣和各种装饰用品。长丝织物质地轻薄，除可用作衣料外，还可织制被面和装饰织物。这类粘胶纤维的缺点是牢度较差，湿模量较低，缩水率较高而且容易变形，弹性和耐磨性较差。

二、主要品种

（一）普通粘胶纤维

（1）粘胶棉型短纤维，切断长度 35~40 mm，纤度 1.1~2.8 dtex（1.0~2.5 D），与棉混纺可做细布、凡立丁、华达呢等。

（2）粘胶毛型短纤维，切断长度51~76 mm，纤度3.3~6.6 dtex（3.0~6.0 D），可纯纺，也可与羊毛混纺，可做花呢、大衣呢等。

（二）富强纤维

（1）粘胶纤维的改良品种。

（2）纯纺可做细布、府绸等。

（3）与棉、涤等混纺，可生产各种服装。

（4）耐碱性好，织成织物挺括，洗涤后不会收缩和变形，较为耐穿耐用。

（三）粘胶丝

（1）可做服装、床上用品和装饰品。

（2）粘胶丝与棉纱交织，可做羽纱、线绨被面。

（3）粘胶丝与蚕丝交织，可做乔其纱、织锦缎等。

（4）粘胶丝与涤、锦长丝交织，可做晶彩缎、古香缎等。

（四）粘胶强力丝

（1）强力比普通粘胶丝高一倍。

（2）加捻织成帘子布，可用于生产汽车、拖拉机、马车的轮胎。

（五）高卷曲高湿模量粘胶纤维

高卷曲高湿模量粘胶纤维（以HR表示）是新一代粘胶纤维，它具有较高的强度和湿模量、适中的伸长和良好的卷曲性能，加上粘胶纤维本身又具备优良的吸湿性、透气性，不产生静电，染色性能好，纤度和长度可以灵活调整等特点，是一种性能较为全面的纺织纤维原料。

粘纤的吸湿性能与染色性能和纤维本身含有大量羟基（-OH）有着密切关系，羟基（-OH）基团大量吸附水分子或其他分子，吸湿性越好的纤维染色性就越好。

粘胶纤维在制造过程中经历过多次物理和化学反应，造成纤维素大分子团裂解，大分子变短，分子间隙较大，排列疏松零乱，分子中的羟基（-OH）可极性也好，在这些方面要比棉花更胜一筹，所以粘胶纤维的染色性比棉花要好一些，不仅适用染料多、色谱广，染色的色彩也鲜艳。

三、生产方法

由纤维素原料提取出纯净的α-纤维素（称为浆粕），用烧碱、二硫化碳处理，得到橙黄色的纤维素黄原酸钠，再溶解在稀氢氧化钠溶液中，成为黏稠的纺丝原液，称为粘胶。

粘胶经过滤、熟成（在一定温度下放置约18～30 h，以降低纤维素黄原酸酯的酯化度）、脱泡后，进行湿法纺丝，凝固浴由硫酸、硫酸钠和硫酸锌组成。粘胶中的纤维素黄原酸钠与凝固浴中的硫酸作用而分解，纤维素再生而析出，所得纤维素纤维经水洗、脱硫、漂白、干燥后成为粘胶纤维。

（一）粘胶的制备

粘胶的制备包括浸渍、压榨、粉碎、老化、黄化、溶解、熟成、过滤、脱泡等工序。浆粕经浓度为18%左右的氢氧化钠水溶液浸渍，纤维素转化成碱纤维素、半纤维素溶出，聚合度部分下降；再经压榨除去多余的碱液。块状的碱纤维素在粉碎机上粉碎后变为疏松的絮状体，由于表面积增大，以后的化学反应均匀性将得到提高。

碱纤维素在氧的作用下发生氧化裂解，使平均聚合度下降，这个过程称为老化。聚合度下降的程度与温度、时间有关。老化后，碱纤维素与二硫化碳反应生成纤维素黄酸酯称为黄化，大分子间的氢键进一步被削弱，黄酸基团的亲水性使纤维素黄酸酯在稀碱液中的溶解性能大为提高。

把固体纤维素黄酸酯溶解在稀碱液中，即是粘胶。刚制成的粘胶因黏度和盐值较高不易成型，必须在一定温度下放置一定时间，即熟成，使粘胶中的纤维素黄酸钠逐渐水解和皂化，酯化度降低，黏度和对电解质作用的稳定性也随着改变。在熟成的同时应进行脱泡和过滤，以除去气泡和杂质。

制备粘胶的工艺主要有古典法、连续浸渍压榨粉碎和五合机等三种形式，其生产工艺流程如图 2.5 所示。

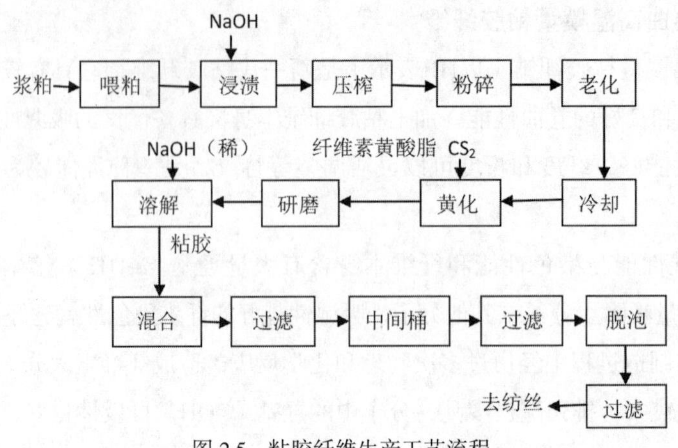

图 2.5　粘胶纤维生产工艺流程

（二）纺丝成型

纺丝成型是采用湿法纺丝。粘胶通过喷丝孔形成细流进入含酸凝固浴，粘胶中碱被中和，细流凝固成丝条，纤维素黄酸酯分解再生成水化纤维素。凝固和分解可同时发生，也可先后进行。在同一浴中完成凝固和分解的方法称单浴法纺丝。粘胶长丝用单浴法纺丝。在一浴内凝固而在另一浴中分解再生的方法称为二浴法纺丝。强力丝或短纤维一般用二浴法纺丝。为改善纤维的某些性能，也有采用三浴法、四浴法甚至五浴法的。凝固浴是硫酸和硫酸锌的水溶液，各组分的含量因纤维品种而不同。

（三）后处理

成型后纤维需要经过水洗、脱硫、酸洗、上油和干燥等后处理过程称为后处理。水洗是除去附在纤维表面的硫酸及其盐类和部分硫。脱硫可在氢氧化钠、亚硫酸钠或硫化钠的水溶液中进行。金属离子可用盐酸处理去除。上油可降低纤维的摩擦系数，减少静电效应，改善纤维手感，提高纤维的可纺性能。上油后的丝条经过干燥即可包装出厂。粘胶短纤维的切段工序通常在后处理以前进行。强力丝主要作为轮胎或运输带的帘子布，对纤维的外观无特殊要求，只需用热水洗去纤维上硫酸及其盐类，经上油、干燥后即可，后处理可在纺丝机上进行。

四、应用

粘胶纤维是最早投入工业化生产的纤维素纤维之一。由于吸湿性好，穿着舒适，可纺性优良，常与棉、毛或各种合成纤维混纺、交织，用于生产各类服装及装饰用纺织品。粘胶纤维是一种应用较广泛的纤维素纤维。

20世纪50年代发展的高湿模量粘胶纤维具有强度高、延伸度低、湿模量高和耐碱等特点，基本上克服了普通粘胶纤维的缺点。其织物牢度、耐水洗性、形态稳定性均接近于优质棉。波里诺西克纤维就是高强高湿模量粘胶纤维的一种，又称富强纤维或富纤，它在水中的溶胀度低，弹性回复率高，因此织物的尺寸稳定性较好。

强力粘胶纤维的强度高，抗多次变形性好，可用作轮胎帘子线、传送带、三角皮带、绳索和各种工业用织物，如帆布、塑料涂层织物等。

改性粘胶纤维具有多种用途，如与聚丙烯腈或聚乙烯醇复合的粘胶纤维具有毛型感和蓬松性，适于制作西装、毛毯和装饰织物。有扁平形状和粗糙手感的“稻草丝”（即扁丝）和空心粘胶纤维密度小，覆盖能力大并有膨体特性，适于编制女帽、提包和各种装饰用具。用丙烯酸接枝的粘胶纤维有很高的离子交换能力，可用于从废液中回收金、银、汞等贵重金属。含有各种阻燃剂的粘胶纤维可用在高温和防火的工业部门。

粘胶纤维经处理后还可制成止血纤维；中空粘胶纤维有透析作用，可用作人工肾脏；含钡的粘胶长丝适宜做医用缝线。

此外，粘胶纤维经处理而制得的碳纤维和石墨纤维具有高强度和高模量，与环氧树脂等制成复合材料可用作空间技术的烧蚀材料；由粘胶和硅酸钠混纺的原丝经处理后制成的陶瓷纤维作为耐高温酚醛树脂的增强材料，可用于液体火箭发动机、喷气发动机的喷嘴和从空间重返大气层装置的防热罩。

在摩擦材料行业，粘胶纤维常同腈纶纤维、芳纶纤维、玻璃纤维混纺或粘胶纤维纯纺，制成粗纱或包芯纱，用于制品的增强。

第六节 棉纤维、麻纤维

一、棉纤维

（一）概述

人类利用棉花的历史相当久远，相传在公元前 2 300 年前就开始采集野生的棉纤维用来御寒，后来棉花逐渐被推广种植。在我国的纺织纤维中，棉纤维占 60% 以上。

锦葵科棉属植物的种子上被覆的纤维，又称棉花，简称棉，是纺织工业的重要原料。棉纤维制品吸湿和透气性好，柔软而保暖。棉花大多是一年生植物。它是由棉花种子上滋生的表皮细胞发育而成的。用于纺织的棉纤维品种主要有长绒棉和细绒棉。

长绒棉又称海岛棉，其长度范围一般为33 ~ 45 mm，最长可达64 mm；线密度为1 ~ 1.9 dtex；单根纤维的平均强力为4 ~ 5 cN，断裂长度为33 ~ 40 km。长绒棉原产于美洲西印度群岛，后传入美洲东南沿海岛屿，目前长绒棉的主要生产国有埃及、苏丹、美国、秘鲁和部分中亚国家，约占棉纤维总产量的10%。我国在新疆、广东等地区也有种植。长绒棉是优质的纺织原料，可纺10 tex或更细的棉纱，用于生产高档轻薄的棉织物。

细绒棉又称陆地棉，其长度在 23 ~ 33 mm；线密度为 1.5 ~ 2 dtex；单根纤维的平均强力为 3.5 ~ 4.5 cN，断裂长度为 20 ~ 25 km。细绒棉原产于南美洲的安第斯山区，后广为种植。

细绒棉可纺制10~100 tex的棉纱，是主要的纺织原料，棉纤维中85%以上是细绒棉。

除上述两个棉花品种外，粗绒棉（亚洲棉）也有少量种植，一般长度为15~24 mm，线密度为2.5~4 dtex，断裂长度为15~22 km。由于纤维粗短，应用价值较低，已被逐渐淘汰。

棉纤维是我国纺织工业的主要原料，它在纺织纤维中占据了很重要的地位。我国是世界上的主要产棉国之一。目前，我国的棉花产量已经进入世界前列。我国棉花种植几乎遍布全国，其中以黄河流域和长江流域为主，再加上西北内陆、辽河流域和华南，共五大棉区。

棉花一般都是一年生草本植物，北半球约在每年的4月至5月间开始播种，11月前后枯死，生长期为120~150天。棉花播种后7~14天开始出苗，7月至8月间陆续开花。48~60天后，种子及纤维成熟，棉铃干燥开裂，露出棉纤维，称为吐絮。棉铃干裂吐絮，纤维内水分蒸发，变成扁平状，并发生不规则扭曲，称为天然转曲。棉花吐絮后开始陆续采摘。根据棉花吐絮的早晚，可分为早期棉、中期棉和晚期棉，一般中期棉质量较好。

棉花颜色有白棉、黄棉、灰棉、彩棉等几种。

白棉：正常成熟、正常吐絮的棉花，不管原棉的色泽呈洁白、乳白还是淡黄色，都称白棉。棉纺厂使用的原棉，绝大部分为白棉。

黄棉：棉花生长晚期，棉铃经霜冻伤后枯死，铃壳上的色素染到纤维上，使原棉颜色发黄。黄棉一般属低级棉，棉纺厂仅有少量应用。

灰棉：生长在多雨地区的棉纤维，在生长发育过程中或吐絮后，如遇雨量多、日照少、温度低，纤维成熟就会受到影响，原棉呈现灰白色，这种原棉称为灰棉。灰棉强度低、质量差，棉纺厂很少使用。

彩棉：是指天然具有色彩的棉花，在原来的有色棉基础上，用远缘杂交、转基因等生物技术培育而成。天然彩色棉花仍然保持棉纤维原有的松软、舒适、透气等优点，制成的棉织品可减少少许印染工序和加工成本，能适量避免对环境的污染，但色相缺失，色牢度不够，仍在进行稳定遗传的观察。

棉纤维的主要成分是纤维素，纤维素是天然高分子化合物，纤维素的化学结构式由α葡萄糖为基本结构单元重复构成，其元素组成为碳44.44%、氢6.17%、氧49.39%。棉纤维的聚合度为6 000~11 000。此外，棉纤维还附有5%左右的其他物质，称为伴生物，伴生物对纺纱工艺与漂炼、印染加工均有影响。棉纤维的表面含有脂蜡质，俗称棉蜡，棉蜡对棉纤维具有保护作用，是棉纤维具有良好纺纱性能的原因之一，但在高温时，棉蜡容易熔融。所以棉布容易绕罗拉、绕胶辊。经脱脂处理，原棉吸湿性增加，吸水能力可达本身重量的23~24倍。

（二）主要性能

1. 耐酸碱性

酸可导致纤维素分解，大分子链断裂。常温下浓度为65%的浓硫酸即可将棉纤维完全溶解。棉纤维遇碱不会发生破坏，在一定深度的碱溶液中，棉纤维截面会产生膨胀，长度缩短，此时若给纤维以拉伸，会使纤维呈现丝一般的光泽，洗去碱液后，光泽仍可保持。在棉制品的染整工艺中，将这种处理过程称为丝光。

2. 吸湿性和吸水性

棉纤维在标准状态下的回潮率为 7%~8%。湿态下纤维强度大于干态时的强度，其比值为 1.1~1.15。

3. 染色性

棉纤维的吸色性强，一般染料均可对棉纤维染色。

4. 耐热性

棉纤维在 100 ℃温度下处理 8 h，强度不受影响；在 150 ℃时分解，320 ℃时起火燃烧。在受热过程中不会变软熔化，随着温度升高，颜色逐渐变黄变黑，直至碳化（或燃烧）。

5. 比电阻

棉纤维的比电阻较低，在加工和使用过程中不易产生静电。

（三）品质

1. 棉纤维长度

棉纤维长度是指纤维伸直时两端间的距离，是棉纤维的重要物理性质之一。棉纤维的长度主要取决于棉花的品种、生长条件和初加工方式等。通常细绒棉的手扯长度平均为 23 ~ 33 mm，长绒棉的手扯长度平均为 33 ~ 45 mm。棉纤维的长度与纺纱工艺及纱线的质量关系十分密切。一般长度越长、长度整齐度越高、短绒越少，可纺的纱越细、条干越均匀、强度越高，且表面光洁，毛羽少；棉纤维长度越短，纺出纱的极限线密度越高。各种长度的棉纤维的纺纱线密度一般都有一个极限值。

棉纤维的长度是不均匀的，一般用主体长度、品质长度、短绒率等指标来表示棉纤维的长度及分布。主体长度是指棉纤维中含量最多的纤维的长度。品质长度是指比主体长度长的那部分纤维的平均长度，它在纺纱工艺中用来确定罗拉隔距。短绒率是指长度短于某一长度界限的纤维质量占纤维总质量的百分比。一般当短绒率超过 15% 时，成纱强度和条干会明显变差。此外，还有手扯长度、跨距长度等长度指标以及均匀度指标。

2. 成熟度

棉纤维的成熟度是指纤维细胞壁的加厚程度，即棉纤维生长成熟的程度，它与纤维的各项物理性能密切相关。正常成熟的棉纤维，截面粗，强度高，转曲多，弹性好，有丝光，纤维间抱合力大，成纱强度也高。所以，可以将成熟度看作棉纤维内在质量的一个综合性指标。

棉纤维的成熟度差异很大，即使在正常吐絮后采摘的同一批棉花中，也会含有成熟的与不成熟的纤维。通常说的纤维成熟度是指一批原棉的平均成熟度。

棉纤维成熟度的高低与纺纱工艺、成品质量关系十分密切：

（1）成熟度高的棉纤维能经受打击，易清除杂质，不易产生棉结与索丝。

（2）成熟度高的棉纤维吸湿性较差，弹性较好，加捻效率较低。

（3）成熟度高的棉纤维在加工过程中飞花和落棉少，成品制成率高。

（4）成熟度中等的棉纤维，纤维较细，因而成纱强度高；成熟度过低的棉纤维成纱强度不高；成熟度过高的棉纤维偏粗，成纱强度亦低，但成熟度高的棉纤维在加工成织物后，耐磨性较好。

（5）成熟度高的棉纤维吸色性好，织物染色均匀。薄壁纤维吸色性差，容易在深色织物上显现白星，影响外观。

成熟度用成熟度系数表示，是指棉纤维中段截面恢复成圆形后对应于双层壁厚与外径之比的标定值。实际检验时采用中腔胞壁比值法测定，即用可见中腔宽对可见一侧壁厚的比值来确定。正常成熟陆地棉的成熟度系数一般在 1.5~2.0，低级棉的成熟度系数在 1.4 以下。从纺纱工艺与成纱品质来考虑，成熟度系数在 1.7~1.8 时较为理想。海岛棉的成熟度系数较陆地棉高，通常都在 2.0 左右。如果种植海岛棉的地区气温偏低，则海岛棉的成熟度系数将显著降低，成熟不良。

3. 天然转曲

在显微镜中观察成熟的棉纤维时，可以看到在扁平的带状纤维上有许多螺旋形的扭曲，这种扭曲是棉纤维在生长过程中自然形成的，称为天然转曲。天然转曲是棉纤维的形态特征，可用天然转曲这一特点将棉与其他纤维区别开。天然转曲一般以单位长度（1 cm）中扭转180° 的个数表示。

一根棉纤维上的转曲数有多有少，一般成熟正常的棉纤维转曲最多，薄壁纤维转曲很少，过成熟纤维外观呈棒状，转曲也少。不同品种的棉花，转曲数也有差异，一般长绒棉的转曲多，细绒棉的转曲少。细绒棉的转曲数约为39~65次/cm。棉纤维的转曲方向可沿纤维长度方向不断改变，有时左旋，有时右旋，称为转曲的反向，反向数约为10~17次/cm。天然转曲使棉纤维具有良好的抱合性能与可纺性能，天然转曲越多的棉纤维品质越好。

转曲的形成是棉纤维在生长发育过程中，微原纤沿纤维轴向呈螺旋形排列的结果。棉铃开裂前，纤维内含有较多水分，纤维不出现转曲；只有当棉纤维干了以后，螺旋排列的微原纤才会由于内应力的作用形成转曲。煮沸以后的棉纤维内部固有的结构决定了转曲的数目、方向和位置。棉纤维的转曲较多时，纤维间的抱合作用大，在加工中不易产生破棉网、破卷等现象，有利于纤维的纺纱工艺与成品质量，但转曲反向次数过多会使棉纤维的强度下降。单位长度中反向次数多的棉纤维强度较低，反向次数少的棉纤维强度较高。

二、麻纤维

麻纤维指的是从各种麻类植物中取得的纤维的总称，包括一年生或多年生草本双子叶植物皮层的韧皮纤维和单子叶植物的叶纤维等。

（一）基本特征

1. 离散型的纤维特征

除苎麻纤维是长纤维外，其他麻纤维都是长度很短的纤维，因此，实践中用半脱胶工艺，将纤维黏合成长度更长的工艺纤维（束），然后用它作为单体来成纱，以期获得低特高级纱。这是除苎麻外，其他麻纤维的基本工艺。如能成功实施，亚麻可以成为和山羊绒、蚕丝一样高贵的纤维材料。

正是因为有了此工艺方法，所以在苎麻纺织工艺上有精干棉（全脱胶），在亚麻等纺织工艺上有打成麻（半脱胶）之分。

2. 纤维截面的形态特征

所有韧皮纤维的单纤维都为单细胞，外形细长，两端封闭，有胞腔，其包壁厚度和长度因品种和成熟度不同而有差异，截面多呈椭圆或多角形，径向呈层状结构，结晶度和取向度均高于棉纤维，因而，韧皮纤维的强度高而伸长率小。而叶纤维则是由单细胞生长而形成的截面不规则的多孔洞细胞束，不易被分解成单细胞。

3. 高强低伸型的纤维特征

总体来讲，麻纤维是一种高强低伸型纤维，它的断裂强度为5.0～7.0 cN/dtex（棉纤维为2.6～4.5 cN/dtex，蚕丝为3.0～3.5 cN/dtex）。这主要是因为麻纤维主要是韧皮纤维，而韧皮纤维是植物的基本骨架，有较高的结晶度和取向度，而且原纤维又沿纤维径向呈层状结构分布。例如，亚麻有90%的结晶度和接近80%的取向度。这样高的结晶度和取向度使麻纤维成为所有纤维中断裂伸长率最低的纤维。

除此之外，这一结构特点使麻纤维获得很大的初始模量，比棉纤维高1.5～2倍，比蚕丝纤维高3倍，比羊毛纤维高8～10倍，因此麻纤维比较硬，不轻易变形；但同时也使麻纤维成为弹性回复率很差的纤维，即只有2%的变形，弹性回复率也只有48%，而棉纤维和羊毛纤维在同样大小的变形时，弹性回复率分别能达到74%和99%。

（二）用途与结构性能

麻纤维品种繁多，包括韧皮纤维和叶纤维等。韧皮纤维作物主要有苎麻、黄麻、青麻、大麻（汉麻）、亚麻、罗布麻和槿麻等。其中苎麻、亚麻、罗布麻等胞壁不木质化，纤维的粗细长短同棉相近，可作纺织原料，织成各种凉爽的细麻布、夏布，也可与棉、毛、丝或化纤混纺；黄麻、槿麻等韧皮纤维胞壁木质化，纤维短，只适宜纺制绳索和包装用麻袋等。叶纤维比韧皮纤维粗硬，只能制作绳索等。麻类作物还可制取化工、药物和造纸的原料。

麻纤维由胶质黏结成片，制取时须除去胶质，使纤维分离，这称为脱胶。苎麻和亚麻可分离成单纤维。黄麻纤维短，只能分离成适当大小的纤维束进行纺纱，这种纤维束称为工艺纤维。

在纺织用的麻纤维中，胶质和其他纤维素伴生物较多，精练后，麻纤维的纤维素含量仍比棉纤维低。

苎麻纤维的纤维素含量和棉接近（质量分数在95%以上），亚麻纤维素含量比苎麻稍低，黄麻和叶纤维等纤维素含量只有70%（质量分数）左右或更少。苎麻和亚麻纤维胞壁中纤维素大分子的取向度比棉纤维大，结晶度也好，因而强度比棉纤维高，可达6.5 g/D；它们的伸长率较小，只有棉纤维的一半，约为3.5%，比棉纤维脆。苎麻和亚麻纤维表面平滑，较易吸附水分，水分向大气中散发的速度较快；纤维较为挺直，不易变形。

（三）化学成分

所有麻纤维均为纤维素纤维，基本化学成分是纤维素，其他还有半纤维素、果胶物质、木质素、脂肪蜡质与灰分等非纤维物质（统称为胶质），它们均与纤维素伴生在一起。要取出可用的纤维，首先要将其和这些胶质分离，也就是脱胶。各种麻纤维的化学成分中纤维素含量均在75%（质量分数）左右，和蚕丝纤维中纤维含量的比例相仿。

1. 纤维素

纤维素是麻纤维主要的化学成分，其大分子化学结构式和棉纤维相同。

纤维素成分的存在为麻纤维提供了三项重要的化学性能，它们对具有可纺性能的麻纤维十分重要。

（1）纤维素的酸性水解性能。纤维素的酸性水解是指在适当的氢离子浓度、温度和时间下，纤维素大分子中的1.4－β苷键会发生断裂，从而导致纤维素的聚合度降低，使纤维素的性质发生不同程度的改变。如水解后纤维素的聚合度下降、强力降低，在碱液中溶解增加，吸湿能力改变。因此在脱胶过程中，应遵循水解规律采用恰当的处理工艺参数。

（2）纤维素的碱性降解及碱纤维素生成。纤维素大分子在碱性条件下所发生的分子链断裂过程，称为碱性降解。碱性降解包含碱性水解和剥皮反应。碱性水解的程度与用碱量、温度、时间等有关，特别是温度。

当温度超过150 ℃时，产生碱性水解作用；在温度较低时，碱性水解反应甚微。碱性水解会使纤维素的部分苷键断裂、聚合度下降。剥皮反应是一种聚糖末端的降解反应，当温度在150 ℃以下时，纤维素在碱性介质中就会发生剥皮反应。纤维素与浓碱作用时则生成碱纤维素。生成碱纤维素的条件与碱的种类、温度、浓度等因素有关。苎麻纤维的碱变性即是利用生成碱纤维素的机理，来达到使纤维改性的目的。

（3）纤维素的氧化。纤维素与氧化剂作用时，其大分子中的羟基很容易被氧化剂氧化，形成氧化纤维素。在大多数情况下，随着羟基被氧化，纤维素的聚合度也同时下降，这种现象称为氧化降解。纤维素的氧化作用与氧化剂类别、用量、氧化温度及时间有很大关系，改变这些条件，会生成化学结构与性质不同的氧化纤维素。

2. 半纤维素

半纤维素不像纤维素那样是由一种单糖组成的均一聚糖，而是一群低分子量聚糖类化合物。半纤维素多糖包括葡萄甘露聚糖、木聚糖和阿拉伯聚糖、半乳甘露聚糖等。其中葡萄甘露聚糖半纤维素对碱的对抗性最大，在脱胶过程中最难除去。

半纤维素在麻纤维的胶质中含量最高，是麻脱胶的主攻对象。由于半纤维素的分子质量较纤维素小，因此对酸、碱、氧化剂的作用比纤维素更不稳定，大多数半纤维素都能溶解在热碱液中。

3. 果胶物质

果胶物质是部分甲氧基化或完全四氧基化的聚半乳糖醛酸（果胶酸），其性质取决于甲氧基含量的多少及聚合度的高低。果胶物质中未被酯化的羧基会与多价金属离子结合成盐，变成网状结构，降低溶解度。果胶物质对酸、碱和氧化剂作用的稳定性要低于纤维素。

4. 木质素

木质素是一种具有芳香族特性的、结构单体为苯丙烷型的三维结构高分子化合物。木质素与半纤维素之间的主要联结是苯甲醚键、缩醛键等。半纤维素-木质素的键在100 ℃、1%的NaOH溶液中是稳定的，这增加了脱胶时去除这两者的难度。木质素对无机酸作用稳定性极高，所以分析木质素含量的方法之一就是测定在浓度为72%的硫酸溶液中不被水解的残渣重量。

5. 脂肪蜡质与灰分

前者指用有机溶剂从原麻中抽提的物质，称为脂肪蜡质；后者是植物细胞壁中包含的少量矿物质，主要是钾、钙、镁等无机盐和它们的氧化物，称为灰分。

（四）科学分类

麻纤维虽然种类很多，但因为同属一种物质，所以在性能、品质和风格上有许多共性。

1. 苎麻纤维

苎麻纤维是由“一个细胞”组成的单纤维，其长度是植物纤维中最长的，横截面呈腰圆状，有中腔，两端封闭呈尖状，整根纤维呈扁管状，无捻曲，表面光滑，略有小结节。苎麻属多年生宿根草本植物，我国生长的基本上都是白叶苎麻，剥取茎皮取出的韧皮称为原麻或生苎麻。脱去生苎麻上的胶质，即得到可进行纺织加工的纺织纤维，人们习惯上称之为精干麻，即纺织用麻纤维。宿根苎麻一年一般可收三次：第一次生长期约90天，称为“头麻”；第二次生长期约50天，称为“二麻”；第三次生长期约70天，称为“三麻”。南方有个别地区一年可以收五次以上。苎麻茎的横断面分为表皮层、厚角细胞层、叶绿细胞层、韧皮纤维层、形成层、木质部和髓部等。

2. 亚麻纤维与胡麻纤维

亚麻与胡麻属同一品种。纺织用亚麻采取细株密植的方法，在植物半成熟时即收割，要求茎秆细长、少叉株甚至无叉株，这样获得的纤维不仅细，而且木质素含量低，纤维质量好。胡麻实际上就是油用亚麻或油纤两用亚麻的品种，所以，它的纤维品质比常规亚麻稍差。纺织用亚麻均为一年生草本植物，又称长茎麻，茎高60～120 cm。亚麻在世界上种植范围较广，俄罗斯、比利时和我国东北、西北都是世界上的主要产区，亚麻适于在高纬度地区生长。

亚麻纤维成束地分布在茎的韧皮部分，在麻的茎向有20～40个纤维束呈完整的环状分布，一个细胞就是一根纤维，一束纤维中有30～50根单纤维。在麻茎的不同部位，单纤维和纤维束的构造不同。麻茎根部的单纤维横截面呈圆形或扁圆形，细胞壁薄，层次多，髓大而空心；麻茎中部的单纤维大多呈多角形，细胞壁厚，纤维束紧密，其纤维的品质在麻茎中是最好的；麻茎茎梢的纤维由结构松散的束组成，细胞壁较薄。

3. 大麻纤维与罗布麻纤维

大麻和罗布麻的应用范围仅次于苎麻、亚麻，由于这两种纤维在性能、风格上颇有特点，发展前景良好。大麻有早熟、晚熟两个品种，早熟的纤维品质好，晚熟的纤维粗硬。大多数大麻均为雌雄异株，雄株大麻的纤维好、出麻多。从收割的大麻上剥取韧皮比较困难，需要先脱去少量果胶方能使韧皮与麻骨分离，生产上称这一过程为沤麻（在苎麻制取上也有应用），实际上这是一种半脱胶工艺。近年来由于生物脱胶技术的发展和相关绢、麻工艺的交叉引入，大麻纤维的用量逐渐增加，它有与亚麻相似的“无刺痒”风格，现已逐渐为消费者所接受。

大麻纤维的长度和亚麻相仿，也必须制成工艺纤维（含胶的纤维束）纺纱。大麻纤维本是洁白而有光泽的，但由于沤麻方法不同，色泽差异很大，有淡灰带淡黄色的，有淡棕色的，更有经硫酸熏白的。大麻单纤维的横截面呈中空多角形，表面有少量结节和纵纹，无扭曲，无捻转。

经全脱胶的罗布麻纤维洁白、光泽度较好，脱胶难度与大麻相仿。罗布麻纤维长度略低于棉纤维，其他性能均比棉纤维差，用传统纺麻的方法处理它并不理想。罗布麻纤维的性能风格十分符合服装使用要求，但尚未形成合理的产品开发路线。

4.剑麻纤维与蕉麻纤维

剑麻又称西色尔麻，属龙舌兰科，原产于中美洲。世界上剑麻的主要生产国有巴西和坦桑尼亚，我国的剑麻主要产自南方省份。剑麻是多年生草本植物，一般两年后当叶片长至80~100 cm、有80~100片叶片时开始收割。开割太早，纤维率低，强度差；开割太迟，又因叶脚干枯而影响质量。

蕉麻又称马尼拉麻，属芭蕉属，主要产地是菲律宾和厄瓜多尔，我国的台湾和海南也有较长的栽培历史。蕉麻是多年生草本植物的叶鞘纤维，纤维的细胞表面光滑，直径较均匀，纵向呈圆形，横截面呈不规则的卵形或多边形。

5.黄麻纤维与洋麻纤维

黄麻属椴树科黄麻属，是一年生草本植物，主要产区在长江流域和华南地区。洋麻属锦葵科木槿属，是一年生草本植物，在热带地区也可为多年生植物。

黄麻的单纤维是一个单细胞，生长在麻韧皮部内，由初生分生组织和次生分生组织分生的原始细胞经过伸长和加厚形成，黄麻从出苗到纤维成熟要经过100~140天。黄麻纤维的横截面是许多呈锐角且不规则的多角形纤维细胞集合在一起的纤维束，纤维束截面中含有5~30根单纤维，单纤维之间由较狭窄的中腔分开，中腔呈圆形或卵形。

洋麻纤维生长在麻茎韧皮部内，纤维细胞的发育可分为细胞伸长期、胞壁增厚期和细胞成熟期，洋麻纤维细胞从分化到成熟要28~35天。洋麻单纤维横截面形状呈多角形或圆形，细胞大小不一。

第七节 玄武岩纤维

玄武岩纤维（basalt fiber）是以天然玄武岩石料在1 450 ~ 1 500 ℃熔融后，通过铂铑合金拉丝漏板高速拉制而成的连续纤维。纯天然玄武岩纤维的颜色一般为褐色，有些似金色。玄武岩纤维是一种新型无机环保绿色高性能纤维材料，它是由二氧化硅、氧化铝、氧化钙、氧化镁、氧化铁和二氧化钛等氧化物组成的玄武岩石料经高温熔融后，通过漏板高速拉制而成的。玄武岩纤维不仅强度高，而且还具有电绝缘、耐腐蚀、耐高温等多种优异性能。此外，玄武岩纤维的生产工艺决定了产生的废弃物少，对环境污染小，且产品废弃后可直接在环境中降解，无任何危害，因而是一种名副其实的绿色环保材料。

我国已把玄武岩纤维列为重点发展的四大纤维（碳纤维、芳纶纤维、超高分子量聚乙烯纤维、玄武岩纤维）之一，实现了工业化生产。玄武岩纤维已在纤维增强复合材料、摩擦材料、造船材料、隔热材料、汽车行业、高温过滤织物以及防护领域等多个方面得到了广泛的应用。

一、简介

（一）玄武岩纤维无捻粗纱

玄武岩纤维无捻粗纱是用多股平行原丝或单股平行原丝在不加捻的状态下并合而成的玄武岩纤维。

（二）玄武岩纤维纺织纱

玄武岩纤维纺织纱是由多根玄武岩纤维原丝经过加捻和并股而形成的纱线，单丝直径一般不大于 9 nm。纺织纱大体上可分为织造用纱和其他工业用纱；织造用纱以管纱、奶瓶形筒子纱为主。

（三）玄武岩纤维短切纱

玄武岩纤维短切纱是用连续玄武岩纤维原丝短切而成的产品。纤维上涂有（硅烷）浸润剂，所以玄武岩纤维短切纱是增强热塑性树脂的首选材料，同时还是增强混凝土的最佳材料。玄武岩是一种高性能的火山岩组分，这种特殊的硅酸盐使玄武岩纤维具有优良的耐化学腐蚀性，特别是具有耐碱的优点。因此，玄武岩纤维是替代聚丙烯（PP）、聚丙烯腈（PAN）用于增强水泥混凝土的优良材料，也是替代聚酯纤维、木质素纤维等用于沥青混凝土中的极具竞争力的材料，可以提高沥青混凝土的高温稳定性、低温抗裂性和抗疲劳性等。

（四）玄武岩膨体纱

玄武岩纤维纱经过高性能的膨体纱机，可制成玄武岩纤维膨体纱。成型原理是：高速空气流进入膨化通道中形成紊流，利用这种紊流作用将玄武岩纤维分散开，使其形成毛圈状纤维，从而赋予玄武岩纤维蓬松性，制造成膨体纱。

（五）玄武岩纤维布

玄武岩纤维布是以玄武岩纤维为原料，经织造而成的机织物，主要用于增强复合材料。

（六）玄武岩纤维毡

玄武岩纤维毡是以短切玄武岩纤维为原料，经无纺工艺制成的一种毡，主要用于增强复合材料。

（七）玄武岩纤维复合材料

玄武岩纤维复合材料是以玄武岩纤维为主要增强材料制成的复合材料制品，具有强度高、耐腐蚀、耐高温等优异性能。

二、特点

玄武岩纤维与碳纤维、芳纶纤维、超高分子量聚乙烯纤维（UHMWPE）等高技术纤维相比，除了具有技术水平高、强度高、模量高的特点外，还具有耐高温、抗氧化、抗辐射、绝热隔声、过滤性好、抗压缩强度和剪切强度高、适用于各种环境等优异性能，且性价比高，是一种纯天然的无机非金属材料，也是一种可以满足国民经济基础产业发展需求的新的基础材料和高技术纤维。

由于上述特点，玄武岩纤维及其复合材料可以较好地满足国防建设、交通运输、建筑、石油化工、环保、电子、航空航天等领域对结构材料的需求，对国防建设、重大工程和产业结构升级具有重要的推动作用。它既是21世纪符合生态环境要求的绿色材料，又是一种在世界高技术纤维行业中可持续发展的有竞争力的新材料。尤其是我国的玄武岩纤维制造技术及工艺已经拥有自主知识产权，并且以“后来居上”的后发展优势达到了国际领先水平，因此，大力发展玄武岩纤维及其复合材料产业无疑具有重要的意义。

三、应用

纤维表面改性技术主要有表面氧化改性技术、化学镀/电镀表面改性技术、等离子体改性技术和涂层改性技术等，其中涂层改性技术应用最为广泛，主要目的是提高其力学性能和环境抗老化性能，以及与其他材料的复合性能。将玄武岩纤维作为水质净化用载体材料，并以此为新的研究方向，基于微生物载体固定化理论的指导下，发挥环保新型材料玄武岩纤维的优势和环境友好特性，应用纤维材料表面改性的方法，提高载体表面性能、生物亲和性，创制新型环境友好型生物载体，通过应用研究去评价玄武岩纤维载体的性能，这些都是拓展玄武岩纤维材料应用领域的新方向。

玄武岩纤维作为水质净化用载体材料还是空白领域，玄武岩纤维已经具备了作为微生物载体的一般性能，但是为了更好地提高其表面微生物附着性能，需要对其表面进行改性处理，这是使玄武岩纤维类载体得以广泛应用所亟待解决的问题。

玄武岩纤维在功能服装领域的应用：玄武岩纤维布具有高强度和永久阻燃性，短期耐温在1 000 ℃以上，可长期在760 ℃温度环境下使用，是替代石棉、玻璃纤维布的理想材料；玄武岩纤维布的断裂强度高，耐高温，具有永久阻燃性，是Nomex（芳纶1313）、Kevlar（芳纶1414）、Zylon（PBO纤维）、碳纤维等高性能纤维和先进纤维的低价替代品；玄武岩纤维布经化学印染整理可以染色和印花，经功能性整理，例如有机氟整理，可做成防油拒水永久阻燃布。

玄武岩纤维布可制造的服装有：消防员灭火防护服、隔热服、避火服、炉前工防护服、电焊工作服、军用装甲车辆乘员阻燃服。

第八节
矿物纤维的岩棉、矿渣棉、陶瓷纤维和复合矿物纤维

矿物纤维，是指非天然的人造纤维，分为玻璃纤维、岩棉、矿渣棉、陶瓷纤维以及由多种矿物纤维添加功能性纤维配制而成的复合矿物纤维等五类。玻璃纤维在本章第一节已做过介绍，现仅对岩棉、矿渣棉和陶瓷纤维和复合矿物纤维等进行介绍。

一、岩棉、矿渣棉

岩棉、矿渣棉，由于它们的制作工艺、化学组分非常相近，因此放在一起描述。

岩棉是以天然火成岩，如玄武岩、辉绿岩等为基础原料，经熔化、纤维化而制成的一种无机质纤维。矿渣棉是以工业矿渣，如高炉矿渣、磷矿渣、粉煤灰等为主要原料，经过重熔（热熔渣、冷渣）、纤维化而制成的一种无机质纤维。两者均属于再生矿物棉，或者叫无定型硅酸盐矿物棉。

矿渣棉与岩棉虽属同一类产品，但在性能上则略有差异。矿渣棉的最高使用温度为650 ℃，纤维较短，较脆；岩棉的最高使用温度可达870 ℃，纤维长，化学耐久性和耐水性也比矿渣棉好。

岩棉、矿渣棉的性能有以下几点：

（一）外观特性

岩棉、矿渣棉的表面结构与有机纤维不同，前者表面呈光滑圆柱状，截面往往是圆形，后者表面往往带不规则的皱纹图形。岩棉、矿渣棉同天然石棉的外观也有所差异，前者的表面多呈绒毛状，前者表面光滑。由于此差异，在与树脂或者橡胶结合时，两者表面的包裹力是不一样的。

（二）拉伸强度

各种人造矿物纤维的拉伸强度远比各种有机纤维高，各种纤维的拉伸强度对比见表2.3。

表2.3　各种纤维的拉伸强度对比

纤维种类	拉伸强度 / MPa	纤维直径 / μm
羊毛	0.11	15
棉花	0.35	16~20
麻	0.40	16~50
尼龙	0.30~0.66	–
蚕丝	0.44	18
岩棉、矿渣棉	10.00~30.00	5~8

岩棉、矿渣棉的拉伸强度与玻璃纤维类似，且一般受下列因素影响：

（1）单丝直径越细，抗拉伸度越高。

（2）纤维含碱量越高，拉伸强度越低。

（3）成型纤维的熔体质量越纯，抗拉强度越大；当熔体中含有结石、气泡或者其他杂质时，制成的纤维抗拉强度会变小。

（4）成型条件的影响：一般来说，拉制的纤维抗拉强度高，吹制的纤维抗拉强度小。

（三）柔性和脆性

脆性是指矿物纤维在其尚未破裂以前的变形程度。柔性一般可用矿物纤维的结圈半径在其未断裂前的数值大小来表示，纤维越粗，脆性越大。岩棉、矿渣棉性脆，在未加入矿物油和任何黏结剂的情况下，具有很小的抗弯能力，在受到不大的机械作用或运送、堆放的时候，较细的纤维就会折断，变成混在纤维中的微粒质点，能使空气污浊，破坏生产环境。

（四）化学稳定性

化学稳定性一般指矿物纤维的水解性能，这一特性通常决定了矿物纤维在大气条件下（特别是在潮湿区域和环境中）的使用价值，人们习惯上称之为耐水性。它除了与矿物纤维的化学稳定性有关外，还与其直径有关，直径越细，化学耐久性越差。对岩棉、矿渣棉来说，有一个衡量其化学耐久性的特定名词，称为酸度系数，它表示纤维成分中二氧化硅+三氧化二铝对氧化钙+氧化镁之比，公式为

$$\text{酸度系数}=\frac{SiO_2+Al_2O_3}{CaO+MgO}$$

酸度系数越大，岩棉和矿渣棉的化学耐久性越好。纤维化学稳定性常以其水解级来表示。

（五）吸水性（吸湿性）

人造矿物纤维的吸水性比天然矿物纤维和其他纤维小，但当其化学组成中碱含量高而空气湿度又大时，吸水率也大，并容易产生潮解反应。各种纤维在不同湿度条件下的吸水率见表2.4。

表 2.4 各种纤维在不同湿度条件下的吸水率 单位：%

空气相对湿度	矿物纤维	羊毛	麻	棉花
65	0.07～0.37	15.50	11.00	7.80
80	0.30～0.50	19.30	13.80	10.60
90	1.73～3.80	24.00	15.90	15.90

二、陶瓷纤维

陶瓷纤维具有强度高、抗热冲击性好、耐化学腐蚀等特点，是一种理想的高温材料。陶瓷纤维早期是作为一种应用于各类热工窑炉中的绝热耐高温材料使用的。由于其容重大大低于其他耐火材料，因而蓄热很小，隔热效果明显，作为炉衬材料可大大降低热工窑炉的能源损耗。

传统陶瓷材料是指黏土一类的物料，可塑造成各种形状，经高温处理变成有一定强度的多晶材料，它是中华文化的杰出成就之一。随着陶瓷纤维制造技术、理论的发展和相关学科的科技进步，陶瓷纤维进入了先进陶瓷纤维的新发展阶段。

陶瓷纤维除了具有耐高温、抗氧化、耐冲刷、强度高、模量高、直径细、可编织的性能外，还具有耐腐蚀、耐磨、硬度高、变速率低等一系列的优异性能，是先进的聚合物基、金属基和陶瓷基复合材料重要的增强体。

陶瓷纤维是在近年来石棉被禁用后，开始作为增强材料用于摩擦材料中的，同玻璃纤维一样可以用来制造无石棉摩擦材料。这类摩擦材料的特点是摩擦系数较高。陶瓷纤维在摩擦材料中的应用技术正在逐步满足使用要求并日益完善。

陶瓷纤维可以按结构形态和成分进行分类。

（一）按结构形态分类

陶瓷纤维按其结构形态，可分为非晶质纤维和结晶质纤维两大类。

1. 非晶质（玻璃态）纤维

这类纤维是以硬质黏土熟料或工业氧化铝粉与硅石粉合成料为原料，采用电弧炉或电阻炉熔融，经压缩空气喷吹（或甩丝法）成纤的。由于纤维在骤冷条件下生成，其结构形态为介稳态的玻璃体，并赋予纤维一定强度、韧性和弹性，故又称玻璃态纤维。其化学组成主要为三氧化二铝和二氧化硅，因此在很多情况下我们称其为硅酸铝纤维。按照化学组成以及使用温度，非晶质纤维又分为以下几类，见表2.5。

（1）低温硅酸铝纤维，三氧化二铝的质量分数一般为 30%～40%。这种纤维生产成本低，收得率高，对有害杂质含量要求不严，售价便宜，但是耐热性能比矿物纤维棉好，使用温度在 700～800 ℃，有效地填补了很多矿物棉在使用温度 700～900 ℃的丢失空间。

（2）普通硅酸铝纤维，以天然硬质黏土熟料为原料，纤维中三氧化二铝的质量分数大于或等于 45%，有害杂质的质量分数为 3%～4%。纤维使用温度为 1 000 ℃。

（3）高纯硅酸铝纤维，以工业氧化铝粉与硅石粉的合成料为原料，使有害杂质质量分数小于或等于 1%，不仅使用温度高于普通硅酸铝纤维，且适用于还原性气氛。纤维使用温度为 1 100 ℃。

（4）高铝纤维，以工业氧化铝粉与硅石粉合成料为原料，纤维中三氧化二铝的质量分数大于或等于 55%，有害杂质的质量分数小于或等于 1%。纤维中三氧化二铝的质量分数提高，并使纤维中三氧化二铝与氧化硅质量分数的比值接近于莫来石组分，减少了方石英析晶量，从而提高了纤维耐热性及抗热震性。纤维使用温度为 1 200 ℃。

（5）含铬硅酸铝纤维，在高纯硅酸铝纤维合成料中，加入质量分数为 3%~6% 的三氧化二铬，以抑制非结晶纤维受热条件下出现的析晶变化，故又称铬稳定化纤维。纤维使用温度为 1 200 ℃。

（6）含锆硅酸铝纤维，在氧化铝粉及硅石粉合成原料中加入锆英砂，使纤维中二氧化锆的质量分数达到 12%~ 15%。纤维使用温度提高到了 1300 ℃。

表 2.5　非晶质纤维分类

<table>
<tr><th>品名</th><th>分类温度 / ℃</th><th>使用温度 / ℃</th><th>档次</th><th>结构形态</th><th>生产方法</th></tr>
<tr><td>低温硅酸铝纤维</td><td>1 000</td><td>700~800</td><td>低档</td><td rowspan="6">玻璃态</td><td rowspan="6">电阻法（或电弧法），熔融、喷吹（或甩丝）成纤，干法（或湿法）生产二次制品</td></tr>
<tr><td>普通硅酸铝纤维</td><td>1 260</td><td>1 000</td><td>低档</td></tr>
<tr><td>高纯硅酸铝纤维</td><td>1 260</td><td>1 100</td><td>中档</td></tr>
<tr><td>高铝纤维</td><td>1 400</td><td>1 200</td><td>中档</td></tr>
<tr><td>含铬硅酸铝纤维</td><td>1 400</td><td>1 200</td><td>中档</td></tr>
<tr><td>含锆硅酸铝纤维</td><td>1 400</td><td>1 300</td><td>中档</td></tr>
</table>

2. 晶质纤维

晶质纤维，行业上又称多晶耐火纤维。多晶耐火纤维是20世纪70年代初继非晶质纤维之后发展起来的新型高温隔热材料，具有耐高温、抗腐蚀、热导率低、热稳定性及抗热震性好等优良性能。在冶金、机械、石油、化工、电子、陶瓷等工业部门的高温工业窑炉和高温设备上，作为炉衬材料和隔热材料使用，取得了节能5%~40%的显著效果；作为复合增强材料、催化剂载体使用以及在宇航导弹及原子能等方面的应用，都收到了良好的效果，因而，受到人们的普遍重视。

当今国际上已经得到工业化生产和应用的多晶耐火纤维主要有多晶氧化铝纤维（Al_2O_3 的质量分数为 80%~99%，SiO_2 的质量分数为 1%~20%）、多晶莫来石纤维（Al_2O_3 的质量分数为 72%~79%，SiO_2 的质量分数为 21%~28%）和多晶氧化锆纤维（ZrO_2 + HfO_2 的质量分数为 92%，Y_2O_3 的质量分数为 8%）。按纤维长度的不同，多晶耐火纤维又分为长纤维（或称连续纤维）和短纤维（或称定长纤维）两大类。

胶体法制造的多晶耐火纤维，所用原料分为主要原料和添加物两类。

（1）主要原料，是作为氧化铝、氧化硅、氧化锆的先驱物使用的原料，如引入氧化铝的原料，引入氧化硅的原料，引入氧化锆的原料等。

（2）添加物，是为了改善胶体的性能和提高纤维的强度而加入的少量加入物或溶剂，按其作用分为稳定剂（如氧化钇、氧化镁、氧化钙等）、溶剂（如水、甲醇、乙醇等）及加入物（包括改善胶体性能、改善成纤性能及提高纤维强度方面的加入物）。

（二）按成分分类

陶瓷纤维按成分分类，又可分为氧化铝纤维、碳化硅系列纤维、氮化硼纤维和硼纤维等四种纤维。

1. 氧化铝纤维

氧化铝纤维以三氧化二铝为主要成分，并含有少量的二氧化硅、三氧化二硼（B_2O_3），有望应用在 1 400 ℃以上的高温场合，是近年来备受重视的无机纤维。

2. 碳化硅系列纤维

碳化硅系列纤维包括碳化硅（SiC）纤维、氮化硅（Si_3N_4）纤维和以硅为主要元素并掺杂各种异元素如B、Ti、Zr、C等的新型硅基陶瓷纤维。

3. 氮化硼纤维

氮化硼（BN）纤维是一种质地柔软、白色丝光状的多晶无机纤维，是无机纤维中耐热的品种之一。

4. 硼纤维

硼纤维是高性能复合材料重要的增强纤维品种之一，是用化学沉积法使硼（B）沉积在钨丝或碳纤维状芯材上制得的、直径为 100~200 μm 的连续单丝。

三、复合矿物纤维

复合矿物（FKF）纤维由多种纤维配制而成，在无石棉摩擦材料中是一种主要用于生产非金属型摩擦片或少金属型摩擦片的重要的增强纤维材料。

在无石棉摩擦材料的生产中，钢纤维型的摩擦材料一直被长期使用在对于机械强度要求不太高的盘式刹车片和小型汽车用的粘接型鼓式刹车片中。但对于机械强度要求较高的大型车辆使用的铆接式鼓式刹车片，使用单一纤维作为摩擦片的增强组分从技术经济方面，即性价比的角度考虑是有困难的，因此人们往往采用多种纤维组合使用的方式来达到实际生产和使用的要求。

复合矿物纤维即是基于这种考虑，在生产过程中将不同的天然矿物纤维和人造矿物纤维组合在一起。以这种复合型纤维为主体增强组分的摩擦片在机械强度、摩擦性能、耐热性、工艺可操作性和产品的成本价格等多方面均可满足非石棉型摩擦片的实际生产和使用要求。

复合矿物纤维是一种包含多种矿物纤维，并根据不同用途，可加有少量有机纤维及其他增摩成分的摩擦材料用纤维产品。

该纤维具有如下特点：

（1）外观为灰黄或灰白色纤维，有柔软感。

（2）耐热性高于石棉。

（3）其摩擦与磨损性能符合摩擦片使用性能要求。

（4）其增强效果可以满足盘式刹车片和粘接型鼓式刹车片的机械强度要求。若再加入其他少量纤维进行增强，则可以满足轻、中、重型载重汽车的铆接式鼓式刹车片的机械强度要求。

（5）价格合适，低于大部分非石棉型纤维。

因此，复合矿物纤维具有较合理的技术经济综合性能，可以在摩擦材料的增强组分中作为主体纤维使用。通常复合矿物纤维在盘式刹车片中的用量比例可为10%~20%；在载重汽车的铆接式鼓式刹车片中用量比例可达20%~35%。

复合矿物纤维的技术性能如下：

（1）化学组成见表2.6。

表2.6　复合矿物纤维化学组成

成分	SiO_2	AL_2O_3	CaO	MgO	Fe_2O_3	C
质量分数 / %	40.0~43.0	16.0~18.0	14.0~16.0	5.0~7.0	3.0~5.0	4.0~6.0

（2）烧失量：800 ℃，1 h，≤ 10%；

（3）松密度：0.13~0.20 g/cm^3；

（4）含水率：≤ 3%；

（5）纤维直径：0~20 μm；

（6）纤维长度分布见表2.7。

表2.7　复合矿物纤维长度分布

筛孔径 / 目	6	40	60	满底
筛余量不小于 /%	40	12	5	30~50

复合矿物纤维与树脂粉、填料在一起混合时，有一定的操作条件要求，许多人造矿棉和有机纤维由于产生静电和强吸附的原因，在搅拌过程中会形成微小的团块，造成混料不均匀的情况，因此，要求混料时产生强烈的搅拌分散作用，将纤维团块打散开来，达到混匀的分散效果。

混料操作条件如下：

主轴转速800~1 000 r/min，机身内壁安装若干块挡板，以此达到良好的分散效果。有的混料机还在内壁上装有高速（2 500~3 000 r/min）绞刀，更有助于将纤维团块打散开来。对于犁耙式混料机，由于其主轴转速较慢（约200~300 r/min），故复合矿物纤维的用量宜减少，建议采用10%~20%。

第九节 纸基纤维

纸基纤维是根据替代石棉纤维的要求而研制开发的一种新型摩擦材料用的增强材料。这种增强材料有一定的增强和耐热作用，而其最突出的特点还在于它具有非常好的生产工艺性能，如分散性、结合性、吸附性等，还具有与石棉纤维相似的非常可贵的可纺性，这是一般纤维尤其是无机纤维所不可比的性能。这种纤维属有机纤维的一种，然而其制品耐热性能却很好。其制品性能测试的结果表明，在350 ℃时的摩擦性能可达理想要求，摩擦系数不但比较稳定而且磨损率也较小。

现商业名称为G.N–1型纸基纤维，可以单独作为摩擦材料的主体增强纤维使用，也可以和其他纤维以任意比例混合，作为摩擦材料的增强纤维使用。它在单独作为摩擦材料的主体增强纤维使用时，就可以直接采用混制石棉纤维的生产混制设备，从而达到混均的目的，而不需要特殊的混制设备来进行混制。因此，使用这种G.N–1型纸基纤维生产非石棉摩擦材料就很方便，G.N–1型纸基纤维不但对生产环境不会造成污染，同时对人的皮肤也完全没有刺激作用。

G.N–1 纸基纤维是由高强度的废纸边角料加工制成的一种纸基纤维，用作盘（或鼓）式刹车片中的一种增强材料，制品性能和用途要优于利用一般废纸、废书、废报等加工制成的纸基纤维。同时，G.N–1 纸基纤维还具有其他类纤维很少具备的特点：可用于摩擦材料水湿法生产工艺来制造碳 / 陶型摩擦材料。

纸基纤维由于原料资源丰富，生产工艺简易，所以价格低廉。摩擦材料中使用了多种代替石棉的增强材料，但都不同程度地存在着生产工艺上或者价格（成本）上的一些不可克服的缺点，而且相当多的无机类型纤维都带有固有的工艺性缺点，因此人们希望有一种价格较低廉、工艺和性能较好的替代纤维。纸基纤维就是一种比较理想的选择。它常被应用在摩擦材料中，并取得了一些成果。对其进一步的研究发现，这种纤维的可纺性及其较好的成型性、浸渍性、无危害性，使其在摩擦材料中的应用前景非常广阔。

使用这种 G.N–1 型纸基纤维的摩擦材料生产工艺，不但适用于干式一步法生产工艺，还特别适用于采用干式二步法的生产工艺，即可以压制冷型，再进行热压。这是因为 G.N–1 型纸基纤维除其制品强度较高外，其冷型强度也较高。

深入的配方筛选以及制品性能测试证明了在无石棉摩擦材料中使用的 G.N–1 型纸基纤维具有以下几个特点：

（1）G.N–1型纸基纤维可以单独或者与其他纤维，最好是钢纤维、玻璃纤维混合使用，其用量依制品性能要求不同而设定；一般纤维总用量在18%~25%范围较好，而G.N–1型有机纤维占总纤维量的45%~70%时制品性能较为理想。

（2）由于 G.N–1 型纸基纤维具有与石棉相似的性能，使用较方便，因此不必改变原生产石棉摩擦材料的设备、模具等。

（3）G.N–1型纸基纤维价格高于石棉，但由于其用量远远小于石棉用量，比较容易设计出与石棉成本相近的无石棉摩擦材料制品配方，因此使用G.N–1型纸基纤维的制品成本较低。

（4）G.N–1 型纸基纤维密度低，适用于生产低密度制品。

第十节 金属纤维

摩擦材料中使用的金属纤维主要有铜纤维、钢纤维、铝纤维和锌纤维等。这些金属纤维的生产方法主要是通过机械加工拉伸与拉削（或刮削、切削），制成金属的长纤维和短切纤维。直径在9~15 μm的长纤维、长度在3~5mm的短切纤维用量较多。

这些金属纤维和镀镍的玻璃纤维或碳纤维等，还可用在要求防静电或电磁屏蔽的复合材料中。

金属纤维用于摩擦材料主要是金属短切纤维和长纤维，它们在摩擦材料制品中作为增强成分使用，加入量通常为 1%~5%，并能够获得令人满意的摩擦性能。

这里对最常使用的铜纤维和钢纤维加以介绍。

一、铜纤维

在摩擦材料生产中使用的铜纤维，常用的有黄铜（铜锌合金）与紫铜（纯铜），主要有长铜纤维和短切铜纤维两种，直径为0.09~0.15 μm。长铜纤维主要用于生产摩擦材料中的编织型制品，用铜纤维的目的主要是提高制品的拉伸强度，如汽车缠绕离合器面片；而短切铜纤维通常被加工成3~5 mm长，应用量较大，主要用于生产各类刹车片、闸瓦等非编织型摩擦材料制品。随着环保要求越来越严，现对铜的用量也提出了更严格的要求。

二、钢纤维

以低碳钢为原料，经机械加工制成的有一定长度、截面不规则的超细金属丝，称为钢纤维，在有些摩擦块中可作为补强成分。20 世纪八九十年代，因石棉的危害，人们对摩擦材料提出应无石棉的要求，并开始采用钢纤维替代石棉作为摩擦材料的增强材料。因在摩擦材料制品中的钢纤维用量较大，所以这种摩擦材料又被称为半金属摩擦材料。这种半金属摩擦材料主要存在密度较大、容易生锈、制动时有噪声等问题。

第十一节 天然短纤维

短纤维的定义出现于1951年的美国Roger F. Jones主编的《短纤维增强塑料手册》一书中，其中对短纤维的定义表述是：短纤维这种材料首先是指在热固性或热塑性基体中均匀分布的长度为10~15 mm的纤维材料。之所以选择10~15 mm作为分界点以区别短纤维和长纤维增强材料，是因为成型复合材料时通常以此分界点来决定是通过自动化批量生产还是半自动化等生产方式进行加工。短纤维增强材料是具有重要商业发展前景的材料，而对于作为摩擦材料用增强材料的短纤维，根据我国摩擦材料行业目前的生产工艺与应用设备技术现状，本书编者认为长度应定义在3~6 mm比较合适。

在品种繁多的纤维中，较为适宜用于生产摩擦材料的是天然短纤维，如石棉、水镁石、海泡石、针状硅灰石等，这些纤维主要用于生产盘式或鼓式刹车片等模压型摩擦材料制品，特别是石棉，过去是最重要的摩擦材料用短纤维材料，如今因石棉危害的提出和禁用要求以及增强纤维材料的发展，它已被新型材料所代替。

一、石棉

石棉是一种天然的、具有可纺性的矿物纤维，它是一类水合金属硅酸盐的总称。石棉具有对气候以及除强酸和强碱以外的大部分化学品都很稳定的特性。到目前为止，尚未见到有以人工合成的方法制成石棉的报道。

石棉是人类使用很早的一种矿物纤维。在我国的最早记载见于公元前5世纪的《列子》一书中，“火烷之布，烷之必投于火，布则火色，垢则布色，出火而振之，皓然疑乎雪”。在古罗马、希腊的历史里，也曾提到过用石棉做的灯芯物。1250年马可·波罗《东方见闻录》有“矿石纤维织布”的记载。

19 世纪后期，石棉才得到大量开采并应用于工业。20 世纪 60 年代，全世界石棉产量达 200 多万吨，20 世纪 70 年代达 500 多万吨。我国石棉每年产量约为 20 多万吨。

全世界已经探明的石棉储量为 0.96 亿吨，比较重要的矿山约有 150 个，其中大部分分布在俄罗斯、加拿大、南非和中国等国家。我国石棉藏量在世界上属于最多的国家之一。

石棉由于具有一系列优良特性，如较高的机械强度、良好的耐热性能及较大的表面积与较好的表面性能等，因此被广泛地用于汽车、拖拉机、机械制造、航空、化工和建筑工业等部门，特别是作为水泥、塑料、橡胶和沥青的增强材料。由石棉增强的有机合成工程材料已用于火箭、导弹等宇宙空间的尖端技术领域。据不完全统计，目前利用石棉为原料的制品已达三千多种，这说明石棉对现代社会具有很重要的价值。

石棉一般分为两类，其中一类可以说是结构较单一的石棉，然而这类石棉非常重要，它占石棉总量和使用量的95%以上，这类石棉称为温石棉。它是纤维化的矿物蛇纹石。第二类石棉结构就比较复杂，称为闪石石棉。

（1）蛇纹石石棉，又称温石棉，为不同长度的纤维状产品。主要作为增强材料，几乎所有的石棉纺织制品都使用温石棉。在石棉摩擦材料中使用的石棉也是温石棉。

（2）闪石石棉根据其成分可以分为以下五种：青石棉、铁石棉、直闪石石棉、透闪石石棉、阳起石石棉。青石棉为闪石石棉中的一种。它最特别的作用是防辐射，同时也具有良好的耐酸性，是一种特殊的过滤材料。铁石棉、直闪石石棉、透闪石石棉、阳起石石棉目前没有工业使用价值。

石棉的形成是一个非常复杂的过程。按石棉矿脉的生成情况，可以分为横脉和纵脉：

（1）横脉是石棉纤维与周围岩石呈垂直方向生长的石棉，其中有呈条状生长和网状生长之别，网状生长的石棉质量较好。

（2）纵脉是石棉纤维与周围岩石呈平行方向生长的石棉，因此，其纤维长度较长。由于石棉纤维与岩石接触面较大，所以纵脉石棉多比横脉生长的石棉质量差，主要是含砂石量较大，而且也不像横脉石棉那样分布较广。

二、水镁石

水镁石（brucite）又称氢氧镁石，化学组成为$Mg(OH)_2$，密度为2.35 g/cm^3，硬度为2.5，是一种高镁矿物。MgO的理论质量分数为69%，其中金属镁的质量分数为41.6%。

水镁石通常产于蛇纹岩中，主要作为炼镁矿石制造耐火材料等制品。纤维状水镁石是水镁石的一个品种，它质地较脆，长度相当于六级至四级石棉纤维的长度，但机械强度远低于石棉，近几年来被一些摩擦材料厂用作石棉代用材料。有的厂家将水镁石纤维和海泡石纤维以1∶1比例混合使用在盘式片和粘接型鼓式片中制成无石棉摩擦材料制品，取得了较好的效果，并实现了正式生产应用。

水镁石纤维是氢氧化物矿物，不是硅酸盐矿物。这是水镁石纤维与石棉在成分上最本质的区别，所以它是一种安全的矿物资源。

国内有的摩擦材料厂将水镁石纤维按下述配方设计，其性能结果还比较令人满意。

水镁石纤维	20%~40%
其他纤维	5%~10%
黏结剂	20%
摩擦性能调节剂	20%~40%

水镁石矿物在岩石中常与石棉矿物共生，因此水镁石纤维中有时可能伴有少量石棉，这是使用中需要注意的问题。

三、海泡石

海泡石（sepiolite）是富镁纤维状硅酸盐黏土矿物的总称，外观为淡白或灰白色，它的化学式为$Mg_8[Si_{12}O_{30}](OH)_4 \cdot 12H_2O$，硬度为2~2.5，密度为2.2 g/cm^3。

热液型海泡石纤维经松解加工后，纤维束径为0.2~7.0 μm，而以1 μm最为常见。束径与长度比为1∶60~1∶100，属斜方晶体系或单斜晶系。

海泡石纤维的拉伸强度较低，仅为石棉的1/10，因此它不能像石棉那样单独承担摩擦材料的增强功能。通常在摩擦材料配方中，将海泡石纤维和其他纤维，如钢纤维、矿棉等混合使用来达到制品强度要求。

海泡石纤维的晶体结构是链状结构，在链状结构中含有层状结构类型的小单元，属2∶1型层，这种单元层与单元层之间的孔道较大，可达3.8 Å×9.8 Å，因此，海泡石纤维具有很大的比表面积和孔隙度，比表面积最大可达150 m^2/g，这使得海泡石有很强的吸附性、脱色性和分散性。它在摩擦材料生产工艺中具有以下特性：

（1）较高的比表面积和孔隙度使海泡石与树脂、填料接触时能产生很好的界面效应，其实质是发生了范德华力的物理吸附，因此在混合搅拌过程中，能很好地吸收黏结剂和填料，表现为良好的浸润性，并能和填料均匀地混合。

（2）海泡石的晶道孔隙结构具有分子筛作用，当高聚物黏结剂受热分解时，产生的小分子气体和液体物可暂聚在孔道内，而不滞聚在摩擦表面，这有利于减少热衰退的程度。

（3）海泡石的内、外表面积巨大，使其吸水性强，易吸潮，故在生产过程中需要注意保持海泡石原料的干燥，避免出现压制起泡现象。

海泡石有分阶段失水的特点，小于240 ℃时，脱去吸附水和沸石水；240~430 ℃时，脱去一半结合水；430~700 ℃时，脱去另一半结合水；升至860 ℃后，开始脱去以-OH存在的化合水，晶体结构遭到破坏而失去强度。

海泡石纤维的外观、色泽、纤维直径以及诸多性能（比重、硬度、比表面积、吸附性、分散性、耐热性等）、在摩擦材料制品生产中的工艺性能等与石棉都很相似，故可较方便地用作石棉的代用材料。但由于热液型纤维状海泡石矿脉常充填于碳酸盐岩、蛇纹岩等富镁岩裂隙中，海泡石中有时会混杂有纤维状蛇纹石棉，因此在用海泡石纤维制造无石棉摩擦材料时需要特别加以注意。

四、针状硅灰石

硅灰石（wollastonite）属于钙质偏硅酸盐矿物，化学式为$CaSiO_3$，硬度为4.5~5.5、密度为2.75~3.1 g/cm^3，熔点为1 540 ℃，属三斜晶系，晶体常沿Y轴延伸成针状和杆状，呈现玻璃光泽，商品有针状硅灰石和硅灰石粉两种。

硅灰石耐酸，耐碱，耐化学腐蚀，热稳定性好，不含吸附水和结晶水，在900 ℃时仍很稳定，除此之外，硅灰石还具有湿膨润性低、吸油率低的特点。

硅灰石的一项重要性能是长径比，针状硅灰石的长径比一般为6～20。长径比与硅灰石的增强作用有密切的关系，长径比越大，增强作用越好，用于生产摩擦材料的硅灰石长径比以大于15为最好。

国内有人对针状硅灰石的增强作用做了基础性能试验，以硅灰石80%（质量分数）与树脂20%（质量分数）进行配比，配制后按常规工艺进行压制和热处理，制成的刹车片其冲击强度为0.3～0.32 dJ/cm^2，相当于六级石棉的增强效果。研究认为，硅灰石可和少量的主体纤维，如玻璃纤维、芳纶纤维等制造具有足够强度的摩擦材料制品。

针状硅灰石的纤维长度较短，平均为1 mm左右，少数有达到2 mm的，且质地较脆，在加工过程中容易断裂，故增强作用不如其他纤维。按摩擦材料三元组分的常用配比，即黏结剂：纤维：填料＝20：40：40的质量分数配比，若硅灰石在组分中的用量为40%左右，制品的抗冲击强度应在0.2 dJ/cm^2左右。由此可见，针状硅灰石只能作为辅助增强组分配合其他主体纤维使用。我国硅灰石矿产资源丰富，原料易得，价格又较其他材料便宜，因此针状硅灰石为许多摩擦材料厂广泛采用。

针状硅灰石除了增强作用外，还兼具增摩作用，对摩擦材料的常温摩擦系数和高温摩擦系数均有提高的作用，且此种增摩作用随其用量比例增加而提高。将针状硅灰石用于刹车片基础配方性能试验，结果也较理想。

针状硅灰石虽然具有较强的增摩作用，但实际使用中针状硅灰石在摩擦材料中的用量很少有超过 20% 的，原因是硅灰石的莫氏硬度为 4～5，质地较硬，能产生较高的摩擦系数，用量高时会导致噪声的产生和加大，这一点是要注意避免的。

第十二节 晶须短纤维

一、六钛酸钾晶须

六钛酸钾晶须采用高温合成制造工艺，利用特殊的晶体形貌控制技术，使得晶须的粗细均匀，尺度可调、可控。六钛酸钾晶须的组成为 $K_2Ti_6O_{13}$，结构为连锁隧道式结构，K^+ 离子居隧道中间。这种结构导致的直接结果是 K^+ 离子具有较高的稳定性，这种结构也使其具有一种高性能增强纤维的作用。

六钛酸钾晶须近几年开始用于摩擦材料中，其耐摩擦性能较优良，现已经用于汽车离合器面片、汽车刹车片等制动装置以及其他摩擦材料制品中，制品使用寿命均有提高。目前在使用六钛酸钾晶须的国内摩擦材料制品中，最具代表性的是汽车盘式刹车片，六钛酸钾晶须作为新型填料用于刹车片制品中，使制动产生瞬间摩擦力衰退的现象有所改进，同时对降低制动噪声、缩短制动距离、不伤及制动鼓等也有一定作用。

六钛酸钾晶须产品常用规格有：直径为0.2~0.5 μm、长度为5~15 μm或者直径为0.1~0.3 μm、长度为3~5 μm。产品有以下几个主要性能：

（1）优良的化学稳定性。表现在不吸潮上，一般情况下不与水、稀酸、稀碱和盐类起化学反应，也不溶于有机溶剂等。

（2）具有优良的机械性能，高温下导热系数低，热容大，具有优异的耐腐性、耐热隔热性、耐磨性、润滑性。六钛酸钾晶须的导热系数较小，室温下为0.054 W/mK，800 ℃时则只有0.017 W/mK，即具有负的温度系数。与传统石棉隔热材料相比，六钛酸钾晶须具有下列显著特点：无毒无害，性能稳定；使用温度高，可达1 000 ℃；使用寿命长；无灰化现象产生，不污染环境等。

（3）较高的红外线反射性能和高温吸声性能。实际上，六钛酸钾晶须的高红外线反射性能也是其可以作为隔热材料使用的一个重要原因。

（4）优良的相容性。与无机或有机物的相容性极好，几乎不存在界面反应，而且大部分情况下无须进行表面处理，增大了材料的使用范围。

某公司六钛酸钾晶须的重要指标见表2.8。

表2.8 某公司六钛酸钾晶须指标

名称	指标
外观	针状晶体
真密度 / （$g\cdot cm^{-3}$）	3.2 ± 0.1
堆密度 / （$g\cdot cm^{-3}$）	0.4~0.8
含水率 /%	≤ 0.3
莫氏硬度	4.0

二、硫酸钙晶须

硫酸钙晶须化学式为$CaSO_4$，是纤维状单晶体，具有均匀的横截面、完整的外形和高度完善的内部结构，是一种有着许多特殊性能的非金属材料，如图2.6所示。

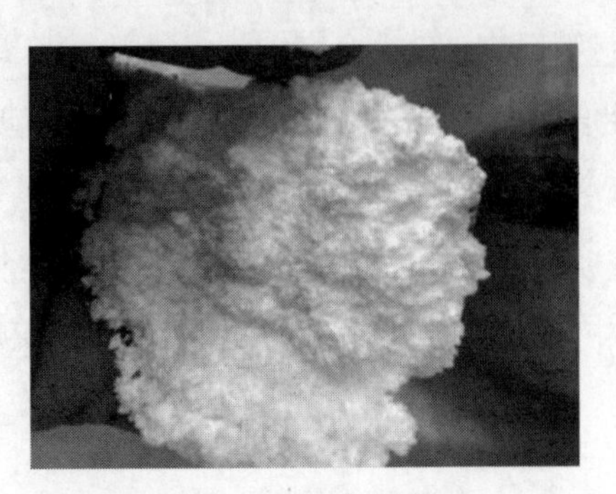

图2.6 硫酸钙晶须

硫酸钙晶须以高品质石膏为原料，通过特定工艺，采用优良配方制成。采用引导剂技术、蒸养技术等先进技术，通过控制蒸养温度、压力、蒸汽饱和度及蒸养时间，进而控制硫酸钙晶须的生长速度和形态，制备得到高纯度、高性能、大长径比的硫酸钙晶须，有效解决了现有生产工艺成本高、能耗高、污染环境、产品质量不稳定等问题。

硫酸钙晶须生产工艺拥有自主知识产权，已获得国家发明专利授权。

硫酸钙晶须具有强度高、模量高、韧性高、绝缘性高、耐磨耗、耐高温、耐酸碱、抗腐蚀、红外线反射性良好、易于表面处理、易与聚合物复合、无毒等诸多优良的性能，集增强纤维和超细无机填料二者的优势于一体，可用于摩擦、塑料、橡胶、涂料、油漆、造纸、沥青、密封等材料中，作为补强增韧剂或功能型填料，又可直接作为过滤材料、保温材料、耐火隔热材料、红外线反射材料和包覆电线的高绝缘材料等。

硫酸钙晶须符合欧盟ROSH检测标准，不含重金属成分，也符合欧盟REACH检测标准，不含有石棉等有害物质成分。

摩擦材料行业用硫酸钙晶须质量指标：

外观：白色粉末

白度：90% 以上

密度：2.69 g/cm^3

松散密度：0.15~0.3 g/cm^3

化学成分：$CaSO_4$

纯净度：≥ 95%

颗粒形状：柱状纤维

长度：10~300 μm（90%）

直径：1~15 μm（90%）

长径比：10~100（90%）

莫氏硬度：3

pH 酸碱度：7+/−0.5

含水率：≤ 1.0%

包装：12.5 kg/ 袋（内衬塑料袋，外覆高端纸袋包装）

硫酸钙晶须属于微型纤维，在整个配方体系中可以起到增加强度的效果。硫酸钙晶须具有良好的分散性和亲和性及良好的均匀分布性，能提高摩擦材料制品的结构强度与剪切强度、冲击强度等，同时对稳定摩擦系数和耐磨性有一定作用，还有减少制动噪声的作用。

推荐配方中硫酸钙晶须的使用量为 8%~15% 或 20%（质量分数）。

第三章 摩擦材料用纺织类纤维生产

摩擦材料中选用的各种纤维材料中，最为适用的是纺织类纤维，如各种纱、线及各种复合纱、复合线等，它们是应用非常广泛的纤维增强材料。在各种汽车刹车片、离合器面片、刹车带、石油钻机闸瓦、火车合成闸瓦等产品中，为保证所生产的摩擦材料制品具有良好的性能，对这些广泛采用的作为增强骨架材料的复合纱、复合线等的产品质量进行严格控制是极为重要的。

第一节 摩擦材料用纱、线、复合纱、复合线概述

一、定义

（一）纱、线的定义

纱是指短纤维经纺织制成的具有一定强度和细度等性能的单根产品，以纱支表示。

线是两根或两根以上的单纱并合加捻的股线。

（二）复合纱、复合线的定义

复合纱是指由两种以上的短纤维经纺织制成的具有一定强度和细度等性能的单根产品，以纱支表示。

复合线是两根或两根以上的复合单纱并合加捻的股线。

二、主要性能指标

（一）纱、线的主要性能指标

（1）细度、线密度。

（2）纤维长度。

（3）拉伸强度。

（4）纱线的捻向、捻度。

（5）纤维或纱线的含水率。

（二）复合纱、复合线的一般物理性能指标

1. 复合纱、复合线的密度

特克斯（tex）：表示纱线细度的指标，1 tex 是 1 000 m 长的纱线质量（g）。

旦尼尔（D）：1 D= $g/L\times 9\ 000$，其中g为纤维或纱线的质量单位，L为纤维或纱线的长度（m）。

2. 复合纱、复合线的抗拉强度

在专用的拉力试验机上进行测试，一般要设定纱线的有效测试长度和拉伸速度。

3. 复合纱、复合线的捻度、捻向

捻度是1 m长的线的捻回数，捻向分为Z捻（正捻）和S捻（反捻）。复合纱、复合线的捻度与其强度、柔软度、均匀度和光泽度密切相关。

在摩擦材料中应用较多的是复合纱或复合线，复合纱或复合线最重要的技术要求是其成分构成，构成决定性能，而决定构成成分的是技术配方，所以适宜的配方是复合纱或复合线质量的重要保证。

三、配方设计原则

根据特定摩擦材料制品的性能要求、使用工况条件、生产工艺、工装特点、原材料的资源与价格等数据，科学地确定组成制品的各种原料的用量比例，就形成了配方。按我们的习惯简单地说，配方就是对复合纱、复合线各种成分的用量、规格、质量要求和价格等的规定数。

配方设计是复合纱、复合线制品生产过程中的关键环节，对制品质量和成本有决定性的影响。此外，合理的配方又是保证加工性能的关键。配方设计的过程，应该是有关各种基本理论的综合应用过程，是各种组分结构与性能关系在实际应用中的体现。配方设计过程绝不仅是各种原材料的经验搭配，而是在了解各种配合原理的基础上，充分发挥整个配方体系的系统效果，从而得到最佳的配比。

尽管各种配方性能要求千变万化，但是在各种性能与组分构成之间却存在着某种规律。这种规律可以反映配方设计中的某种趋势，也可以确定一定的定量范围，所以在配方设计工作中应该注意积累一些基础数据，并注意一切经验的积累。大量的经验规律可反映某些内在的规律性，因此在平时的配方设计工作中经常归纳、收集和总结数据关系，是一种有价值的工作。一个称职的配方工艺人员，应能在工作中经常归纳、收集、总结数据，自觉地研究各种配方与性能的基本规律。

要根据复合纱、复合线的配方特点去实现生产使用的配方。实用生产配方应该是所用材料的最佳组合，不但要体现在复合纱、复合线制品各项技术性能结果指标上，还要在工艺操作可行性与产品成本上达到较好的状态。

复合纱、复合线产品的配方设计过程，就是应用一定的计算方法，科学地确定与选择所

需各种原材料及其用量比例的过程。当然，还要考虑所用原材料的产地、成分、性能与规格和价格等因素。

复合纱、复合线配方设计是复合纱、复合线生产过程中最关键的环节，对产品质量和生产成本有决定性的影响，也是保证生产的首要关键。因此复合纱、复合线配方设计是一项非常重要，同时又是一项专业性很强的技术工作。

复合纱、复合线配方设计总的原则是：使产品达到“优质、无害、高效、获利”的标准。在这一原则要求下，配方设计人员的主要任务就是寻求各种原材料的最佳组合，使所设计的复合纱、复合线制品“性能良好且可满足使用要求，制造工艺性能完好，生产效率较高，生产与使用过程无害，成本较低且经济效益较好”，在这几个方面之间取得最好的综合平衡，掌握原材料配合的内在规律，通过科学的配方设计方法设计出最佳实用配方。

复合纱、复合线一般配方设计具体应遵循四个原则：

（一）科学性原则

1. 配方构成的规律性

任何一个实用配方的设计，都必须要符合复合纱、复合线的组成物原则，即必须包括配方构成的基础材料的成分要素：

（1）主体纤维材料——为配方总量的25%~75%。

（2）辅助纤维材料——为配方总量的10%~55%。

（3）经济效益纤维材料（调整产品经济效益的纤维材料）——为配方总量的15%~35%。

配方构成的三大要素，是每个复合纱、复合线制品配方必须要具备的，任何一项均与复合纱、复合线制品的综合性能有直接关系，不可或缺。三大要素的主要作用是：保证复合纱、复合线的理想增强作用，使制品具有足够高的强度，使产品性能得到改进和调整，同时也有利于改善和调整复合纱、复合线制品的经济效益，进而使复合纱、复合线制品的性能达到最理想状态。

2. 技术标准和使用要求的满足

复合纱、复合线配方设计，必须要遵循其使用的制品标准和客户对制品提出的使用要求进行。如果有新的性能要求，应按新要求进行复合纱、复合线的配方设计，做到跟紧技术要求的变化，及时解决使用中所遇到的每一个质量问题，这是对每个复合纱、复合线配方设计者的基本要求。

复合纱、复合线的技术标准和使用要求主要包括：

（1）足够高而稳定的增强效果。

（2）在制品中具有良好的使用寿命。

（3）提供较好的物理机械性能（强度、硬度、弹性模量、热膨胀、压缩应变等）。

（4）较好的工艺性与可操作性。

（5）无污染、无尘害、无刺激、绿色环保等。

（6）较低的成本。

摩擦材料的特性是构成该摩擦材料各组成成分的相应原材料所显示出的特性的总和。而复合纱、复合线是摩擦材料重要的组成成分，所以掌握复合纱、复合线制品性能，是一件非常重要的基础工作。复合纱、复合线制品性能与配方组分相互依赖、相互影响，必须正确选择相应的组分及使用比例。

作为摩擦材料制品重要成分的复合纱、复合线对摩擦和磨损这一对孪生现象均有重要影响。摩擦材料在使用之前，还需要进行一系列的加工工艺处理，如钻孔、铆装等机械加工，进而制成制动器或离合器总成。这些过程要求摩擦材料要有一定的物理机械性能，如强度，而且在其使用过程中，还要经得起复杂的使用环境和条件，如温度、速度与不同压力的验证，尤其是在严重超速和超载状态下，能承受各种力的考验是非常重要的，而提供这些保证的，主要就是制品中复合纱、复合线的良好质量。

3. 选用原料的特点

配方设计人员要清楚选用原材料的成分、物理特性、化学特性、状态、结构及在制品中的作用或与他种原材料间的关系规律、在配方中的用量限制及选用原材料的资源状况和运输距离等。如在配方设计中选好的某种原材料找不到或很难找到来源，这个配方就不能很快实现，就不是一个理想的配方（为保证制品特殊性能必须使用的个别配方除外）。对每种材料使用的性能要求有很多，除对主要性能指标必须要坚持外，对其他指标可以适当调整，灵活应对。

在设计复合纱、复合线配方时，要充分考虑到复合纱、复合线制品的功用、类型、结构、批量、技术要求和使用环境、所选取的原材料性能及它们之间相互综合影响而表现的性能等。比如制作离合器面片用的复合纱、复合线的配方，就要想到符合缠绕的工艺要求，应采用橡胶类黏结材料，这种材料有较好的贴合性，而如果产品要具有耐高温性能，还应采用耐热的纤维材料配方等。

4. 配方组分的灵活搭配

一般来说，复合纱、复合线是由多种材料组成的，再经一系列生产加工而制成复合纱、复合线制品。多种材料搭配使用，就要做到所选择的材料相互取长补短，合理发挥各自的性能与作用，既要使复合纱、复合线制品性能达到最佳状态，也要使经济效益达到最理想的水平。实践证明，使用的材料种类既不要太少也不要太多，太少不宜搭配性能平衡，太多不但造成生产和管理上的麻烦，也给产品质量的稳定性带来了麻烦。

5. 工艺和配方的相互关联及其对制品性能的影响

复合纱、复合线制品的生产工艺和选用的实用复合纱、复合线制品配方是决定制品质量的两大要素。工艺和配方有着密不可分的关系，仅仅重视配方是不行的，单有一个好的配方不能生产出性能理想的制品。一定要做到既要有较好的配方，还要搭配适宜、合理的生产工艺，只有这样才能生产出好的制品。一定要认清工艺对配方的实施有着非常重要的作用。适宜、合理的工艺与工艺参数因配方而异，随着配方的变化，工艺参数也会发生变化，应及时进行调整。

（二）经济性原则

配方设计既要重视质量，也要重视经济效益。配方是决定经济效益的重要因素之一。一个理想的复合纱、复合线制品配方，必然会产生较好的经济效益，也可以说，复合纱、复合线制品生产企业有较好经济效益的前提，是必须要有比较理想的配方，二者密不可分。没有较好经济效益的复合纱、复合线制品配方，不能称之为理想的配方。

配方中所使用的原材料，应尽可能地做到价格较低，资源丰富，运距较近，材料性能稳定并且安全可靠。配方应用时还要适应生产过程简单、设备结构简单、操作方便、生产效率高、生产周期短、能耗与原材料消耗小、投资较少的工艺方法。经济效益不好的配方难以投产，没有经济效益的制品也没有人愿意生产。应将经济效益作为配方评价的重要方面，因为它是复合纱、复合线制品实用生产配方的一个设计原则。

复合纱、复合线制品的性能要求有很多，而达到要求的方法也有很多，可供实施的方案也相当多，因此，配方设计者只要找好各种性能之间的平衡，就会取得性能与效益双优的配方结果。

掌握复合纱、复合线制品多种原材料资源，是配方设计者应具备的能力之一，只有大量地掌握摩擦材料用复合纱、复合线制品原材料资源资料，才能在数十种材料中实现较好的配方。所能利用的原材料面越宽，越有益于配方设计。掌握较丰富的资源，进行配方设计就会非常方便。有的时候我们甚至可以说，一个配方不好，并不是材料性能不好，而是选择的材料性能不合适。应从多种材料中选择适宜配方要求的所用材料，再经过精心设计，认真寻找各种材料性能间的平衡，根据设立的配方实现技术指标与经济目标，来完成配方设计。

确定经济目标，就是预先设定摩擦材料制品的配方成本。设计的配方首先要满足技术质量指标，然后要完成制定的经济效益指标。两项指标都很重要，缺一不可。当然，质量是第一位的。

（三）不断寻求新的平衡原则

复合纱、复合线制品配方设计者在进行配方设计时，往往需要根据特定产品的特殊性能要求对已经形成的在用工艺配方进行调整。在实际设计、生产或制品使用过程中，会发现有些在用生产实用配方中仍有一些不足之处，这就需要不断地进行调整和修改。对复合纱、复合线制品配方进行调改的目的要十分明确，不改动或乱改动生产实用配方都是不可取的。调改方案的制订要详细周到，只有这样有计划、有目的地不断修改，才会使复合纱、复合线制品的性能越来越好。调整是指采用或更新某种材料，以取得制品性能或产品经济效益上的提高。这就要求复合纱、复合线制品配方设计者能够勇于突破自我，不断完善配方，寻找新的平衡。要了解尽管原生产复合纱、复合线制品实用配方是经过许多人不断开发、研究的结果，并经过一段时间的考验，被证明是一个较理想的配方，但又经过一段时间后，制品的技术标准要求、用户使用要求、材料特点、工装设备、人员操作和经济效益等方面，都会发生变化或有新的影响和要求。复合纱、复合线制品配方设计者要不断寻找新的平衡，做到及时发现并采用新的材料，及时寻找出各种材料性能之间的平衡，从而使制品配方性能越来越好。

（四）环保原则

复合纱、复合线制品在生产操作或使用过程中产生的环境影响，不能造成公害。对其进行配方设计时还要考虑操作者、使用者以及其他接触者的安全和健康。要避免使用有毒、有害的原材料，尽量少用或不用导致职业病的原材料。如纤维材料过细，在使用过程中就会产生大量的扬尘，形成尘害。因此，一个理想的复合纱、复合线制品配方应能达到无公害与无环境污染的标准。

在复合纱、复合线制品配方设计中也应重视涉及废弃物排放的环境保护工作。复合纱、复合线制品生产企业最好能做到零排放，能实现资源的综合利用，这也是配方设计时应予以考虑和重视的方面。

第二节　摩擦材料用包芯纱、混纺纱、复合纱、帘子布、网格布

目前用于生产摩擦材料的复合纤维增强材料主要有包芯纱、复合纱以及用包芯纱或复合纱织成的帘子布。现对包芯纱、混纺纱、复合纱、帘子布、网格布等的定义和生产工艺进行简介。

一、包芯纱、混纺纱

包芯纱是以玻璃纤维、碳纤维、玄武岩纤维、金属纤维等连续长纤维为芯纱，外包短切纤维，通过无源纺纱工艺加工而成的具有皮芯结构的纱。

混纺纱是包芯纱不加芯纱纺出来的粗纱，纤维材质为一种或几种。

（一）常用纤维材料

芯纱包括玻璃纤维、碳纤维、玄武岩纤维、铜丝等。芯纱一般为长丝无捻粗纱。

皮层纤维包括芳纶纤维、腈纶纤维、粘胶纤维、玻璃纤维、预氧丝纤维等纯纺或几种纤维混纺。纤维常用规格为1.67 dtex × 38 mm、2.2 dtex × 51 mm、3.33 dtex × 65 mm等。

（二）常规生产工艺

皮层纤维（配料）→ 开松（混合）→ 梳理制条 → 并条（如需要）→ 纺纱（加芯纱）→ 络纱（或织成帘子布、网格布等）。

1. 配料、开松工序

配料、开松工序是将皮层纤维需要的纤维原料按规定的配比，通过开松机进行开松混合。一般使用毛型纺纱生产工艺中的纤维开松设备。在配料前，要根据纤维材质的特性，均匀定量喷洒特定的毛油和抗静电剂，再捂放超过 24 h。

示例1：腈纶纤维与玻璃纤维短切纱（简称短切玻纤）混纺，比例为1∶1。开松时，每次配5 kg料，腈纶纤维2.5 kg，短切玻纤2.5 kg。在开松机的皮帘上，先将一半腈纶纤维均匀摊开，然后把2.5 kg短切玻纤均匀撒在腈纶纤维上，最后再将另一半腈纶纤维均匀撒在之前的料上面。每50 kg为一批，每批料开松两次，同批投入料的总量在开松前后要称重记录，以防有误。

示例2：芳纶纤维与粘胶纤维混纺，比例为芳纶纤维∶粘胶纤维＝20%∶80%。开松时，每次配料5 kg，芳纶纤维1 kg，粘胶纤维4 kg。在开松机的皮帘上，先将2 kg粘胶纤维均匀摊开，然后把1 kg芳纶纤维均匀撒在粘胶纤维上，最后再将2 kg粘胶纤维均匀撒在之前的料上面。每50 kg为一批料，待一次开松结束后，将料从储棉箱里取出，再开松一次。一般情况下，经过两次开松，纤维原料混合就能满足使用要求。

开松工序所用设备为 BC261 型和毛机（如图 3.1 所示）或凯辛诺卧式开松机（如图 3.2 所示），这两种设备都能满足工艺要求。

图 3.1 BC261型和毛机

图 3.2 凯辛诺卧式开松机

随着自动化水平的不断提高，自动配料、开松混棉系统也已经出现了。

2. 制条工序

制条工序所采用的纤维梳理出条机组（如图3.3所示）一般采用刚性针布。工作辊、转移辊、锡林、道夫之间的隔距，要根据纤维长度进行调节。

随着技术的进步，传统生产设备在产品质量、生产效率和安全生产等方面已不能满足发展要求。现在大多采用带自匀整功能、触摸屏控制和自动换条桶的先进梳理机组。

如果对产品线密度的要求较为严格，梳毛机做好的条还要由并条机组（如图3.4所示）进行并条处理。一般采用“8并1”生产工艺。并条前的棉条称为生条，并后的棉条称为熟条。要求生条8 ± 0.5 g/m，熟条6 ± 0.4 g/m。

图3.3　纤维梳理出条机组

图3.4　高速并条机组

3. 纺纱工序

纺纱工序适用的纺纱设备为空气摩擦纺纱机和转杯纺纱机。一般空气摩擦纺纱机适用于纺包芯纱和混纺纱，而转杯纺纱机只适用于纺混纺纱。

摩擦纺纱是一种自由端纺纱（简称摩纺纱），与所有其他自由端纺纱一样，具有与转杯纺纱相似的喂入开松机构，将喂入纤维条分解成单根纤维状态，而纤维的凝聚加捻则是通过带抽吸装置的筛网来实现的（原理如图3.5所示）。筛网可以是大直径的尘笼，也可以是扁平连续的网状带。国际上摩擦纺纱的形式较多，其中最具代表性的摩擦纺纱机是奥地利的德雷夫Ⅱ型（如图3.6所示）及德雷夫Ⅲ型，这两种机型的筛网为一对同向回转的尘笼。运行时，空气从尘笼内部抽出，在两只尘笼之间（纺纱三角区）的表面形成负压，从而“抓住”纤维并加捻。这类纺纱设备又被称作空气摩擦纺纱机。目前，空气摩擦纺纱机已实现国产化。

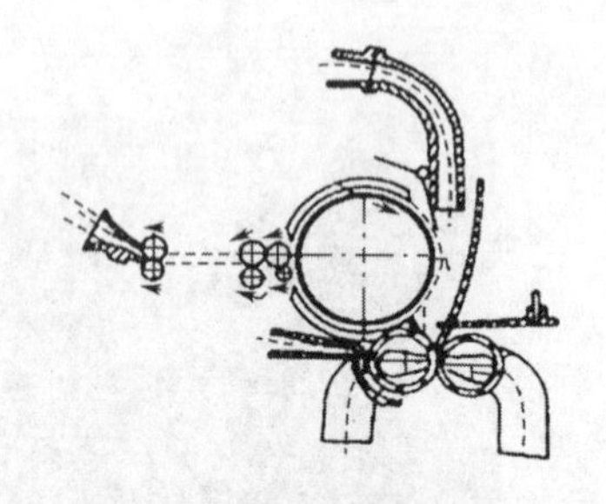

图 3.5　空气摩擦纺纱原理示意图

图 3.6　德雷夫Ⅱ型空气摩擦纺纱机

空气摩擦纺纱生产工艺的理论公式是：

$$\text{输出克重} \times \text{输出速度} = (\text{输入棉条克重} \times 1\,000 + \text{芯纱克重}) \times \text{输入速度}$$

输出克重和芯纱克重的单位为 tex，也就是所纺纱线的线密度；

输出、输入速度的单位为米 / 分钟（m/min）；

输入棉条克重的单位为克 / 米（g/m）。

与传统纺纱工艺不同，空气摩擦纺纱工艺纺制的粗纱无法用准确的捻度来衡量纱线。在实际生产中，往往采用标准样纱与试纺纱进行对比（外观、粗细、断裂强力等），质量确认后再投入批量生产。

老型号的空气摩擦纺纱机只能纺制 Z 捻向的粗纱（或包芯纱）。设备改进后，通过改变一对纺纱辊的旋转方向，也可以纺制 S 捻向的粗纱（或包芯纱）。

上述参数都可以在触摸屏上设置。实际生产时，理论值可能会与实际值有误差，因此要设定相应的修正参数进行修正，确保生产的产品符合质量要求。

转杯纺纱也是一种自由端纺纱，因采用转杯凝聚单纤维而得名。因为初时主要用气流，因此在中国又称气流纺纱。转杯纺纱的纺纱速度高，卷绕容量大，纺低级棉和废落棉有良好的适纺性，劳动环境也大为改善。

转杯纺纱所用的主要部件有转杯、给棉机构、分梳辊、引纱管和阻捻器等，整套装置称为纺纱器，如图3.7所示。按转杯内负压产生的方式，可分为自排风式和抽气式两大类。自排风式纺纱器在转杯底侧部开有若干排风孔，当转杯高速回转时产生类似离心泵的作用而使转杯内具有负压。自排风转杯内的气流主要从纤维输送管补入，经凝棉槽后向底侧部的小孔排出，所以纤维输送管可以适当短些。纤维从输送管出来后在未到达转杯的凝聚槽之前，可能直接冲向已被加捻引出的纱条，形成松散的外包纤维，以致影响成纱强力和外观。为了防止这种情况的发生，必须采用隔离盘。抽气式纺纱器转杯内的气流从纤维输送管补入后从杯口被吸出，所以纤维输送管必须伸入杯内且比较接近壁面，因此输送管就比较长。由于两种纺纱器转杯内气流流向不同，纺纱情况也有所不同。自排风转杯凝聚槽内易积粉尘，而抽气式转杯内的粉尘则易被气流吸走，所以凝聚槽比较清洁。纺纱断头后，自排风转杯内有剩余纤维，需清除后才可接头。抽气式转杯内断头后的剩余纤维可随气流从杯口被吸走，因此能直接接头。为了加强杯内回转纱条向凝聚槽传递捻度的能力，以增加凝聚槽内剥离点处纱条的强度，降低断头率和减少成纱捻度，两种纺纱器的转杯中都需要应用阻捻器。

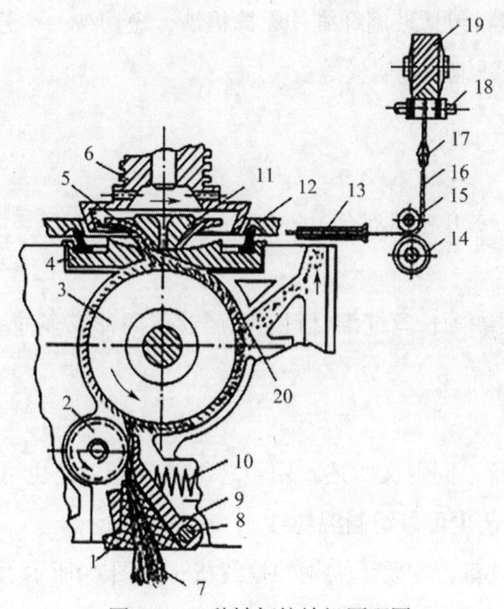

图 3.7 一种转杯纺纱机原理图

1—给棉喇叭；2—给棉罗拉；3—分梳辊；4—输棉通道；5—隔离盘；6—纺纱杯；7—棉条；8—偏心销；9—给棉板；10—压簧；11—阻捻头；12—密封盖；13—引纱管；14—引纱罗拉；15—皮辊；16—纱条；17—导纱器；18—卷绕罗拉；19—筒纱；20—除尘刀

（三）技术要求

包芯纱技术要求主要包括线密度、皮纱含量、含水率、断裂强度、烧失量等。

（四）典型产品

B1950

线密度：1 950 tex。

芯纱：无碱玻璃纤维无捻粗纱 900 tex 一根、纯铜丝直径 0.19 mm 一根。

皮层纱：800 tex，材质为 50% 腈纶纤维、50% 短切玻纤。

二、复合纱

复合纱（如图3.8所示）主要用于缠绕离合器面片。根据不同规格型号缠绕离合器面片的不同技术性能要求，选用不同材质的纤维复合制成满足这些不同性能要求的复合纱或线。缠绕离合器面片用复合纱是复合纱的典型产品，也是复合纱最重要的用途体现。

图 3.8　复合纱纱卷

（一）常用纤维材料

常用的复合纱纤维材料包括玻璃纤维（无捻粗纱、短切纱）、芳纶纤维、腈纶纤维、粘胶纤维、碳纤维、预氧丝纤维、金属丝等。

（二）常规生产工艺

1. 混纺纱生产工艺

纺纱用纤维（配料）→ 开松（混合）→ 制条 → 纺纱。

2. 合股纱线生产工艺

混纺纱、玻纤无捻粗纱等长丝纤维材料、金属丝等两种或多种纤维材料 → 加捻（合股工艺）→ 络纱。

（三）生产设备

（1）混纺纱生产设备：同前文所述，用包芯纱的生产工艺也可以生产混纺纱。当然，气流纺、环锭纺等纺纱工艺也可以纺制混纺纱。

（2）合股纱线生产设备：主要是大钢领捻线机（如图3.9所示）。为确保产品质量，特别是避免缺股现象，老式的捻线机已不能适应，须逐步淘汰。新的单锭单控捻线机有单锭缺股停机报警装置，工艺参数通过触摸屏设置，操作方便。

（3）络纱设备：工业用粗纱络纱机（如图3.10所示）纱卷卷绕比可以根据纱线粗细设定，纱卷上纱线排列整齐有序。

图 3.9　单锭单控大钢领捻线机

图 3.10　粗纱络纱机

（四）技术要求

复合纱技术要求主要有总线密度、捻向、捻度、含水率、烧失量、拉伸强度等。如客户要求，应详细说明产品的组成和材质配比等。

（五）玻纤膨化工艺

有时为了提高复合纱线在合胶工艺过程中的浸胶性能，进而改善汽车离合器面片在合胶工艺中的浸胶效果，在做成复合纱线前，往往要对复合纱线中玻璃纤维无捻粗纱部分进行膨化处理。

膨化工艺的原理是：将玻纤类无捻粗纱张力调节装置送到特制的膨化喷嘴中，从膨化喷嘴侧面的进气孔向内腔吹喷 0.5~1 MPa 的高压空气。高压空气在狭小的内腔里形成紊流，高压高速空气紊流将玻纤类无捻粗纱吹散变形糅合到一起。

在膨化复合生产过程中所用的高压空气必须经过油水净化处理，否则将会对汽车离合器面片的生产工艺及制品质量造成不良影响。

在实际生产过程中，膨化速度要根据纱线材质及线密度的大小来设定。经过试验，膨化速度在 150~300 m/min 为宜，太快了，纱线膨化复合效果不好；太慢了，生产效率不高。一般来讲，纱线的线密度越大，膨化的速度越慢。

从设备角度来分析，影响玻璃纤维膨化效果的主要因素有膨化速度、高压空气气压、控制膨化纱的张力杆张力大小和膨化喷嘴微调位置等。在膨化过程中，高压空气气压的上下波动对玻璃纤维的膨化效果影响比较大。建议采用带自动气压控制功能的高性能螺杆空压机，气压设定在6.5~7 MPa为好。膨化纱的张力杆张力大小和膨化喷嘴微调位置等，要根据产品的膨化要求和实践经验现场试膨确定。

对于膨化质量要求比较严格的制品来说，应先试验膨化工艺，将试膨的样纱与标准样品膨化纱进行对比，质量部确认合格后再进行批量生产。在玻璃纤维无捻粗纱中，玻纤丝相互平行形成一束，玻纤丝之间的空隙很小。经过膨化工艺处理后，玻纤丝之间的平行关系被打散，玻纤丝之间的空隙会增大。玻璃纤维无捻粗纱有多种型号的表面浸润剂牌号，并不是每一种都适合膨化工艺。在批量生产前，要进行充分的了解和试验。

如图3.11所示，按膨化后的形态来分类，玻璃纤维无捻粗纱一般可分为直膨玻璃纤维纱（代号T）和螺旋膨玻璃纤维纱（代号S，又称竹节膨玻璃纤维纱）。

（a）玻璃纤维无捻粗纱

（b）直膨玻璃纤维纱

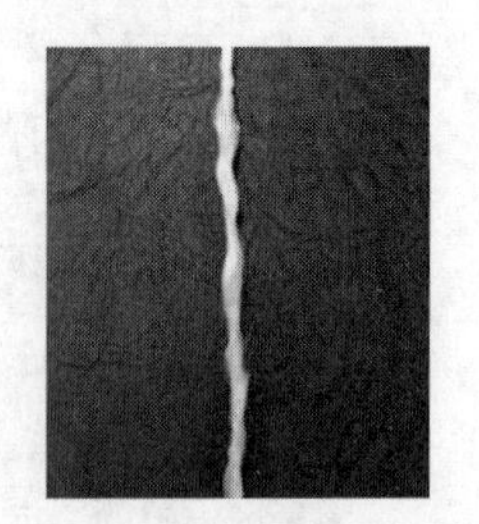
（c）螺旋膨玻璃纤维纱

图 3.11　玻璃纤维无捻粗纱及其分类

图 3.12 显示了对应于直膨和螺旋膨的喷嘴。

（a）直膨喷嘴

（b）螺旋膨喷嘴

图 3.12　直膨和螺旋膨喷嘴

图 3.13 为玻璃纤维膨体设备。

图 3.13　玻璃纤维膨体设备

（六）典型产品及其生产工艺

（1）F4–2250

产品组成：共由 4 股纱线合股而成，分别是玻璃纤维无捻粗纱 E900 × 1、玻璃纤维无捻粗纱膨化纱 ET900 × 1、腈纶粗纱 300 tex × 1、纯铜丝 ϕ0.15 mm × 1。

总线密度：2 250 tex。

捻向捻度：S50。

该产品适用于缠绕式汽车离合器面片浸胶生产工艺。

（2）F4–2320

产品组成：无碱玻纤660 tex × 2、芳纶腈纶混纺粗纱200 tex × 2、腈纶粗纱200 tex × 1、纯铜丝 ϕ 0.17 mm × 2。

其中，芳纶腈纶混纺粗纱中，芳纶：腈纶= 1∶1。

（3）合股工艺

初捻纱1：无碱玻纤660 tex × 1+芳纶腈纶混纺粗纱200 tex × 1+纯铜丝 ϕ 0.17 mm × 2，加捻Z110。

初捻纱2：无碱玻纤660 tex × 1+芳纶腈纶混纺粗纱200 tex × 1+腈纶粗纱200 tex × 1，加捻Z110。

复捻：初捻纱 1+ 初捻纱 2，加捻 S110。

总线密度：2 320 tex。

该产品适用于缠绕式汽车离合器面片包胶（或贴胶）生产工艺。

三、帘子布、网格布

根据客户要求，生产好的包芯纱、复合纱，有时要织成一定宽幅的帘子布、网格布或编织制动带，客户再采用贴胶或浸胶工艺，生产汽车离合器面片、制动带等摩擦材料制品。

与在民用纺织行业的情况不同，因为纱线比较粗，布面经、纬密度比较小，所以经纱一般不用盘头整经，而是采用纱架，通过主动送经装置、独立后卷取装置直接织布。采取独立的后卷取装置，可以织成几百米长的大卷布。

织机：老式织机一般为1511有梭织机，带后卷曲装置，幅宽约90 cm，每卷布的长度从20 ~ 500 m，都可以织；新式织机大多是在老式织机的基础上经过技术改造而成的，目前有喷气织机和剑杆织机等。与老式有梭织机相比，新式织机（如图3.14所示）生产效率和自动化程序均有很大程度的提高，操作工的劳动强度也大大降低。

技术要求：除了对纱线本身的要求之外，对布面也有相应的技术要求，一般要求布面平整，所有经线的张力基本一致，经线和纬线的密度、布面幅宽和每卷布的长度均符合要求。

图 3.14　新式织机

（一）帘子布

帘子布是用包芯纱或复合纱等较粗的纱线作为经纱、用细纯棉纱或细纯腈纶纱作为纬纱而织成的摩擦材料用增强骨架织物。因为经纱排列紧密，纬纱排列稀疏，类似以前常见的帘子，所以这类织物通常被称作帘子布。

根据经纱的粗细程度，经纱密度一般在24~40根/10 cm，纬纱密度一般在5~16根/10 cm。经纱为上述包芯纱或复合纱。使用梭织机时，纬纱一般用16 S或21 S纯棉纱或纯腈纶纱；使用剑杆织机或喷气织机时，纬纱一般用32 S×2纯棉纱或纯腈纶纱。

帘子布主要用于生产浸胶（或浸脂）及缠绕工艺汽车离合器面片。用帘子布生产汽车离合器面片，具有生产工艺简单、生产效率高等优点。

生产工艺示例：

（1）包芯纱帘子布（如图 3.15 所示）B1750–6×2

织机：1511 有梭织机。

产品结构

经纱：包芯纱线密度1 750 tex，芯纱为玻璃纤维无捻粗纱600 tex×1股、紫铜丝ϕ0.15 mm×1根，包芯纱皮层纤维1 000 tex。

纬纱：16 S 纯腈纶纱。

经纬密度：经纱密度 6 根 /in，纬纱密度 2 根 /in。帘子布采用平纹织法。

生产流程

原料准备：包芯纱、16 S 纯腈纶纱、纬纱打小纡管。

圆机：包芯纱卷上纱架、穿经纱（扣板、纱线根数、纬纱密度等要符合产品要求）、试织，计长码表归零。批量织造准备就绪。

正常生产：按设定的长度开机生产。纱架上面的经纱卷在快要用完时应及时更换新的经纱卷，防止缺经纱。随时关注梭子里面小纡管上的纬纱，防止缺纬纱。帘子布应布面平整、布卷两端平齐，每卷布的幅宽、卷长准确。

（2）复合纱帘子布（如图 3.16 所示）F1900–7×2

织机：G180 型剑杆织机。

产品结构

经纱：复合纱总线密度 1 900 tex，其中含玻璃纤维无捻粗纱 600 tex×1 股、玻璃纤维无捻粗纱 300 tex×1 股、芳纶混纺粗纱 400 tex×2 股、紫铜丝 ϕ0.17 mm×1 根。

纬纱：32 S×2 纯腈纶纱。

经纬密度：经纱密度 7 根 /in，纬纱密度 2 根 /in。帘子布采用平纹织法。

生产流程

原料准备：复合纱、32 S×2 纯腈纶纱。

圆机：复合纱卷上纱架、穿经纱（扣板、纱线根数、纬纱密度等要符合产品要求）、试织，计长码表归零。批量织造准备就绪。

正常生产：按设定的长度开机生产。纱架上面的经纱卷在快要用完时应及时更换新的经纱卷，防止缺经纱。随时关注梭子里面小纡管上的纬纱，防止缺纬纱。帘子布应布面平整、布卷两端平齐，每卷布的幅宽、卷长准确。

图 3.15 包芯纱帘子布

图 3.16 复合纱帘子布

（二）网格布

网格布（如图 3.17 所示）的经纱、纬纱均为包芯纱或复合纱，经纱、纬纱相互交叉，形成网眼状。网格布主要用于生产一种表面纱线纹路为同心圆状的汽车离合器面片，也可用于生产层压制动带等摩擦材料制品。

生产工艺示例：

玻纤复合纱网格布 NF-102。

织机：1511 有梭织机。

产品结构

经纱：玻璃纤维膨体纱 650 tex × 3 股、黄铜丝 ϕ0.13 mm × 1 根，加捻 S60。

纬纱：玻璃纤维膨体纱 1 800 tex × 1，加捻 S30。

经纬密度：经纱密度 6 根 /in，纬纱密度 3 根 /in。网格布采用平纹织法。

生产流程

原料准备：经纱、纬纱，纬纱打小纡管

圆机：经纱卷上纱架、穿经纱（扣板、纱线根数、纬纱密度等要符合产品要求）、试织，计长码表归零。批量织造准备就绪。

正常生产：按设定的长度开机生产。纱架上面的经纱卷在快要用完时应及时更换新的经纱卷，防止缺经纱。随时关注梭子里面小纡管上的纬纱，防止缺纬纱。网格布应布面平整、布卷两端平齐，每卷布的幅宽、卷长准确。

图 3.17 网格布

第三节 摩擦材料用短切纤维

用于摩擦密封材料行业的短切纤维主要有短切玻璃纤维、短切亚克力纤维、短切碳纤维、短切芳纶纤维等。

一、生产工艺

短切纤维类产品是由长纤维短切成一定长度而制成的。根据纤维种类的不同，可以选择不同的短切生产工艺及相应的短切生产设备。

（一）短切玻璃纤维工艺

常用的生产设备为滚刀式纤维短切机，如图 3.18 所示。

图 3.18 滚刀式纤维短切机

滚刀式纤维短切机可以用于短切玻纤乱丝和玻纤筒丝，还可以用于短切玻纤原丝。玻纤乱丝短切时要先把乱丝剪成几十厘米长的丝束，再将丝束短切成定长纤维。筒丝及原丝可以直接短切。

玻纤乱丝的短切生产工艺流程为：

乱丝整理 → 丝束短切 → 筛分 → 烘干 → 包装

为方便对乱丝进行整理，一般要先在乱丝上喷洒水，再把乱丝剪成几十厘米长的丝束。

（二）短切亚克力纤维工艺

常用的生产设备为转盘式纤维短切机，如图 3.19 所示。

图 3.19 转盘式纤维短切机

原料为PAN基碳纤原丝。长丝分为乱长丝和筒长丝。筒长丝的生产比较简单，直接将筒长丝引到短切设备中进行短切即可。在对乱长丝进行短切前，要先对原料进行整理，然后再引到设备上进行短切。比较而言，筒长丝的短切生产工艺简单，生产效率高，产品质量稳定。

（三）短切碳纤维工艺

生产设备为滚刀式纤维短切机或铡刀式纤维短切机（如图3.20所示），生产工艺基本同短切玻璃纤维产品。

因为碳纤维能导电，所以生产现场的电器线路、电控箱和设备开关等都要采用防爆装置，设备可靠接地。

图 3.20 铡刀式纤维短切机

（四）短切芳纶纤维工艺

芳纶纤维强度和韧性很高，难以切割。常规的生产设备无法胜任。目前用于芳纶短切的设备主要是铡刀式纤维短切机和 NEUMAG 纤维短切机等，刀片要选用高强度耐磨材质。

二、技术要求

常规技术要求有公称短切长度、纤维单丝直径、含水率、烧失量、短切率等。

根据后续摩擦材料产品对短切类纤维在其混料工艺中的不同要求，最适宜的短切长度是3 mm、4.5 mm、6 mm等，长度短些的，混料时分散性能好；长度长些的，纤维的强度保持较好，但分散性能差。要根据实际情况进行选择确定。

（一）短切对纤维的技术要求

1. 含水率

短切纤维类产品并不是越干越好。纤维材料在自然条件下会含有一定的水分。干燥的短切纤维产品在混料时易产生较强的静电，造成混料困难。

2. 短切率

主要是指用乱丝短切而成的短切纤维产品。因为无法保证100%的短切长度，所以一般要用短切率指标来进行品质控制。

（二）短切纤维类产品的技术要求

1. 短切玻璃纤维

短切玻璃纤维由连续玻璃纤维原丝经短切成一定长度而制成（如图 3.21 所示），主要用作热固性树脂的增强材料，适用于模压成型的干法生产的制动片等。短切玻璃纤维能快速在干态和湿态酚醛树脂中分散均匀，具有优良的机械性能和耐温性能。

图 3.21　短切玻璃纤维

短切玻璃纤维产品主要性能指标见表 3.1。

表 3.1　短切玻璃纤维产品主要性能指标

玻纤类型	浸润剂	含水率 / %	烧失量 / %	公称短切长度 / mm	短切率 / %
无碱	硅烷	≤ 1.0	0.5 ~ 1.5	3、4、5、6	≥ 95

产品包装：

单件：25 kg/ 白色编织袋内衬透明塑料袋。

托盘：1 t/ 托盘（40 袋 / 托盘）。

出口货柜：20 尺标准货柜，装 20 t，共计 20 只托盘。

2. 短切亚克力纤维

短切亚克力纤维由 PAN 基碳纤维原丝短切成一定长度而制成（如图 3.22 所示），主要用于摩擦及密封材料行业。亚克力纤维在摩擦密封材料制品中的作用如下：

（1）能增强制品性能的稳定性。

（2）减少变形，提高防滑、耐磨能力。

（3）提高制品的抗裂能力。

（4）提高制品中其他原料的分散作用。

（5）提高制品的拉伸强度和韧性，提高制品的抗冲击性能。

图 3.22　短切亚克力纤维

短切亚克力纤维产品主要性能指标见表 3.2。

表 3.2　短切亚克力纤维产品主要性能指标

项目	参数	项目	参数
材质	亚克力纤维	拉伸强度 /Mpa	≥ 500
外观	淡黄色单丝	断裂伸长率 /%	≥ 15
密度 /（$g \cdot cm^{-3}$）	0.91~1.18	耐酸碱性	好
规格 /mm	3、6	吸水性	无
分散性	分散均匀、无结团	包装 /（kg · 白色编织袋 $^{-1}$）	25

产品包装：单件 25 kg/ 白色编织袋内衬透明塑料袋。

3. 短切碳纤维

短切碳纤维由 PAN 基碳纤维长丝短切而成（如图 3.23 所示），其基本性能主要取决于其原料——碳纤维长丝的性能。由于其表观形态为具有一定长度的绒须，较长丝而言，短纤维具有分散均匀、喂料方式多样、工艺简单的优点，所以可用于长丝不适合的领域，主要用于生产刺毡、增强塑料和导电材料。

短切碳纤维在摩擦密封材料制品中的作用如下：

（1）增强制品的热稳定性。

（2）减少变形，提高防滑、耐磨能力。

（3）提高制品的抗裂能力。

（4）提高制品中其他原料的分散作用。

（5）提高制品的拉伸强度和韧性，提高制品的抗冲击性能。

图 3.23　短切碳纤维

短切碳纤维产品主要性能指标见表 3.3。

表 3.3　短切碳纤维产品主要性能指标

公称短切长度 /mm	密度 /（$g \cdot cm^{-3}$）	碳质量分数 /%	拉伸强度 /GPa	短切率 /%
3、6	≥ 1.76	≥ 93	≥ 3.5	≥ 95

产品包装：单件一般为 10 kg/ 袋或纸箱。

4. 短切预氧丝纤维

短切预氧丝纤维是由 PAN 基预氧丝纤维长丝短切而成的（如图 3.24 所示）。由于其表观形态为具有一定长度的绒须，较长丝而言，短纤维具有分散均匀、混料方式多样、工艺简单的优点，所以可用于长丝不适合的领域，主要用于生产增强复合材料。

短切预氧丝纤维在摩擦密封材料制品中的作用如下：

（1）增强制品的热稳定性。

（2）减少变形，提高防滑、耐磨能力。

（3）提高制品中其他原料的分散作用。

（4）提高制品的拉伸强度和韧性，提高制品的抗冲击性能。

图 3.24　短切预氧丝纤维

短切预氧丝纤维产品主要性能指标见表 3.4。

表 3.4　短切预氧丝纤维产品主要性能指标

公称短切长度 /mm	密度 /（$g\cdot cm^{-3}$）	氧指数 /%	拉伸强度 /GPa	短切率 /%
3、6	≥ 1.36	≥ 40	≥ 0.2	≥ 95

产品包装：单件一般 20 kg/ 袋。

5. 短切芳纶纤维

短切芳纶纤维由对位芳纶纤维长丝短切而成（如图 3.25 所示），由于其表观形态为具有一定长度的绒须，较长丝而言，短纤维具有分散均匀、喂料方式多样、工艺简单的优点，所以可用于长丝不适合的领域，主要用于生产离合器面片、刹车片等摩擦材料。短切芳纶纤维公称短切长度一般为 3 mm 和 6 mm 等。

图 3.25　短切芳纶纤维

三、生产设备

纤维短切机（fiber cutter）又名纤维切断机、切碎机、化纤切断机等，根据用途不同而叫法不同，是一种应用范围非常广泛的通用切断设备，可以将多种不同类别的原料按照不同的要求进行剪断处理，达到人们对于物料的要求。

随着人类科技的不断进步，各种新型、高科技生产原料也涌现在各个应用领域，而伴随新产品诞生的不只有合格的产品，同时也有大量的不合格品和废品。这类不合格品和废品由于具有跟合格品相似的原料、质量和成本，所以我们不可能将它们丢弃，而应设法对其进行加工再利用。

大多纺织纤维类制品的特点是硬度不高，但纤维组织结构交织紧密，拉力大，形状不固定，想把此类物料进行破碎、剪断处理是一件非常不容易的事。

纤维短切机分为四种。

（一）旋转滚刀式纤维短切机

旋转滚刀式纤维短切机在滚筒式刀盘上面，按照一定位置、方向和斜度安装有刀片，刀刃的方向与转刀盘转动的方向相同，配合一片式固定直板刀片使用。在设备运行时，两种刀具之间的配合非常紧凑贴合，连续转动的多片转刀把送料系统送来的原料自动压紧并切断，再经传送带自动输送出剪切系统。

这种纤维短切机应用连续转动式滚刀设计，消除了上下往复运动式刀具速度慢、浪费能源的弊病，多个刀具同时转动连续剪切。这种转动刀具在设计时采用了独特斜扭式安装，刀具在运动的方向上，刀口朝前，按照一定的斜度安装，而固定的刀具则是水平安装的，这种配合方式就像弯弯剪刀的剪切道理是一样的，从而使刀口的剪切点始终是移动的，这就最大限度地使刀口的配合阻力和噪声降低了。

物料的喂入系统采用长短不一的平行匀速式输送皮带，进入刀口的前端有两对相对转动的自滑压力调节式压辊夹紧物料。在正常生产中，可方便地将物料连续平放在输送带上，自动匀速送入压紧装置和剪断刀具中完成剪切，剪切后物料沿着出口的方向落入输出皮带被送出。

特点：

（1）这种纤维短切机的刀盘可安装1~10件转动式刀具，刀口长度在400~800 mm。

（2）剪切物料的厚度可达1~100 mm。

（3）剪切长度在5~150 mm。

（4）切断效率高，长度精确度高。

（5）剪切次数达到每分钟2 000次以上，可适用于各种废布边角料、旧服装、棉絮、化纤、玻璃纤维、亚麻、纺织回丝、皮革、纸箱、塑料膜等多种无规则、无方向的软物料剪断切碎。

（6）在剪切刀盘的转动速度不变的状态下，任意改变输送装置的行进速度，被剪切物料的长短和大小则随之被改变，从而满足大量多种不同规格和切断要求的工作需要。

（二）铡刀式切断机

铡刀式切断机采用一对垂直于平面方向进行直线运动的刀片，同步带动进给装置的送料导辊将被切的丝束喂入切断口，采用挡块固定所需的切断长度，完成剪切工作。

特点：

（1）设备结构简单，切断长度的调整范围广泛。

（2）对所切断的丝束要求不高，可加工各种规格形式的材料，甚至是各种不同类型的边角余料。

（3）切断效率较低，切断长度的精确性较差。

由于该切断机结构简单，价格较低，目前，国内许多工程纤维生产厂家大都使用这种切断设备。

（三）平行刀片式切断机

平行刀片式切断机刀盘上切断刀片的刃口在一个平面方向上排布，刃口朝上，刃口之间的距离即是所需的切断长度，采用一个倾斜的压轮将丝束喂入刀盘，刀盘回转，碾压式地将丝束切断成所需的长度。

特点：

（1）纤维被切断后以自由状态垂直落下，落棉比较顺畅。

（2）采用压轮带动丝束喂入，切断精度较高。

（3）压轮同时和多把刀片接触，完成切断，切断效率高。

（4）设备结构复杂，维护要求较高。

（5）刃口外边和内边长度有差异，使刀片实际可工作长度不得不降低，影响切断能力。

目前世界上主要是德国纽玛格（NEUMAG）的切断机采用这种切断技术，国内也有一些制造厂在制造这种超短切断机。

（四）放射式切断刀盘切断机

这种纤维切断机 [俗称鲁姆斯（LUMMUS）刀盘] 多用于工程短纤维的切割生产，刀盘上所有刀片沿圆周垂直排列，刃口朝外，呈放射式排布，刀片刃口之间的距离即是所需的切断长度。刀盘回转带动丝束喂入，平行的压轮与刀片刃口接触产生切断。

特点：

（1）刀片的刃口相互平行，切断长度没有差异，切断精度较高。

（2）刀片工作长度较大，切断能力较强。

（3）刀盘设计简单，维护容易，可满足各种切断要求。

（4）同样的规模下刀盘所需要的刀片数量较少。

第四节　摩擦材料用纤维浆粕、微纤类产品

一、高性能纤维浆粕

（一）产品规格指标

1. 芳纶浆粕

芳纶浆粕是对位芳纶纤维长丝进行微纤化加工后的产品（如图3.26、图3.27所示）。在微纤化过程中，由于特殊的机械作用，长丝表面局部被破坏，形成了大量与原丝相连的树枝状微纤，因此，芳纶浆粕不但具有芳纶长丝的高强度，同时还具有高的比表面积。

图 3.26　芳纶浆粕

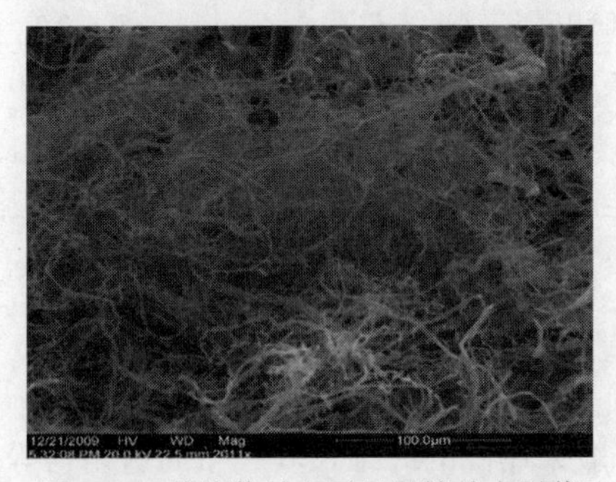

图 3.27　芳纶浆粕电子显微镜放大图像

芳纶浆粕主要应用于生产高性能摩擦材料和密封垫板。

芳纶浆粕产品主要性能指标见表 3.5。

表 3.5　芳纶浆粕产品主要性能指标

项目	参数
纤维长度分布	中
密度 /（g · cm^{-3}）	1.44
灰分质量分数（650 ± 10 ℃，2 h）/%	≤ 5.0
含水率 /%	2.0 ~ 10.0
外观	浆粕状，金黄色

2. 腈纶浆粕

腈纶浆粕是腈纶纤维长丝进行微纤化加工后的产品（如图3.28所示）。在微纤化过程中，由于特殊的机械作用，长丝表面局部被破坏，形成了大量与原丝相连的树枝状微纤，腈纶浆粕具有高的比表面积，在混料过程中，与其他原料充分结合，有利于制品的冷成型和成品的综合性能。

图 3.28　腈纶浆粕

腈纶浆粕主要应用于生产高性能摩擦材料。

腈纶浆粕产品主要性能指标见表 3.6。

表 3.6　腈纶浆粕产品主要性能指标

项目	参数
含水率 / %	≤ 5.0
堆积密度 /（$g \cdot cm^{-3}$）	0.2
耐温性能 / ℃	≥ 250
纤维长度分布	中
外观	浆粕状，白色

（二）生产工艺

1. 原料准备

高性能纤维浆粕原料一般采用乱的纤维长丝、布的边角料等，即其他生产过程中产生的纯纤维边料、零料。在原料整理过程中，必须把异物全部去除。边料、零料表面涂有胶料（已经发生交联或固化），这种胶很难除掉，一般不能用于生产浆粕。

2. 原料短切

将原料直接放进多刀式机械切割机中，进行切碎，短切纤维的长度一般不大于 12 mm。如果是布片料，还要对布片进行开松，以便于后续工艺顺利进行。

3. 纤维预磨

将上述短切原料进行预磨，预磨的目的是便于原料在水里面分散。

4. 配制浆料

预磨好的纤维料按约 2% 的浓度配成浆液，在打浆桶里分散均匀，准备磨浆。

5. 纤维疏解帚化

按产品指标要求，进行疏解帚化。

6. 脱水

研磨好的浆料进行脱水。一般离心式脱水机脱水后的含水率约为60%，如果客户不要求进一步烘干，就可以对产品进行包装作业。

7. 烘干

烘干后的含水率约为 5%。

如浆粕产品用于抄取法生产摩擦材料制品，可以不用烘干处理。在工序6，浆粕脱水后（含水率约为60%），分成小块，密封包装。

8. 开松包装

在开松后包装前，要均匀喷洒抗静电剂。

浆粕产品堆积密度比较小，为便于运输，一般要进行压缩包装，压缩包装袋要求密封。如果是芳纶浆粕产品，包装袋要求不透光，以防产品受光线影响变色或变质。

二、微纤类产品

将适用于摩擦材料要求的高性能纤维长纤，经过粉碎后形成的一定目数的微纤类产品，称为微纤类产品。微纤类产品主要有碳纤维微纤、预氧丝微纤、亚克力微纤、芳纶微纤、玻纤微纤等。

（一）碳纤维微纤

碳纤维微纤由高性能碳纤维长丝经研磨、筛选、烘干后而获得的一定目数的超短碳纤维产品（如图 3.29 所示），它同碳纤维一样具有优良的物理化学性能，相对于短切类或长丝类产品，碳纤维微纤类产品比表面积大，在混料时容易分散且分散均匀，能明显改变制品的摩擦与磨损性能，是优良的摩擦材料填料。

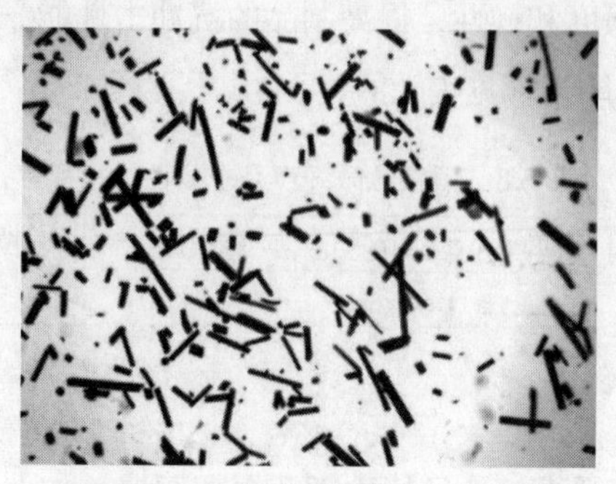

图 3.29　200 目碳纤维微纤放大图像

碳纤维微纤产品主要性能指标见表 3.7。

表 3.7 碳纤维微纤产品主要性能指标

项目	参数
拉伸强度 / GPa	≥ 3.5
密度 / （$g \cdot cm^{-3}$）	1.75
单丝直径 / μm	7
碳质量分数 /%	≥ 95
细度 / 目数	30~1 000

（二）预氧丝微纤

预氧丝微纤由PAN基预氧丝纤维长丝经特种工艺短切而成（如图3.30所示）。由于其表观形态为一定目数的粉状。较长丝或短切纤维而言，微纤的分散性能更好，也更均匀，能够适应各种混料方法，混料工艺简单，所以可以应用于长丝、短纤所不能适合的领域。预氧丝微纤产品主要用于生产增强复合材料。

图 3.30 200目预氧丝微纤产品

预氧丝微纤在摩擦密封材料制品中的作用：

（1）增强制品的热稳定性。

（2）减少变形，提高防滑、耐磨能力。

（3）提高制品中其他原料的分散作用。

（4）提高制品的拉伸强度和韧性，提高制品的抗冲击性能。

预氧丝微纤产品主要性能指标见表 3.8。

表 3.8 预氧丝微纤产品主要性能指标

公称目数	密度 / （$g \cdot cm^{-3}$）	氧指数 / %	拉伸强度 / GPa
200	≥ 1.36	≥ 40	≥ 0.2

（三）亚克力微纤

亚克力微纤由聚丙烯腈纤维长丝经特种工艺短切而成（如图3.31所示）。由于其表观形态为一定目数的粉状，较长丝或短切纤维而言，微纤的分散性能更好，也更均匀，能够适应各种混料方法，混料工艺简单，所以可以应用于长丝、短纤所不能适合的领域。亚克力微纤产品主要用于生产增强复合材料。

图 3.31　亚克力微纤

亚克力微纤产品主要性能指标见表 3.9。

表 3.9　亚克力微纤产品主要性能指标

外观	含水率 /%	烧失量 /%	材质
白色棉绒状	≤ 2.0	≥ 99	聚丙烯腈纤维化学分子式：$-[CH_2-CH(CN)]_n-$

（四）芳纶微纤

芳纶微纤由芳纶纤维长丝经特种工艺短切而成（如图 3.32 所示）。由于其表观形态为一定目数的粉状。同芳纶纤维长丝一样，芳纶微纤具有优良的物理化学性能，较长丝或短切纤维而言，微纤的分散性能更好，也更均匀，能够适应各种混料方法，混料工艺简单，所以可以应用于长丝、短纤所不适合的领域。产品主要用于生产增强复合材料。

图 3.32　芳纶微纤

（五）玻纤微纤

玻纤微纤是短切玻璃纤维粉碎、筛选后的产品（如图3.33所示），广泛用于生产各种热固性和热塑性树脂的增强材料，如填充聚四氟乙烯、增强锦纶、增强PP、PE、PBT、ABS、增强环氧、增强橡胶、环氧地坪、保温涂料等。树脂中加入一定量的玻璃纤维粉，可以明显增强制品的各种性能，如制品的硬度、抗裂性等，还可以改进树脂黏结剂的稳定性，同时可降低制品的生产成本。

玻纤微纤同玻璃纤维一样，具有良好的摩擦磨损性能，在摩擦材料上也有广泛应用，如刹车片、抛光轮、砂轮片、摩擦片、耐磨性管材、耐磨性轴承等。

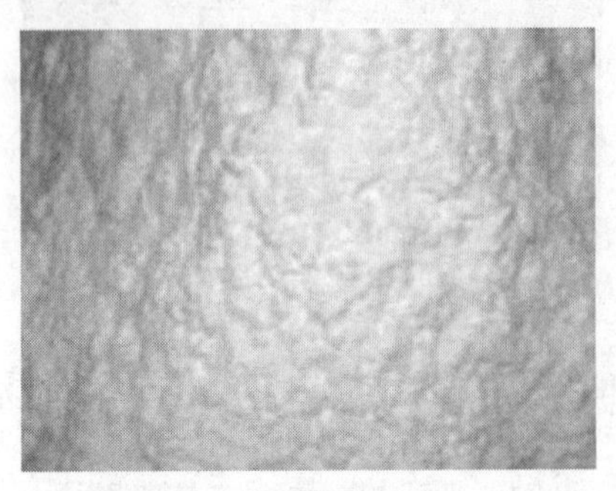

图 3.33　玻纤微纤

第五节　摩擦材料用矿物纤维

摩擦材料早期在中国被称为石棉制品，就是由于其增强材料为石棉，因此被定义为石棉刹车片、石棉橡胶刹车带等。随着国内外，尤其是欧盟对石棉的禁令越来越严厉，世界上主流生产商以及用户开始寻找无石棉增强材料。

最早的无石棉摩擦材料替代品就是第二次世界大战时期德国人发明的钢纤维，以及市场化比较早、成熟度比较高的玻璃纤维。这就出现了以钢纤维为增强基的半金属盘式刹车片和以钢纤维、玻璃纤维为增强基的无石棉载重汽车刹车片。由于钢纤维密度大，易生锈，易产生噪声，摩擦材料企业希望有更多优良的、性价比比较高的纤维来替代它们。除了有机纤维、碳纤维以外，人造矿物纤维的引入也被摩擦材料企业所广泛接纳，并由此创造了新的摩擦材料名称。

人造矿物纤维（MMMF）是一类由天然岩石矿物、再生矿物、无机盐通过自然或人工配比，经过高温熔化、纤维化而制成的一种无机质纤维（棉），主要包含以下几类：玻璃纤维（棉）、矿（岩）纤维（棉）、（尾）矿渣棉、硅酸铝（陶瓷纤维）棉、氧化铝纤维、氧化锆纤维、莫来石纤维等。市场上常使用的是玻璃纤维、岩棉、矿渣棉、陶瓷纤维等四种矿物纤维。其中玻璃纤维在本书第二章第一节做过简述，在这里仅对岩棉、矿渣棉、陶瓷纤维工艺进行说明。

一、岩棉、矿渣棉

由于它们的制作工艺、化学组分非常相近，因此放在一起描述。

（一）组成成分

岩棉、矿渣棉的组成成分一般为SiO_2、Al_2O_3、CaO、MgO、Fe_2O_3、FeO、TiO_2、K_2O、Na_2O以及少量杂质，如S、Cl等，其中主要成分为SiO_2、Al_2O_3、CaO和MgO，次要成分是Fe_2O_3、FeO、TiO_2、K_2O、Na_2O等。当原料中加入碎玻璃时，成分中可能还含有少量B_2O_3、Cr_2O_3等。另外，采用磷矿渣、锰矿渣等制成的矿渣棉则含有P_2O_5、MnO_2。

（二）原料

岩棉、矿渣棉的主要原料是工业矿渣、炉渣及其他废料。岩棉所采用的主要原料是各种天然岩石或者工业尾矿。由于岩棉、矿渣棉有一定的化学组成范围，因此并不是所有的工业废渣和岩石或者两者的混合物都能制成纤维。

1. 岩棉的原料

顾名思义，岩棉是用岩石生产的一类矿物纤维，地球上的岩石按其生成过程分为岩浆岩、沉积岩和变质岩三大类。而岩浆岩依其化学成分，又分为酸性岩、中性岩、碱性岩、基性岩和超基性岩。我们知道，只有基性岩可作为生产岩棉的主要原料，而不需要增加其他的辅料。因此，这一类基性岩中的火成岩，例如玄武岩或辉绿岩，就是岩棉的主要原料。因此严格意义上讲，岩棉的生产是有一定的要求的。它比矿渣棉耐高温。如果摩擦材料要用单一纤维，岩棉是可以单独应用的。

2. 矿渣棉的原料

通常可作为矿渣棉原料的工业废渣主要有冶金、化工工业炉渣，煤灰渣和采矿废料，煤矸石，工业尾矿等。矿渣棉所用原料必须符合组成均匀的要求。含有的酸性氧化物和碱性氧化物比例适当。当其被加热成流动液体时，具有较大的黏度变化范围。目前国内用热熔渣生产岩棉的企业一般都是冶炼厂，用冷渣生产的企业控制原料比较合理。

矿渣同其他含有大量玻璃质的硅酸盐一样，没有确切的熔点，即没有液相和固相间显著的温度界限。当温度上升时，首先软化，然后黏度因温度上升而降低，最后变成熔体（可成流股）。通过实验得知，高炉矿渣的软化点为500~600 ℃，平均炉温为560~650 ℃。欲将矿渣熔体制成纤维，必须使其达到应有的黏度，矿渣棉成型纤维时所要求的熔体黏度为1~3 Pa·s（这个温度的软化点制成矿渣棉在摩擦材料界面很容易发生反应，产生抱死现象），如果摩擦材料要用单一矿物纤维，此类矿物纤维是不可以单独使用的。

（三）化学组成的设计

岩棉、矿渣棉化学组成的设计，应当满足以下三项条件：

（1）熔化温度不宜过高。岩棉原料的熔化温度不应超过1 500 ℃。矿渣棉原料的熔化温度不应超过1 450 ℃。

（2）在纤维形成的温度范围内的熔体，应该具有较低的黏度和温度。

（3）制成的纤维应该细长，化学稳定性好。下面两个指标很能形象地反映岩棉和矿渣棉设计是否合理：一个是酸度系数，一个是黏度系数。酸度系数的含义是配方成分中所含酸

性氧化物和碱性氧化物的质量比，其计算公式为

$$\text{酸度系数} = \frac{SiO_2 + Al_2O_3}{CaO + MgO}$$

一般岩棉的酸度系数应控制在2.0~2.6，矿渣棉的酸度系数应控制在1.2 ~ 1.4较好。酸度系数过高时制成的纤维可能较长，化学稳定性得到了改善，使用温度也提高，但较难熔化，制成的纤维比较粗（这也是摩擦材料和密封材料在此应用过程中出现的难题）。

黏度系数的含义是配方成分中增大熔体黏度的氧化物和降低熔体黏度的氧化物的质量比，其计算公式为

$$\text{黏度系数} = \frac{SiO_2 + Al_2O_3}{Fe_2O_3 + FeO + CaO + MgO + K_2O + Na_2O}$$

黏度系数越大，熔体越黏，纤维越不易制细；反之黏度系数越小，原料越容易熔化。

（四）作用

SiO_2的作用：SiO_2是岩棉、矿渣棉所含有的主要氧化物，由它组成的结构骨架有利于纤维的弹性和化学稳定性。当SiO_2含量增高时，能提高熔体的黏度，一方面有利于制取长纤维，但另一方面也使原料熔化困难，提高溶体形成纤维的温度。

Al_2O_3 的作用：Al_2O_3 在纤维中也进入结构骨架网络，有利于提高纤维的化学稳定性，当 Al_2O_3 含量较少时，可改善熔体的黏度，对制取细纤维有利。但当 Al_2O_3 含量提高时，熔体的黏度增大，原料熔化变得困难起来，必须提高熔化温度和熔体形成纤维时的温度。

CaO 的作用：CaO 是制造矿物棉的主要氧化物之一，特别是在矿渣棉中，其含量几乎和 SiO_2 相等，甚至超过之。CaO 在纤维的玻璃结构中，不利于形成坚固的骨架，因为它是一种弱碱性的氧化物。其作用与酸性的氧化物 SiO_2、Al_2O_3 相反，能够降低纤维的化学稳定性和熔体的黏度，并有利于原料的熔化和制取细纤维。

MgO的作用：MgO按其化学性质来说类似于CaO，也属于碱性氧化物，它对熔体的黏性和纤维网络的影响近似于CaO。试验证明，往配料中加入MgO时，在相等程度上可以代替CaO的影响。当部分取代时可适当提高纤维的化学耐久性和表面张力，并扩大熔体形成纤维时的黏度范围，对制造岩棉、矿渣棉的工艺操作有利。但当MgO含量或取代CaO量较高时，则不利于熔体形成纤维并容易产生渣球。

Fe_2O_3、FeO 的作用：Fe_2O_3 和 FeO 在焦炭炉熔化过程中，由于焦炭的还原作用会发生价态变化，可还原成金属铁（会影响到纤维的烧失量），另外 Fe_2O_3 还具有强烈的染色作用并提高表面张力，容易在制造纤维的过程中产生黑色渣球。但另一方面，在原材料配方中大量引入 Fe_2O_3（矿石）后可提高岩棉的使用温度，同时也使得岩棉的颜色变深。

K_2O、Na_2O的作用：K_2O、Na_2O也是原料中自然存在而引入的，它可以降低熔化温度、

熔体黏度，加宽成型温度范围，但同时又降低了纤维的化学耐久性和使用温度。

二、陶瓷纤维

陶瓷纤维按其结构形态，可分为非晶质（玻璃态）纤维和晶质纤维两大类，它们的生产工艺介绍如下。

（一）非晶质（玻璃态）纤维

非晶质纤维的生产工艺前面已经介绍过，这里不再赘述，请见第二章第八节表 2.5。

（二）晶质纤维

晶质纤维，行业上又称多晶耐火纤维。当今，国际上已经得到工业化生产和应用的多晶耐火纤维主要有多晶氧化铝纤维。我国多晶氧化铝纤维的生产广泛采用胶体法生产工艺。胶体法制造多晶氧化铝纤维工艺流程如图3.34所示。其基本原理是将铝盐制成溶液，加热浓缩，制成纺丝胶体，然后，在特定条件下成纤和热处理，获得多晶氧化铝纤维。

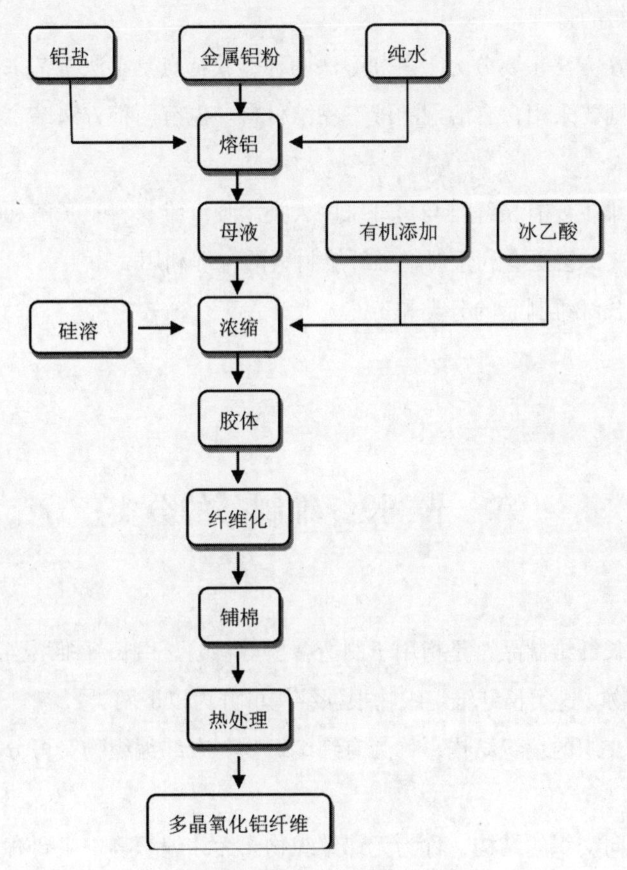

图 3.34　胶体法制造多晶氧化铝纤维工艺流程

第四章 摩擦材料应用长纤维制品

摩擦材料制品应用的增强纤维材料种类繁多，采用的生产工艺方法、设备装置和制品性能要求多样，因此，适用的增强纤维材料也必然是多种不同的纤维。

增强纤维材料是摩擦材料制品构成中不可缺少的组成成分，对摩擦材料制品的作用非常重要。选择一种适宜的纤维材料，设计出一个性能完好的配方不是一件容易的事。所以，配方设计者必须要有扎实的摩擦材料制品生产工艺基础，还要比较全面地了解和掌握纤维的特性。找到配方相对容易些，难的是了解和掌握摩擦材料的生产工艺方法和产品性能要求，只有如此才能确保选材的合理。

摩擦材料的生产方法主要分为干法和湿法两种，其特点是干法工艺采用不用溶剂的固态黏结材料，而湿法则要采用含有溶剂的液态黏结材料。也有两种方法结合的所谓半湿法生产工艺，但实用性不大。

摩擦材料用纤维主要有长纤维与短纤维两大类增强纤维材料。了解和掌握这两种增强纤维材料及其生产工艺，会更有利于对增强纤维材料的合理利用。

本章主要介绍长纤维制品的分类和工艺。

第一节 长纤维制品的分类

摩擦材料应用长纤维制品，是指用于制造摩擦材料的、由长纤维增强纤维材料编织而成的一类长纤维编织物。这类长纤维编织物根据结构可分为以下两类：

第一类是纵横交织的编织结构，称为有纬编织物。有纬编织物又可分为单层纬、双层纬和多层纬编织物。

第二类是无横向交织的结构，称为无纬编织物。无纬编织物中主要有方、圆编织物，扭编织物和缠绕编织物。

长纤维编织物分类如图 4.1 所示。

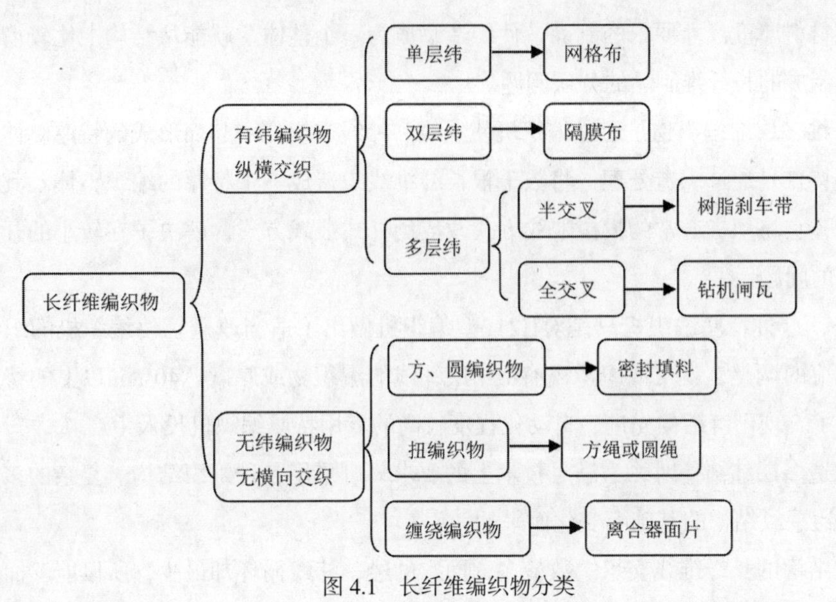

图 4.1　长纤维编织物分类

一、有纬编织物

（一）单层纬编织物

单层纬编织物是长纤维编织物摩擦材料中应用最广泛的一种长纤维编织物，可用于制造长纤维汽车离合器面片、长纤维制动橡胶刹车带、长纤维制动树脂刹车带等。这类编织物中使用最为广泛的是网格布。网格布是由经线和纬线交织后形成的孔眼很大的一种长纤维布，孔眼约为2 mm × 3 mm，厚度为2 ~ 3 mm，这种长纤维布的烧失量一般控制在32% ~ 38%。

网格布的织造工艺很简单。先将长纤维线团挂在织布机后的线架上（根据密度要求布团，也可以按布的密度要求打成经轴，作为长纤维布的经线），再将选用的长纤维布用纬线打好纬管，作为织造长纤维布用的纬线，然后就可以在织布机上进行织造了。由于织造的是单层纬线结构，因此织造工艺控制也很简单。

随着技术的不断发展和提高，用网格布制造离合器面片的工艺已被缠绕离合器面片工艺所替代，长纤维制动橡胶刹车带也被短纤维辊压工艺所替代，而长纤维制动树脂刹车带也被模压制品替代了一大部分，因此用于制作摩擦材料的网格布的用量正逐渐减少。

（二）双层纬编织物

双层纬编织物主要用于一种特殊的织布结构，摩擦材料很少用到这种结构。

（三）多层纬编织物

由于有些长纤维摩擦材料的成品厚度特别大，一般都要比长纤维网格布厚几倍甚至十几倍，如果仍然使用网格布生产这类超厚的长纤维摩擦材料制品，就要使用数层长纤维单层纬编织物，通过布的叠压生产工艺制成制品，即层压法。层压法长纤维摩擦材料制品在使用中受摩擦热的影响，容易出现分层现象进而影响正常使用。如使用工况条件较为苛刻，那么用这种层压方法生产的制品就不能很好地满足使用要求。通过织造多层纬编织物的工艺织造出符合摩擦材料厚度尺寸要求的制品，使织造物成为一个整体，就能从结构上比较彻底地解决用层压法制成的长纤维制品的分层问题。

长纤维多层纬编织物是通过编织机使经线和纬线交织在一起而形成的特厚整体长纤维编织物，其特点是通过织造处理，将数千根长纤维线织造成一个特厚的编织整体。其织造工艺较为复杂，它将织机通常的投梭喂线方式改成剑杆式喂线方式，解决了在较小的开交状态下喂入纬线的问题。

另外，这种特厚编织机只是对H212型编织机做出了适当改进，使编织机的织物绞链结构得到相应的调整，就可以织造出有8~9层纬线的编织物或厚度达40 mm以上的特厚型长纤维编织物了。现已有结构先进、自动化程度较高的专用特厚编织机投入生产。

在织造多层纬结构时，为满足技术上的要求，可采用各种组织结构。复杂的多层组织结构是在普通平纹结构的基础上变化而来的。

平纹结构的长纤维线交织次数最多，而它的经、纬线循环却最少，所以能够简化织造时的上机工作量。因此，平纹结构是最常用的基础组织结构，也是特厚型长纤维编织物的基础结构。

1. 技术术语和概念

（1）接结经线（连接经线、混合线）：连接各层基础组织的经线。

（2）接结顶点（花纹）：连接经线在表层或层与层之间改变方向的转折点。

（3）接结距离（花纹距离）：同一织层纬线中相邻两个接结点的距离，一般用纬线根数表示。

（4）接结深度：接结经线所连接的层数。

（5）接结循环：在同一织层中某一接结经线的一个接结顶点与另一个接结顶点之间的最小纬线数，即恢复原位置的全程。

2. 基本要求

（1）接结的外观一致。

（2）接结的循环最小。

（3）接结点分布均匀。

（4）接结后各层连接牢固。

（5）组织结构应保持织造完整，不得缺经少纬，织造时要松紧均匀。

把多层纬线连接起来，并使其成为一个织造整体的接结方法，是生产多层纬编织物的关键。例如，厚度为32 mm的制品就可采用九层纬线、全交叉结构进行织造。

在织造长纤维多层纬编织物时，每层纬线的织层纬线都使用两片棕，即织造结构要求四层纬线，则要采用 8 片棕；织造结构要求六层纬线，则要采用 12 片棕。

经线循环次数则为棕片数乘以纬线层数。如织造七层纬线织物，棕片数 14，则经线循环次数为 98 次；如织九层纬线织物，棕片数 18，则经线循环次数为 162 次。了解经线循环次数，对在织造过程中确定如何投入纬线是非常重要的。

二、无纬编织物

无纬编织物中方、圆编织物，扭编织物和缠绕编织物的用途分别如下：

（1）方、圆编织物主要用于生产密封填料。

（2）扭编织物主要用于编制方绳或圆绳。

（3）缠绕编织物主要用于生产缠绕离合器面片（见本章第二节）。

第二节 长纤维缠绕制品工艺

一、概述

摩擦材料用长纤维增强材料模压成型的生产工艺制品主要是缠绕离合器面片。制品采用长纤维增强材料纺织物（布或线）为骨架材料，浸渍黏结材料（酚醛树脂与胶浆），并添加多种功能性填料，再经过干燥、缠绕制坯、热压成型、热处理与磨削加工等多道工序制造而成。由于这种生产工艺采用了缠绕成型的方式，故用这种方法生产的离合器面片又称为缠绕离合器面片，简称缠绕片。采用长纤维增强材料及缠绕的方式，主要是为了满足汽车离合器面片的使用要求。

缠绕离合器面片具有分布均匀、纹理清晰的花纹，又具有较高的抗旋转破裂强度和较好的韧性，摩擦性能较稳定，使用寿命较长。我们将以油溶橡胶为黏结剂的长纤维缠绕离合器面片生产工艺称为传统工艺，将无油溶橡胶和无油溶酚醛树脂的长纤维缠绕离合器面片生产工艺称为新工艺。

缠绕离合器面片传统生产工艺较多，但最常用的是缠绕离合器面片浸渍树脂、胶浆（二步法）和缠绕离合器面片浸渍胶浆（一步法）的生产工艺。缠绕离合器面片新工艺由于不使用油溶橡胶和酚醛树脂溶液，并能实现缠绕工艺，因此制品具有成本低、生产安全、环保、耐热性强等特点。另外，新工艺的制品摩擦性能稳定，耐磨性突出，因此，这种新型缠绕离合器面片生产工艺具有较大的发展空间。现对传统工艺和新工艺分别进行介绍。

二、缠绕离合器面片传统工艺

离合器面片是重要的消耗性配件之一，也是汽车等机动车辆的重要部件。它的主要作用是传递动力，它对车辆的起步、爬坡和运行等都具有非常重要的作用，而且对车辆的舒适性也起到十分重要的作用。

目前，世界上各国汽车用离合器面片的传统基本结构都是由五个要素组成的，包括增强材料纤维布（或线）、丁苯橡胶或丁腈橡胶与酚醛树脂等黏结材料、铬铁矿粉等增摩材料、石墨和硫酸钡等减摩材料以及炭黑等填充材料。它们采用的几乎都是传统生产工艺，即先将丁苯橡胶经塑炼、混炼制成胶片后，再用汽油或苯溶解，并加入各种填料制成橡胶胶浆，然后再用长纤维制成的布（或线）经浸渍、干燥，再通过缠绕、热压、热处理、磨削加工、钻孔等后加工制成缠绕离合器面片。

采用长纤维摩擦材料模压制品的传统生产工艺，是现在国内外生产离合器面片的主要方法。由于采用的纤维材料有布和线的区别，在浸渍树脂后，又有浸渍胶浆或进行包胶、贴胶等不同方式，所以采用长纤维摩擦材料模压制品的传统生产工艺也不完全相同，主要有以下几种：

（1）长纤维布浸渍树脂再浸渍胶浆（二步法）：

长纤维布浸渍树脂溶液 → 干燥 → 浸渍胶浆 → 干燥 → 裁条 → 缠绕型坯 → 热压→ 热处理 → 磨削加工 → 钻孔 → 洗片 → 烘干 → 检查 → 包装入库

（2）长纤维线浸渍树脂再浸渍胶浆（二步法）：

长纤维线浸渍树脂溶液 → 干燥 → 浸渍胶浆 → 干燥 → 缠绕型坯 → 热压 → 热处理 → 磨削加工 → 钻孔 → 洗片 → 烘干 → 检查 → 包装入库

（3）长纤维布贴胶：

长纤维布浸渍树脂溶液 → 干燥 → 辊压贴胶片 → 裁条 → 缠绕型坯 → 热压 → 热处理 → 磨削加工 → 钻孔 → 洗片 → 烘干 → 检查 → 包装入库

（4）长纤维线包胶：

长纤维线浸渍树脂溶液 → 干燥 → 挤出包胶 → 缠绕型坯 → 热压 → 热处理 → 磨削加工 → 钻孔 → 洗片 → 烘干 → 检查 → 包装入库

（一）酚醛树脂溶液的配制

按包括缠绕离合器面片在内的长纤维制品的生产配方，要求将所需各种原材料，如橡胶、树脂与各种促进剂、硫化剂、防老剂等，进行准确手工称重或自动称量后放入混制设备中，如密炼机、开炼机等。现在配料可以采用手工方式，也可以采用微机控制的自动配料系统。

配料要求称量准确，每种材料在称量时都要保证在规定的误差范围内。本工序由人工操作引起的不准确因素也相当多，尤其是使用一些调色材料，更应准确掌握。因此要有相应的管理制度进行严格控制，否则再好的配方也不能保证制品质量的稳定。

缠绕离合器面片的生产首先是将增强纤维材料布（或线）浸入酚醛树脂或改性酚醛树脂的溶液中。酚醛树脂溶液主要有热固性与热塑性两种类型，在生产中都有应用。由于液体的热固性酚醛树脂实际含量较难控制，所以现在使用热塑性酚醛树脂较为普遍。将粉状热塑性酚醛树脂用乙醇（或甲醇）溶解至一定浓度后，配制成酚醛树脂溶液。配制酚醛树脂溶液的经验配方见表4.1。

表 4.1 配制酚醛树脂溶液的经验配方

材料名称	规格	质量比
热塑性酚醛树脂	粉状	1.0
六亚甲基四胺	纯度≥98%	0.1
酒精	纯度≥95%	6.9
水	温度约为75℃	2.0
合计	—	10.0

按配方规定的量，先将热塑性酚醛树脂（如PF-2123）加入配制罐，再加入六亚甲基四胺、酒精溶剂。盖严罐盖开始搅拌20~30 min，待热塑性酚醛树脂已经全部溶解，再按量加入温度约为75 ℃的水，并继续搅拌约10 min，取样，用比重计测定酚醛树脂溶液的密度，达到要求就可放出。为提高酚醛树脂的溶解速度，也可采用两种以上的溶剂混合。

应该注意的是，因树脂配制罐的放料口处结构的影响，会有些未能溶解的树脂留在放料口处。所以在放树脂溶液时，应首先将这部分树脂放出来，再将其倒入配制罐内，使之全部溶解。

配制好的酚醛树脂溶液在外观上应是微棕红色液状，无外来杂质与尚未溶解的酚醛树脂颗粒等，同时酚醛树脂溶液还不应有分层现象，其密度为0.85~0.95 g/cm^3（室温）。酚醛树脂溶液的含树脂量为8%~20%（质量分数）。应该指出，由于生产中大量使用酒精，酒精属于易燃易爆物质，所以在生产管理中应设防爆区，同时按有关管理规定操作，严禁用火，注意安全。

酚醛树脂溶液的技术要求：

（1）溶液应透明，无未混好的树脂颗粒。

（2）溶液不允许有分层现象。

（二）橡胶胶浆的配制

缠绕离合器面片的生产还需要用到油溶橡胶胶浆的工艺方法。油溶橡胶胶浆是先将固体橡胶和各种促进剂、硫化剂、防老剂与配方中规定的其他填料等材料混合。所采用的混料方式一般是通过密炼机或者开炼机进行混合。

混炼胶料的主要作用是将配方规定使用的各种功能材料和橡胶通过密炼机或开炼机进行塑炼，并通过密（开）炼机的强力作用，将橡胶与各种促进剂、硫化剂、防老剂与填料在一起混炼，不断翻炼，将配方中规定的材料全部混合均匀后放出。然后最好通过开炼机制成易溶的胶片，以利于溶解制浆。出片时要调整辊距1~2 mm，制成厚度为1~2 mm、面积为50~100 mm^{2}的胶片。胶片太厚不利于溶胶，会延长溶胶时间。

将称量制好的胶片放入打胶浆机中，投入定量的溶剂（汽油）盖好，进行搅拌。胶片：汽油=1：1~1：2，搅拌约2 h后再加入一定量的溶剂，继续搅拌1~3 h，直至胶片完全溶解。将制好的胶浆稀释成浓度为20%~30%的液体橡胶胶浆备用。汽油属于易燃易爆物质，所以在生产管理中应设防爆区，同时按有关管理规定操作，严禁用火，注意安全。

橡胶胶浆的技术要求：

（1）胶浆应混合均匀，混好的胶浆里不能有未混开的料团或颗粒。

（2）混好的胶浆应黏稠、细腻、有光泽。

（三）浸渍及干燥

1. 浸渍树脂及干燥

生产缠绕离合器面片的传统工艺所使用的各类长纤维布（或线），如玻璃纤维布（或线）、合成纤维布（或线）及其他各种长纤维布（或线）等，都要浸渍树脂，就是将其浸渍在前面配制好的酚醛树脂溶液中。浸渍物的酚醛树脂含量应控制在一定范围内。浸渍物中因含有较多的水与酒精，所以需要通过干燥操作将其除掉后，再浸渍橡胶胶浆及干燥，除掉汽油。

在进行浸渍树脂的操作时，必须适当控制酚醛树脂的浓度，因为浓度过高会使布（或线）表面黏附的树脂层过厚（或过量），造成一种树脂没干的假象，会给下布（或线）造成困难，盲目地提高干燥温度或延长干燥时间，都是不可取的。当出现这种现象时，一定首先要检查所用树脂浓度是否合适，以防止浸脂不合格，造成废品。

浸渍树脂对缠绕离合器面片质量的影响很大，尤其是对制品的耐磨性影响十分明显。这是由于浸渍树脂后的骨架材料表面结构特性发生了很大的变化，使原先呈松散状态的纤维束被树脂液黏合起来，成为结构较密的骨架材料，在摩擦工作状态下提高了耐磨性，也稳定了摩擦性能。因此控制浸渍树脂的操作越来越受到重视，用二步法替代一步法也越来越受到重视。

生产中采用连续生产的方法就要浸渍与干燥两种操作同时连续进行，而非两种操作分步进行。若生产批量较大，适于采用连续生产的方法，同时进行浸渍与干燥方法的强制干燥方法；若生产批量较小，一般适于采用非连续生产的方法，分别进行浸渍与干燥方法的自然干燥方法。

干燥方法有自然干燥与强制干燥两种。自然干燥方法，就是对浸好酚醛树脂溶液的浸渍物在自然状态下进行干燥，再浸渍橡胶胶浆。这种方法成本低、操作方便，但是占地面积大，生产效率较低。而强制干燥方法，则要使用专用的机械设备通过电或蒸汽对浸渍物进行强制加热干燥。这种方法效率高、质量稳定，不过成本稍高，最适宜大批量生产。强制干燥的设备一般是立式的塔式或者卧式的隧道窑式的干燥设备。这两种类型的设备工作原理基本相同。

以塔式干燥设备为例，干燥塔高十几米，分为三个温度控制区，干燥酚醛树脂浸渍物时塔的温度为：

上层温度＞50℃

中层温度＞50℃

下层温度＞40℃

将长纤维布（或线）放在干燥塔前的架子上，使布（或线）通过树脂浸渍槽并将其全部浸没。用专用牵绳按规定顺序与走向牵引布（或线），接头应捆紧扎牢，防止脱落，再引向塔内的走行架上，在缓慢的走行过程中被干燥，干燥后再卷好。干燥速度的快与慢由布（或线）的走行速度控制。一般走行速度为1～5 m/min。通过调节挤压对辊的间隙，可以控制浸渍物的树脂含量。

干燥好的布（或线），应该做到树脂浸渍量均匀、色泽一致，其表面平整、无褶皱、无重叠、无外来杂质与较大面积的破损现象。在浸渍干燥过程中，还应注意干燥塔内外散热器及管中会存有冷凝水，应及时排出。

在干燥过程中，要经常观察布（或线）的走行状态，当出现位置跑偏时，应随时调整校正对辊松紧。若发现布（或线）的干燥程度不理想，应及时调整其走行速度或者干燥塔内的温度。

有些单位为做出自己的特色产品，还要对所用的骨架纤维进行染色，如染红色、绿色、黄色等不同的颜色。染色通常在浸渍酚醛树脂时同时完成，既浸渍树脂又染色，然后进行干燥（或晾干）。根据工艺需要，颜料可选择油溶、醇溶或水溶的。

目前所用的颜料多为酞菁蓝，酞菁蓝颜料有色泽鲜艳、着色力强、性能稳定、耐晒耐热、耐溶剂性强等特点。酞菁绿与酞菁蓝颜料一样，也具有各种很好的应用性能，例如，它的耐光性、耐热性、耐候性以及耐溶剂性等都相当优异，颜色鲜艳，着色力强，属于氯代铜酞菁不褪色颜料。

也有染红色的，多数用氧化铁（铁红）进行着色；而染黑色，则多以炭黑或苯胺黑作为着色材料。

染色的方法多数是先将颜料与所用的酚醛树脂混在一起，再进行浸渍。还有一种方法是将颜料添加到胶料中，混合成带色的胶浆，浸渍后制成具有特色的制品。

重要的是要采用适宜的染色方法以保证质量的稳定。

2. 浸渍胶浆及干燥

生产缠绕离合器面片的传统工艺所使用的各类长纤维布（或线）经浸渍树脂并干燥后，还要浸渍橡胶胶浆。因橡胶胶浆中还含有一定量的汽油，所以浸渍橡胶胶浆后要将汽油排出，即进行干燥。具体方法与设备如前所述，不再赘言。

3. 浸渍设备

用作缠绕离合器面片压制毛坯的原料布（或线）必须先进行浸树脂、干燥、浸胶及干燥处理，以满足缠绕工序的工艺要求，含浸干燥机组就可以满足“浸树脂—干燥—浸胶—干燥”（二步法）的工艺要求。

我国含浸干燥机的工作原理与国外基本相同，主要由五部分组成：A. 放线部分；B. 含浸部分；C. 干燥部分；D. 热源部分；E. 收集部分。

结构简图如图 4.2 所示。

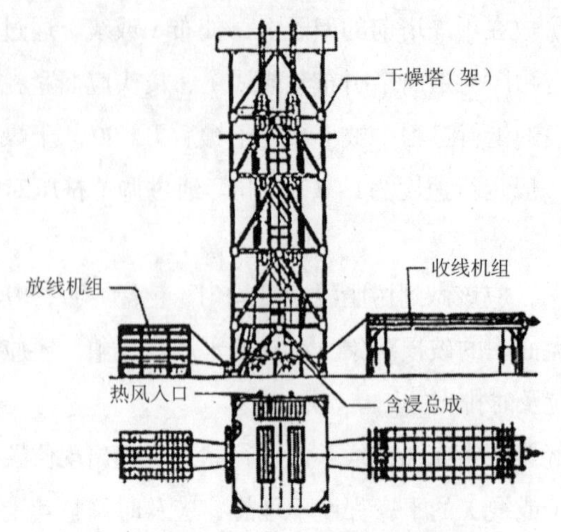

图 4.2　含浸干燥机组结构简图

放线部分为原料布（或线）提供支架；含浸部分为布（或线）的浸树脂和浸胶提供容器和牵引动力、折向以及控制浸树脂和浸胶的量的装置等；干燥部分为浸树脂和浸胶后的布（或线）提供烘干通道及保温措施，以及废气的排放装置和牵引折向装置等；热源部分为烘干部分提供热源，一般为热风。热风从干燥部分的底部进入，从干燥部分顶部的排气口排出，其中间过程即对浸渍后的布（或线）进行干燥处理，从排气口排出的废气还可接入回收装置进行回收，以保护环境。收集部分对干燥后的布（或线）进行收集、堆放，以利于下一步的缠绕工作。

（四）压胶与包胶

应用以上工艺制成的含树脂和橡胶的长纤维布（或线），可作为缠绕离合器面片使用。随着技术的不断进步，现已出现了新的方法，即压胶法与包胶法。

压胶，是指长纤维布浸渍酚醛树脂后，对它采用压贴橡胶的方法，又称压延法。

包胶，是指长纤维线浸渍酚醛树脂后，对它采用包胶的方法，称为包胶法。

浸渍酚醛树脂后的布（或线），经干燥后成为含树脂布（或线）。其中含树脂布适用于压延法，含树脂线适用于包胶法，这两种工艺都在迅速发展。

这两种工艺的特点如下：

（1）压延法直接与干式胶片贴合，不必用溶剂，这一工艺只适用于含树脂长纤维布。可以看出压延法对保证含胶量稳定性、热压的工艺性、材料的消耗以及安全生产等都有一定作用。压延法的投资较高，制品耐磨性也较高。

压延法又有压单面胶与压双面胶之别。压单面胶可用三辊压延机，而压双面胶则一定要通过四辊压延机。现以四辊压延机压延双面胶为例介绍压胶步骤。四辊压延机有四个辊径与转数相同的压辊，压延时先将橡胶混炼好后，不断送入上面一对1、2号辊与下面一对3、4号辊，辊压胶片，并使胶片全包满在2、3号辊上。胶片厚度控制在0.2～0.35 mm，辊温在50～60 ℃。调试2、3号辊的辊距，使含树脂布从2、3号辊中间通过时经压延进行挂胶，这时

2、3号辊上包着的胶片就不断地挂压在不断送入的含树脂布上，使之成为含胶含树脂布。然后应该将含胶含树脂布用衬布卷好，以防止粘在一起造成使用困难。

在压延时应注意，混炼好的橡胶一定要及时放入1、2号辊和3、4号辊之间，2、3号辊间不能断胶，如胶量不够，要马上停车。同时含树脂布应平整地进入压延机，不能出现重叠、偏离等现象，卷含胶含树脂布的速度与压延机的速度要一致。压好胶的胶布的含胶量为40%~65%（质量分数），并应色泽均匀、光滑，无缺胶等现象。

由于含胶含树脂布幅宽较大，还要用切条机对它进行切条，以满足下一步缠绕需要，切好的布条宽度为10~14 mm。切条机由两个凹凸切辊构成，将含胶含树脂布送入切条机，经两个凹凸切辊，裁成宽度均匀的含胶含树脂布条。在切条时应随时调整送布方向，防止切斜。应及时牵拉切下的布条，使之脱离刀口，防止布条卷刀憋车。

（2）包胶法是直接用长纤维线先后在缠绕机上浸脂与包胶的方法，这一工艺只适用于含树脂长纤维线。

包胶法对线的含树脂量与含胶量控制较好，因此，产品性能的稳定性好，提高了生产效率，降低了成本，对把控材料消耗以及保证安全生产等都有一定的作用，而且投资不高。

（五）缠绕型坯

缠绕型坯是缠绕离合器面片重要的生产过程，它是将前面介绍的含胶含树脂布条（或线）通过专用的缠绕机缠绕制成的。缠绕型坯的绕制过程是将含胶含树脂布条（或线）输送至专用缠绕设备胎具内，通过胎具旋转曲柄连杆喂线嘴的上下往复运动，使布条内外交叉，遵循特定的花纹曲线轨迹，在布线盘、压板、锥形辊压的作用下，绕制成具有一定花纹特点的圆状缠绕型坯，使布条（或线）经缠绕时花纹曲线轨迹规律有序，曲线峰顶及峰谷交叉于同一内外径圆周边缘上。

（1）质量计算

缠绕型坯的质量差应在1%~3%，其质量计算公式为

$$G=\pi\left(D^2-d^2\right)\left(h+\Delta h\right)\alpha/4$$

式中 G——投料量，g；

D——外径，cm；

d——内径，cm；

h——成品厚度，cm；

Δh——磨削量 0.06~0.1 cm；

α——密度 1.86~1.99 g/cm³。

例：某种载重汽车缠绕离合器面片的外径$D=27.9$ cm，内径$d=16.5$ cm，成品厚度为0.36 cm，试计算压制时的投料量。该种离合器面片为缠绕型品种，经过实测得知，其密度为1.8 g/cm³，其直径属中等大小，故加工余量设定为0.06 cm。

$$G=\pi\left(D^2-d^2\right)(h+\triangle h)\,\alpha/4$$
$$=\pi\left(27.9^2-16.5^2\right)(0.36+0.06)\,1.8/4$$
$$=3.14(27.9+16.5)(27.9-16.5)\,0.42\times1.8/4$$
$$=3.14\times44.4\times11.4\times0.42\times1.8/4$$
$$=300.4\ \text{g}\approx300\ \text{g}$$

故其热压成型时压塑料投料量应为 300 g。

（2）缠绕设备

对缠绕离合器面片的生产原料（布条或线）进行缠绕是为了获得用于压制的毛坯。目前国内生产中常见的缠绕方法有两种：一种是用布条缠绕同心圆，另一种是用线按一定规律进行花瓣编织。用布条缠绕同心圆的方法多见于手工缠绕生产，生产效率较低；将线按一定规律进行花瓣编织的缠绕技术已较为成熟，是国内外缠绕离合器面片生产中毛坯制作的主要方法。以下对这种进行花瓣编织的缠绕机进行介绍。

缠绕花瓣的基本原理说明，当布线盘旋转时，布线管沿图4.3所示方向来回运动。线料从管中穿过，落在布线盘上，并保持位置不变。布线管运动的最左端位置对应毛坯的内径，最右端位置对应毛坯外径，中间部位形成花瓣。布线管的往复运动频率与布线盘旋转的频率具有一定的规律。大致的频率一般为2.6：1、3.6：1、4.6：1三种，分别对应通常所说的三花瓣、四花瓣和五花瓣缠绕方式。

从结构上分析，应是花瓣越少，越接近同心圆，抗爆破强度越高，而花瓣越多，抗爆破强度越低。但是花瓣越少，制品的翘曲就会越严重，因此缠制的花瓣数量应根据各个方面的具体要求而定。

如图4.4所示，轴、曲柄连杆（15）和挺杆（14）完成布线管（11）的上下往复运动，压盘（10）的作用为保持线缠绕后的形状。压紧缸（4）伸出将布线盘（9）往前压，缠绕成型件处于布线盘和压盘之间以保持缠绕后线的形状。变速箱中的齿轮Z1、Z2、Z3分别与齿轮Z4进行啮合，以获得不同的两种缠绕花瓣。动力源由驱动电机（1）和减速器（3）同时传至布线主轴（6）和轴，使布线盘（9）和布线管（11）按上述规律同时动作。

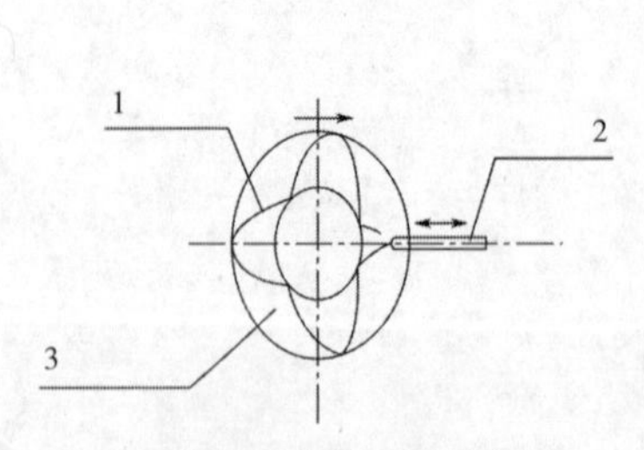

图 4.3　线缠绕花瓣毛坯示意图

1—布线盘；2—布线管；3—绕后花瓣

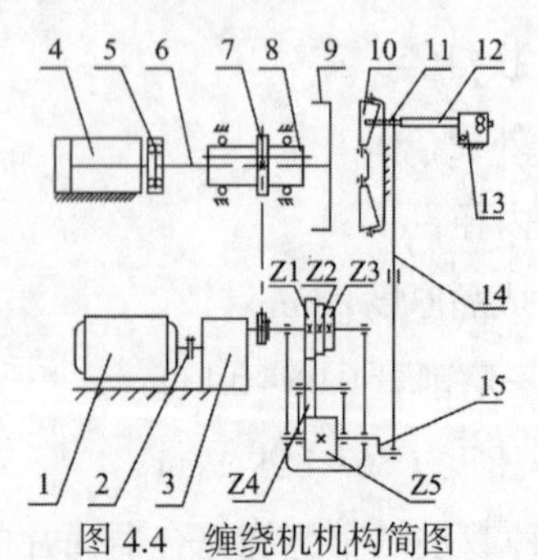

图 4.4　缠绕机机构简图

1—驱动电机；2—联轴器；3—减速器；4—压紧缸；5—推力轴承；6—布线主轴；7—传动链轮；8—滑动芯套；9—布线盘；10—压盘；11—布线管；12—进线软管；13—喂线机构；14—挺杆；15—曲柄连杆

在使用包胶法时，目前有两种方式：一种是通过浸脂包胶机制成包胶线，然后再通过缠绕机进行缠绕，制成离合器面片型坯；另一种是在前一种方法的基础上，将浸脂包胶机和称量机及缠绕机组合进行浸脂、包胶、计量，再进行缠绕。图 4.5 和图 4.6 所示分别为自动称量缠绕机和组合缠绕机。

图 4.5　自动称量缠绕机

图 4.6　组合缠绕机

（六）热压

热压是汽车用离合器面片生产的一项重要操作，它是在热压机上的压模中进行的。

一般热压成型工艺参数控制的三要素为：

（1）温度 170 ± 5 ℃。

（2）压强 10 ~ 18 MPa。

（3）时间 4 ~ 5 min。

缠绕型坯中的热固性酚醛树脂、橡胶或其他黏结剂，在压模中受热压三要素的作用，成为具有一定强度、密度以及理想摩擦功能的制品。

缠绕型汽车用离合器面片的热压是在专用模具中进行的，一般采用单层或多层压机进行生产。模具在放入型坯之前，首先涂抹硬脂酸锌、肥皂水或其他脱模剂，再将缠绕型坯放入模具中。

热压成型是缠绕型汽车用离合器面片生产中的重要工序，对制品质量有较大影响。如果热压时间长，则生产效率低；如果热压时间短，则制品的耐磨性降低，其他各项物理性能指标均受影响。所以，正确掌握热压的工艺参数，对保证制品质量是非常重要的。

操作要点：

（1）认真检查压机各部位，如加热系统、液压系统，并检查模具规格，以及上模、下模合模时是否正常，并清理好模腔，一切均应符合要求。

（2）将热压模具拉开，涂好脱模剂（一般使用硬脂酸锌或者肥皂水等），将缠绕型坯放入热压模具中，开始合模、加热、加压。在热压过程中，要不断进行放气，放气时间间隔为20 ~ 40 s，放气3 ~ 5次，然后按热压工艺规定的时间进行保压，保压完成后，拉开模具将制品取出。放气次数是一个变量，不一定是多少次，是根据热压具体情况而进行放气的。当含气量较大时，就要多放；而当含气量较少时，则要少放。同时还要根据所用树脂的性质进行适当调整。放气次数应是越少越好。新工艺热压放气次数较多，因含气量大，有时放一次气产生很多的气体，甚至将压制的模具上模盖冲出而导致其偏位，因此要注意不要压损模具。

（3）若采用筒模生产，应取出热压后的制品，磨掉飞边，放在平台上用重物压平，自然冷却，以防止翘曲。

（4）若采用平模生产，应取出热压后的制品，放在平台上用重物压平，自然冷却，以防止翘曲。冷却后的制品飞边要冲掉，使缠绕片的内、外径边缘整齐。冲飞边一般是采用普通冲床进行的。

（七）热处理

经过热压后的汽车用离合器面片，要在原本的或稍高于热压温度的温度下经过数小时的常压热烘，这个过程被称为热处理。

热处理的目的是使热压后的制品中的黏结剂硬化得更彻底，以使制品性能稳定，尤其是热性能稳定，消除热压后制品中的应力，防止出现制品翘曲变形，并对人为的热压时间不足加以补足。热处理对减少热压制品的热膨胀系数有比较明显的作用，对制品的摩擦性能影响不大。

1. 主要设备

主要热处理设备是热处理箱，它是典型的箱式热处理设备。

该设备的具体操作是：将缠绕片整齐套入夹具杆，每根夹具杆穿满后，在夹具杆顶部再穿入压盘、压簧、压簧垫，然后用螺母拧紧。将已穿好的面片按烘箱容量送入烘箱内。

热处理是在常压下进行的。热处理的重要条件是升温速度、最终温度与热处理时间。一般从室温开始，每分钟升高1~2 ℃。当烘箱内温度达到110 ℃时，要求每3 ~ 5 min升高1~2 ℃。最后恒定控制在150~ 160 ℃，保持4 ~ 6 h。也可以适当提高至200~ 220℃。比如，以橡胶、酚醛树脂为复合型黏结剂的摩擦材料制品，也可在200 ℃或更高的温度下热处理5 ~ 8 h。总之，热处理的规律是，当制品对耐热性有更高要求时，热处理的温度要相对高些，时间也要相对长些。

在热处理的过程中，升温速度不可过快，因为过快升温将会使制品因受热过快而起泡或者变形。因此要对热处理的升温速度进行严格控制，而且当温度升到120 ℃左右时，更应严格控制升温，防止在热处理时出现质量问题。在热处理过程中还要不断地开动鼓风，以调节和控制烘箱内的温度，使其保持均匀一致。

热处理结束后应关闭电源，缓慢降温。当温度低于50 ℃时，再取出制品，以防止骤冷使制品变形。热处理后的离合器面片手感应软硬适度，有一定的韧性。

2. 参数

热处理对制品性能的影响与热处理条件的选择，应根据使用配方与生产工艺的不同而有所区别。热处理参数应与配方有关，根据配方的不同进行适当调整。

热处理温度与时间的关系见表 4.2。

表 4.2 热处理温度与时间的关系

温度 / ℃	100	120	140	160	180	200
时间 / h	1 ~ 1.5	1 ~ 1.5	2 ~ 4	2 ~ 3	2 ~ 3	2 ~ 4

3. 对制品性能的影响

热处理对制品性能的影响到底有多大，应能清楚表述。在此选择生产量较大的一个制品型号，进行热处理时间对制品性能影响的试验，以进一步了解和掌握相关影响。

在生产工况下浸胶布、热压、热处理与磨制等，完全按现有的生产工艺执行。

为了比较合理地测试热处理时间与温度等工艺参数带来的影响，又对此做出了具体的规定：

热处理温度为 190 ± 5 ℃。热处理温度为什么选择 190 ± 5 ℃呢？因为试验采取热压成型温度 190 ℃，所以只能将温度控制在 190 ± 5 ℃。当然，若此温度发生变化，则热处理后的一些数据也要发生变化，那么就要再次进行试验。

热处理时间为 1 ~ 12 h。方法是将样品同时放入烘箱内，开始加热，当温度升至 190 ± 5 ℃时，开始恒温控制，每到一个小时，就要迅速取出加热好的样品，做好标记，直到全部样品取出（全部试验设专人负责，以防不准）。

（1）热处理时间与制品密度的关系见表 4.3。

表 4.3 热处理时间与制品密度的关系

热处理时间 / h	1	2	3	4	5	6	7	8	9	10	11	12
密度 / （$g \cdot cm^{-3}$）	1.877	1.879	1.866	1.872	1.882	1.906	1.921	1.878	1.907	1.876	1.900	1.888

从上表中的密度值可以看出，数据有高有低，这说明了制品密度与热处理时间没有直接关系，如图4.7所示。

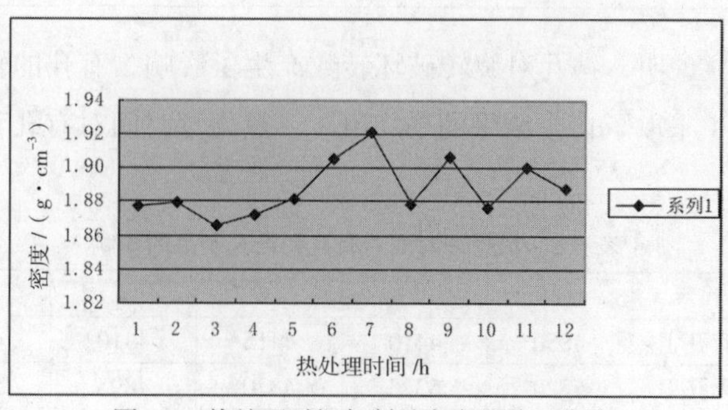

图 4.7 热处理时间与制品密度的关系曲线

（2）热处理时间与制品冲击强度的关系见表 4.4。

表 4.4 热处理时间与制品冲击强度的关系

热处理时间 / h	1	2	3	4	5	6	7	8	9	10	11	12
冲击强度 / ($J \cdot cm^{-2}$)	1.882	1.135	1.289	1.364	1.028	1.315	1.125	1.223	1.111	0.736	1.101	0.891

从表中数据可见，热处理时间 1 h，冲击强度为 1.882，而热处理时间 12 h，冲击强度仅为 0.891，降低了 52.7%。从趋势分析，冲击强度还是随着热处理时间的增加而降低的。也就是说，制品热处理的时间越短，越有利于保持较高的冲击强度。从图 4.8 中的曲线变化趋势可以非常明显地看出，冲击强度随热处理时间的增加而有降低的趋势。

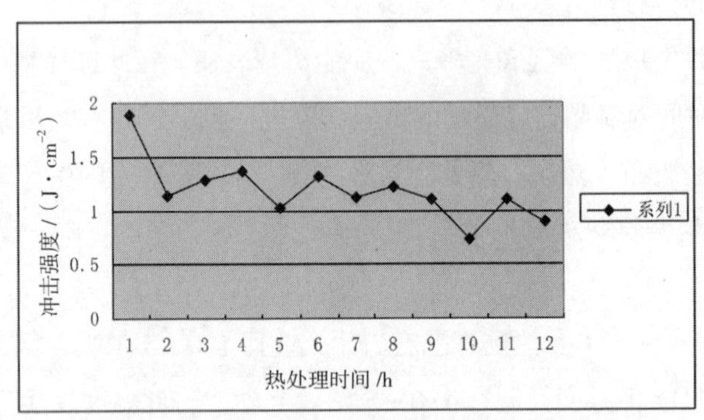

图 4.8　热处理时间与制品冲击强度的关系曲线

（3）热处理时间与制品旋转破坏转数（即回转爆裂强度）的关系见表 4.5。

表 4.5　热处理时间与制品旋转破坏转数的关系

热处理时间 / h	1	2	3	4	5	6
旋转破坏转数（有孔）	4850	4410	4415	4410	4415	4415
热处理时间 / h	7	8	9	10	11	12
旋转破坏转数（有孔）	4875	4875	5350	5320	5305	5775
热处理时间 / h	1	2	3	4	5	6
旋转破坏转数（无孔）	5320	5325	4870	4895	5345	4905
热处理时间 / h	7	8	9	10	11	12
旋转破坏转数（无孔）	4900	4445	5325	5350	5350	5330

上表中数据明显说明，钻孔对旋转破坏转数产生了影响，有孔的转数要降低一些，试验中降低率为4.8%（采取了12个结果的平均值）。热处理时间对有孔和无孔制品的影响见表4.6。

表 4.6　热处理时间对有孔和无孔制品的影响

热处理时间 / h	1	2	3	4	5	6
旋转破坏转数（有孔）	4850	4410	4415	4410	4415	4415
旋转破坏转数（无孔）	5320	5325	4870	4895	5345	4905
降低率 / %	8.83	17.18	9.34	9.91	17.40	9.99
热处理时间 / h	7	8	9	10	11	12
旋转破坏转数（有孔）	4875	4875	5350	5320	5305	5775
旋转破坏转数（无孔）	4900	4445	5325	5350	5350	5330
降低率 / %	0.51	–9.67	–0.47	0.56	0.84	–8.35

从表中也能看出，热处理时间超过9 h之后，旋转破坏转数大幅增加。而从表格前段可以看出，无孔转数要比有孔高10%左右。

（4）热处理时间与制品热膨胀率的关系见表 4.7。

表 4.7　热处理时间与制品热膨胀率的关系

热处理时间 / h	1	2	3	4	5	6
热膨胀率 / %	0.140	0.140	0.138	0.144	0.136	0.136
热处理时间 / h	7	8	9	10	11	12
热膨胀率 / %	0.134	0.136	0.134	0.132	0.130	0.126

表中数据非常明显地说明，热膨胀率随热处理时间的增长而变小。但样品经 190 ± 5 ℃处理 30 min 后，表面平整完好，无起泡、分层与裂纹等，色泽变化也较均匀。目前国内已有将热处理温度控制在 210~230 ℃的技术了。

（5）热处理时间与制品吸水率的关系见表 4.8。

表 4.8　热处理时间与制品吸水率的关系

热处理时间 / h	1	2	3	4	5	6
吸水率 / %	0.315	0.647	0.460	0.450	0.390	0.443
热处理时间 / h	7	8	9	10	11	12
吸水率 / %	0.508	0.516	0.384	0.454	0.394	0.456

从表中吸水率的变化可以看出，制品吸水率与热处理时间没有直接关系。

（6）热处理时间与制品吸油率的关系见表 4.9。

表 4.9　热处理时间与制品吸油率的关系

热处理时间 / h	1	2	3	4	5	6
吸油率 / %	0.775	0.715	0.727	0.582	0.776	0.774
热处理时间 / h	7	8	9	10	11	12
吸油率 / %	0.752	0.652	0.653	0.723	0.647	0.711

从表中吸油率的变化可以看出，制品吸油率与热处理时间没有直接关系。

（7）热处理时间与制品洛氏硬度的关系见表 4.10。

表 4.10　热处理时间与制品洛氏硬度的关系

热处理时间 / h	1	2	3	4	5	6
洛氏硬度	62.0	62.7	65.3	71.1	72.5	79.3
热处理时间 / h	7	8	9	10	11	12
洛氏硬度	81.7	77.2	79.7	80.8	83.7	89.3

从表中可以非常明显地看出，热处理时间越长，越能明显提高制品的洛氏硬度。因此，合理控制热处理时间，对制品洛氏硬度的控制是有效的。

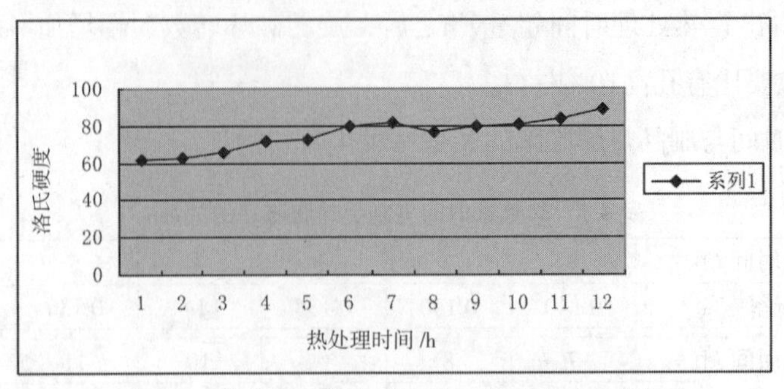

图 4.9 热处理时间与制品洛氏硬度的关系曲线

（8）热处理时间、温度与制品摩擦系数的关系如图 4.10 所示。

从图中的摩擦系数曲线可见，基本线型相近。至350 ℃时，摩擦系数均有下降，这是配方性能所致。在试验现场也可以看出，摩擦表面无差别，表面均为正常磨损。

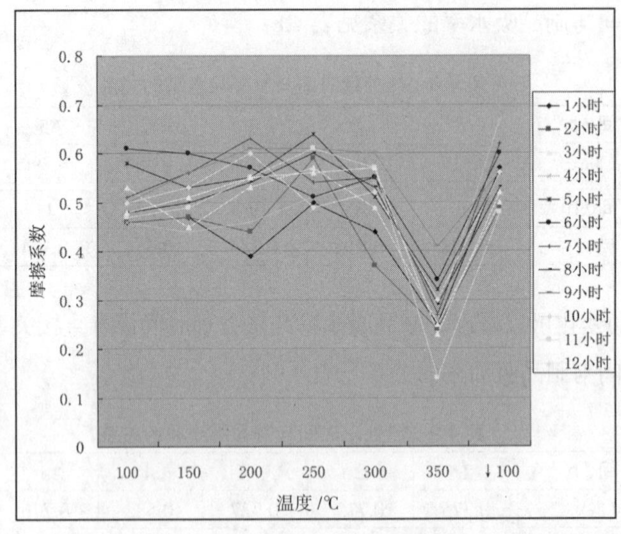

图 4.10 热处理时间、温度与制品摩擦系数的关系曲线

（八）缠绕片磨制

缠绕片磨制，又称磨削加工。压制好的缠绕片面片的几何形状是由模具的形状所决定的，但是施压方向，即制品的厚度方向，不能通过在模具中压制来决定，因此制品的厚度只能通过机械加工方法进行整理，才能达到要求。机械加工方法主要是依靠磨削来实现的，因此常被称为磨削加工。

磨削加工是通过专用的磨床来完成的。磨床主要由床身、电机、金刚石砂轮及吸尘装置等组成，是一种专用的磨削机械设备。用于磨削离合器面片的磨床按其工作特点，又可分为单面磨床和双面磨床两种。其中单面磨床主要有砂带磨床、单辊磨床，双面磨床主要有双辊磨床。

在磨制离合器面片之前，应认真做好各项准备工作，检查金刚石砂轮的锋利状态，若用普通砂轮还应进行铲修，以使其达到平整锋利的状态。装好磨片挂具后，开动抽尘设备，然后再开动磨床，根据产品图纸要求磨制离合器面片。一般情况下应磨三遍：第一遍去皮找平，先以离合器面片有槽表面作为基准平面，将表面黑皮尽量磨掉；第二遍磨另一面，应尽量磨去余量；第三遍将面片再翻过来进行磨削，直至达到产品图纸的规格尺寸要求。在磨制过程中应随时检验磨制尺寸，防止出现超差。

虽然吉林大学机电设备研究所结合国外先进技术，根据国内现状，已经开发研制出更先进的磨制离合器面片设备，但国内生产工厂普遍采用的仍是这种比较简单的离合器面片单面磨床或离合器面片双面磨床。

1. 单面磨床（砂带磨床、单辊磨床）

单面磨床，即对离合器面片的一个表面进行磨削加工的磨床。单面磨床的构造简单，由一台金刚石砂轮沿床身水平方向移动。离合器面片被固定在一个旋转的圆盘上。磨削厚度通过装在床身上的定位销来控制。

单面磨床的主要特点是可以人为控制制品两个表面的磨削量，因此其磨削的制品精度高。对于厚薄差距较大的离合器面片，可以通过磨削量来调整。这对于外径较大的离合器面片尤为适用。但单面磨床的生产效率低，劳动强度大。

用砂带磨床加工离合器面片表面是一种传统的方法，其优点是加工质量好且加工量可调，选用尺寸足够大的砂带后，有较好的适应性；缺点是砂带的耗费大，使用成本高。图4.11所示的砂带磨床工作过程如下：

启动电机，使输送带和砂带分别按图示方向运动。其中输送带在托板上表面滑过，托板起承载和定位的作用，操作者将工件置于输送带上，从下部砂带辊和输送带间的间隙通过，完成对工件上表面的加工。调整上述间隙，即调整加工量。

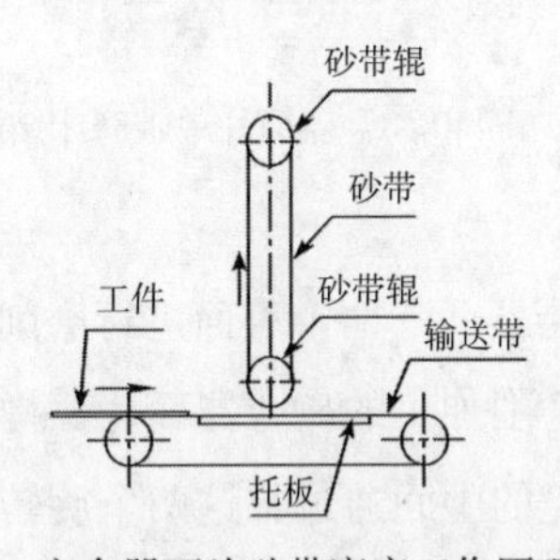

图 4.11　离合器面片砂带磨床工作原理示意图

随着生产技术的不断发展，目前已经出现了离合器面片组合式磨床。组合式磨床磨削离合器面片已经达到了相当高的自动化程度。日本采用全自动的磨削设备磨削离合器面片，主要特点是采用砂带代替砂轮。在一套磨削设备上，离合器面片由送片机构送入后，经高速运转的砂带先磨离合器面片的一个表面，再送入第二条高速运转的砂带。此时离合器面片已经翻转了180°，进行另一个表面的磨削。然后送入第三条砂带，此时离合器面片又被翻转了180°。这样磨削的制品表面光洁度较好、效率高，自动化程度也高，而且无粉尘，生产环境好。更重要的是，由于磨削量较小，所以生产材料消耗较小，生产自动化程度较高，质量也更好。

在这种磨床的基础上，国内厂家通过对木材加工设备的改进，制成了一种新式砂带磨床，如图4.12所示，其结构简单，使用方便，效率又高，如此磨制后的离合器面片表面平整，内外径厚度均匀一致。现已被国内多家公司采用。

图 4.12　新式砂带磨床

单辊磨床是对砂带磨床进行改良而出现的设备，其特点是将砂带磨床的砂带换成人造金刚石的柱状砂轮。工件的输送定位基本同砂带磨床。图 4.13 所示的离合器面片单辊磨床就是其中的一种形式，其工作过程与砂带磨床类似。

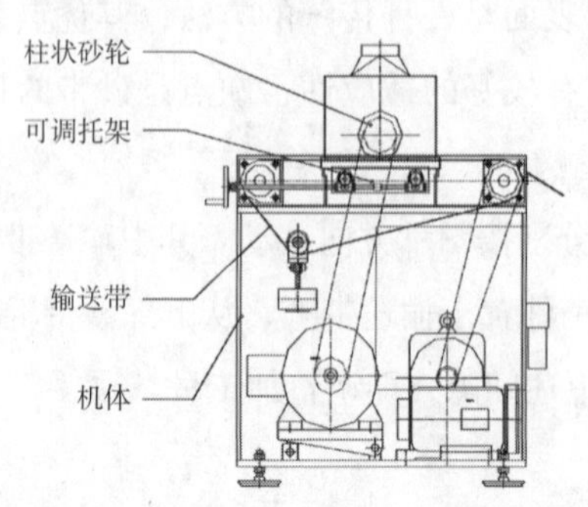

图 4.13　JF440 离合器面片单辊磨床结构简图

2. 双面磨床（双辊磨床）

双面磨床，是一种同时对离合器面片两个表面进行磨削加工的磨床。磨床上装有两台相对旋转的金刚石砂轮，中间为被磨削加工的离合器面片，构造比单面磨床稍微复杂一些。离合器面片在两个旋转的金刚石砂轮的中间通过，这两个旋转的金刚石砂轮有一个是定位的，另一个可沿水平方向自由移动，通过调整与定位金刚石砂轮的距离来控制磨削厚度。

双面磨床的主要特点是产量高、劳动强度低，适合批量生产。双面磨床对离合器面片进行两面磨削，磨削厚度相同，因此想通过磨削加工来调整两个表面的不同磨削厚度就会比较困难。它不像单面磨床那样，可以控制离合器面片每个表面的磨削量。

常见的双面磨设备原理：两个砂轮相对旋转，砂轮盘面为加工工作面。当可轴向移动砂轮向左移动、将面片压向不可轴向移动砂轮面时，两个砂轮同时磨削工件面片的上下表面。工件在此两面磨削力的作用下难以保持平衡而产生旋转，从而完成对整个表面的加工。该方法在控制单面磨削量、磨后整片的厚度及防止磨后面片翘曲变形方面需要仔细调整。如图 4.14 所示。

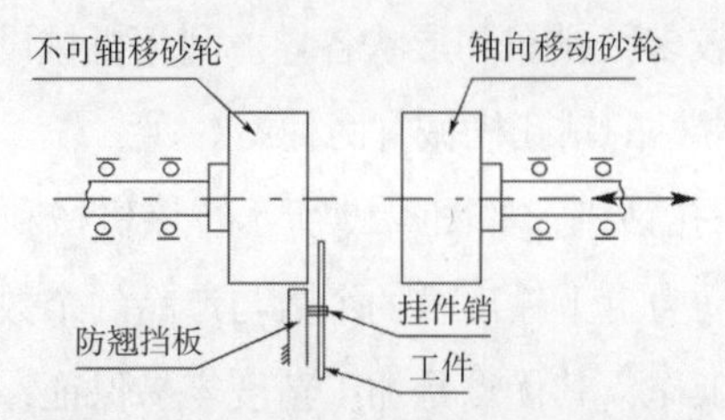

图 4.14　离合器面片双面磨方法原理示意图

由于离合器面片一般均需两面加工，故在单辊磨床的基础上又开发出了一次装料完成双面加工的双辊磨床，如图4.15所示。该磨床在磨辊总成上设三根辊轴。中间辊轴为定位托辊，固定不可调，上、下两辊为柱状砂轮辊，可上下调节，以适应不同片厚。工件由进料架送入，从上部砂轮辊和定位托辊间通过，完成上表面单面加工，经出料总成送出至二次进料总成。二次进料总成将离合器面片方向不变地送入，从定位托辊和下部砂轮辊间通过，完成下表面单面加工，再从回料总成送出。

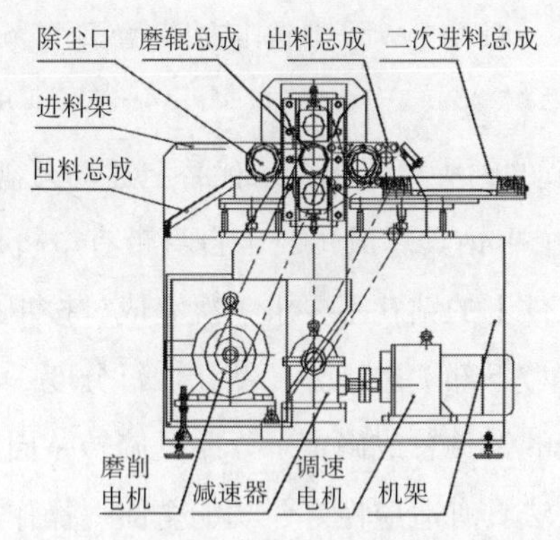

图 4.15　JF444 离合器面片双辊磨床结构简图

（九）钻孔、洗片

1. 钻孔

缠绕离合器面片钻孔一般使用普通钻床与普通钻头，近来已开始使用专用的钻孔机与合金钻头。不但钻孔质量有了改进，而且钻孔效率也有了很大的提高。离合器面片钻孔设备如图 4.16 所示。

图 4.16　离合器面片钻孔设备

离合器面片的孔数一般较多，排布和形状各异。利用机械设备进行钻孔，是批量生产离合器面片的必备条件。目前常见的钻孔机械有两种：

（1）第一种是动力盘钻孔钻机，如图 4.17 所示，该机械利用动力盘工作，动力盘按产品的孔位进行输出轴布置，动力盘上输出轴的个数与产品的个数一致。工作时动力盘一次上下即可完成一件工件的钻孔工作，其优点是加工精度容易保证，生产效率高；缺点是孔距过小时则不易实现，而且一种工件必须对应一个动力盘，制造和使用成本较高。

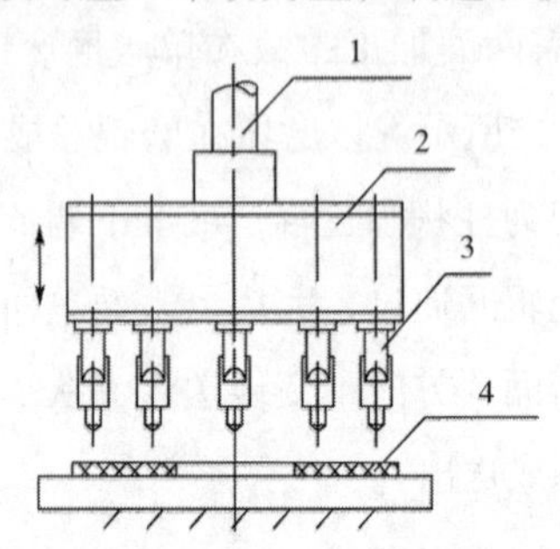

图 4.17　动力盘钻孔钻机示意图

1—动力输入轴；2—动力盘；3—钻头；4—离合器面片

（2）第二种是利用可调节的钻头单元组合来代替上述动力盘的功用，如图4.18所示。处于承载环（20）上的（最多8个）钻具总成（21）自身带有电机作为动力源，并可在承载环上转动或移动，然后固定。工件上的钻孔不要求一次完成，按工件上孔的排列规律，找出适当的分度角度，使胎具（位于17下部）进行分度钻孔。每分度一次，承载环上下一次，完成数个钻孔（由承载环上所安装的钻具总成确定）。胎具旋转一周，工件上所有的孔将全部钻出。与前一种方法相比，该方法具有适应性好、功能全面、操作方便等优点，但生产效率与前者相比较低，制造成本略为偏高。

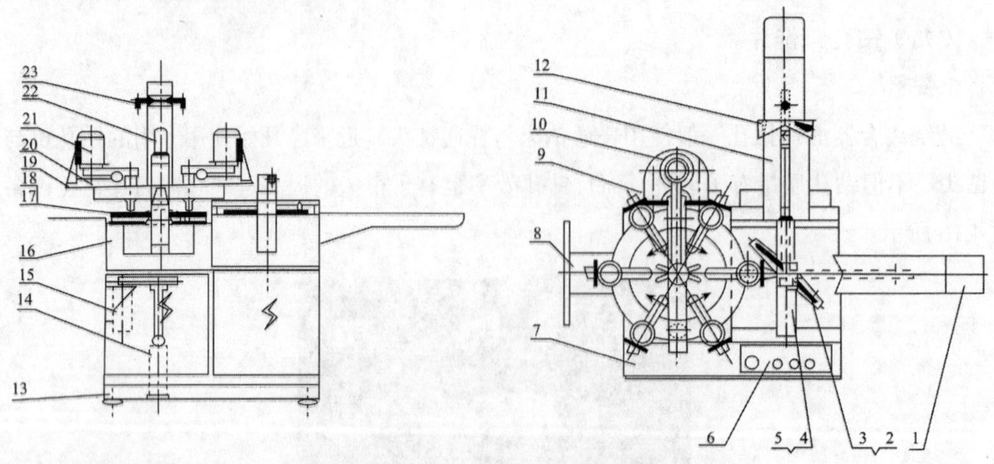

图 4.18　JF470 离合器面片钻孔机结构简图

1—送料 II；2—槽定位板；3—槽周边定位销钉；4—槽定位上下缸；5—槽定位旋转缸；6—控制面板；7—电控箱；8—成品下料架；9—气动元件箱；10—吸尘管；11—送料 I；12—工件堆放架；13—机架；14—钻孔进给缸；15—分度电机；16—主轴箱；17—夹紧横板；18—下横板；19—沉头孔微调旋钮；20—承载环；21—钻具总成；22—夹紧缸；23—钻头吸尘软管接口

具体工作过程如下：工件由人工叠放在工件堆放架（12）前，送料Ⅰ（11）自动将工件推出一片，送至槽定位工位，槽定位板（2）下压对其进行周边定位，并带动工件旋转，完成槽定位。然后槽定位板升起，送料Ⅱ（1）将工件送至钻孔工位，同时将完成钻孔的原工件推至成品下料架（8）上，夹紧缸（22）动作，压紧工件，并完成对工件的定位。承载环上下一次，完成一次钻孔。分度电机（15）带动胎具分度，承载环再次上下，完成另一次钻孔，直至胎具旋转一圈，完成整片的钻孔。夹紧缸升起，送料Ⅱ动作，将另一件送入。送料Ⅰ推出工件在槽定位工位完成槽定位的动作，在承载环钻孔的同时进行，并可预先完成。整机的动作由PLC（可编程逻辑控制器）控制。钻具总成（21）上带有沉头孔微调旋钮（19）。大小孔的尺寸及公差由钻头保证。

钻孔的几何尺寸如通孔、小孔、大孔，及深度、孔台高、大小孔相邻梯形斜面的角度、各孔距离分度尺寸等各种尺寸项目，均应按产品图纸要求进行加工，因为孔位若有误差，会影响装配质量。

应该指出的是，有些离合器面片钻孔采用冲制的方法，即通过冲压方法，将离合器面片放在一定吨位的冲床上进行冲孔，几十个孔一次完成。虽然这种方法生产效率高，但有时会出现孔周边有（肉眼不易觉察的）毛细裂纹的情况，这样的制品在重载使用过程中特别容易出现离合器面片碎裂的状况，现已引起人们的重视。

2. 洗片

缠绕离合器面片经钻孔后，还要对其表面进行处理，即洗片。处理的目的主要是除去因磨削加工而在表面附着的较多灰尘。若为主机厂配套用，还要进行表面防锈处理。这是为了防止离合器面片装配后出现粘连现象。所以配套用比较强调此要求，而维修使用则不必作此处理。

为此，有些工厂采用水洗的方法进行除尘、防锈。离合器面片的水洗在专用的水洗装置中进行。水洗时在水中加入一定量的液体聚乙烯醇（或亚硝酸钠），配成一定浓度。水洗也非常简单，将离合器面片浸入溶液中，被流动的溶液冲刷就可达到目的。

三、缠绕离合器面片新工艺

长纤维缠绕离合器面片新工艺与传统工艺的重要区别是制品结构材料的改变。新材料的使用带来了生产工艺的变化，节省了大量的工艺消耗性溶剂材料——汽油以及溶解树脂使用的有机类醇或者丙酮类有机溶剂。在目前溶剂材料价格节节攀升的形势下，缠绕离合器面片生产企业由于生产成本不断升高，难以维持生产的正常运行，因此迫切需要能实现缠绕离合器面片生产的新工艺。同时，传统缠绕离合器面片生产工艺中要使用大量的有机溶剂，使生产存在重大的易燃易爆安全隐患，由此引发的重大安全事故造成严重经济财产损失的实例时有发生。

针对这种状况，人们不断努力，寻求缠绕离合器面片的生产新工艺，并最终取得成功。

新型的缠绕离合器面片生产方法主要是通过材料选择的变化实现的。现对以下两种新工艺分别进行介绍。

（一）无橡胶缠绕离合器面片

无橡胶缠绕离合器面片又称纯树脂型缠绕离合器面片。它采用了一种特殊的新型酚醛树脂生产工艺，其中采用一种水性酚醛树脂，这是一种可用水溶解的特性树脂，能与水以任何比例相混合，故称之为水性酚醛树脂。

水性酚醛树脂在自然条件下经700多小时的贮存也不会脱水，同时在生产过程中还不产生废水，所以具有良好的环保特性。这种缠绕离合器面片生产新工艺与传统生产工艺相比，除制备胶料布的设备和方法有较大的改变外，其他所使用的生产设备几乎没有什么变化。这种水性酚醛树脂与各种功能性填料混合后可制成一种黏性较强的酚醛树脂胶料，用它经一次浸渍长纤维布（或线），制成胶料布（或线），再经干燥、制型、热压等工序，制成汽车用缠绕离合器面片或其他类似制品。它的主要特点是在生产过程中不使用橡胶类黏结材料，当然也不用汽油作溶剂，不用常规的醇类溶解酚醛树脂，所以就节省了大量的工艺消耗性溶剂材料，如汽油和酒精等。因此，这种缠绕离合器面片生产新工艺不但具有节油、安全、环保等特点，与传统的生产工艺相比，还能显著地降低缠绕离合器面片的生产成本。而且用新工艺生产的缠绕离合器面片的质量，包括摩擦系数、磨损率等，比使用传统的胶基缠绕离合器面片生产工艺的制品要好，尤其是具有非常耐磨的特性。这使它具有更广阔的发展前景，是一种具有重大社会效益和较好的企业效益的缠绕离合器面片生产新工艺。

对于汽车用缠绕离合器面片，目前在国内主要的生产工艺中，采用长纤维的湿式生产工艺较多，但就其构成成分来说，主要有胶浆法与贴胶法两种生产工艺。这两种工艺的主要区别在于：胶浆法将缠绕离合器面片成分中的主要黏结材料橡胶用汽油溶解制成胶浆，浸渍长纤维骨架材料后，再经过一系列生产工艺处理，制成缠绕离合器面片；而贴胶法是将黏结材料橡胶制成具有一定黏结性能的胶片，或用专用的三辊或四辊贴胶机，将胶片贴于预先浸渍好树脂的骨架材料表面上，然后再经一系列生产工艺处理，制成缠绕离合器面片。这两种生产工艺除骨架粘胶或贴胶方法不同外，其他工艺基本相似。其制品性能也几乎相近，这是因为尽管生产方法不同，但就制品构成成分来说，均属以橡胶为黏结材料的胶基制品的缠绕离合器面片。

1. 无橡胶缠绕离合器面片新工艺与传统工艺的主要区别

（1）无橡胶缠绕离合器面片是以树脂等为主要黏结材料的纯树脂基制品的缠绕离合器面片，它采用的不是传统的橡胶胶浆法或橡胶贴胶法，而是一种新的生产工艺。

新工艺与传统工艺的主要区别在于，新工艺用一种特殊水性酚醛树脂作为主要黏结材料，并以一种生产摩擦材料用的新型天然有机黏结材料为次要黏结材料，主要和次要黏结材料共同作用，具有与橡胶胶浆相同的黏结效果，可将生产摩擦材料使用的各种功能性填料与骨架长纤维材料牢牢地黏结在一起，在缠绕成型、热压后，可制成一种具有新式致密结构的离合器面片，即无橡胶缠绕离合器面片。

（2）由于无橡胶缠绕离合器面片新工艺的特点是不用酒精、橡胶与汽油，在生产中消除了易燃易爆等安全隐患，因此具有保证生产安全的特点。

（3）生产成本较低。

（4）性能较好。新型无橡胶缠绕离合器面片由于成分中不含橡胶，所以还具有非常良好的耐磨性及突出的热稳定性等。在定速摩擦试验机（已调好试验控制程序）上对试样进行测试的结果表明，450 ℃时摩擦系数达0.3以上，而磨损率低于$0.6\times10^{-7}cm^3/Nm$，试样表面磨损正常。

（5）生产工艺简单，无需炼胶、溶胶等繁重的工艺操作，浸脂与浸胶一次完成。

（6）由于使用水作为溶剂，因此非常容易使用水溶性染料进行染色，生产具有特色的无橡胶缠绕离合器面片，即纯树脂型缠绕离合器面片也就非常方便。

染色方法是先将颜色选好（颜料要求有水溶性，如酞菁系列颜料），放于水性酚醛树脂中溶解并调色，达到要求后即可对所用骨架材料进行上色。将色浆放入上色槽中，将布（或线）放入，进行浸渍。速度为 3~5 m/min，将含色树脂量控制在 20%（质量分数）以上，再经干燥即可。

2. 无橡胶缠绕离合器面片新工艺的主要特点

如今，人们对汽车用缠绕离合器面片的性能，如离合器面片的性能平稳性、应用的舒适性与耐热性、耐用性、安全性、环保性等的要求越来越高。无橡胶缠绕离合器面片的生产新工艺具有安全、环保、质量好的特点，因而更能满足这些新的、更高的性能要求。

因为在前面已经对缠绕离合器面片的传统生产工艺做了介绍，所以在这里只对无橡胶新工艺进行简单介绍。

（1）无橡胶缠绕离合器面片新工艺的特点，主要就是双黏结材料的复合使用。

它选用一种特殊水性酚醛树脂作为主要黏结材料，替代传统生产工艺中的橡胶黏结剂，这是一种新的缠绕离合器面片生产工艺。它不但使生产不再使用橡胶和汽油、酒精等工艺消耗性材料，达到生产缠绕离合器面片原材料成本比传统生产工艺降低 50% 以上的大幅度下降的效果，而且还具有以下突出作用：使传统生产中用汽油的易燃易爆区变为用水的非易燃易爆区，确保了生产环境的安全。

新工艺的突出特点是，利用了浸渍性能良好且具有较强的不脱水性能、保存期超过 30 天的、性能稳定的新型水性酚醛树脂。它能提高缠绕离合器面片的耐热性、黏结性、结构强度和耐磨性，同时生产简便，容易控制，不产生废水，安全环保，无污染。

这种新型水性酚醛树脂是本工艺采用的第一种黏结材料。树脂采用和普通酚醛树脂相同的原材料，即苯酚与甲醛，但是摩尔比和常用的制造酚醛树脂的酚、醛用量比有所不同，采用了过量的甲醛，这是为了生成较多的多元羟甲基苯酚，以使制成的水性酚醛树脂满足水性酚醛树脂缠绕离合器面片生产新工艺的特殊要求。

水性酚醛树脂可与水以任何比例相混合，并在自然条件下贮存不脱水，这是其极为重要的特性。

根据水性酚醛树脂缠绕离合器面片生产新工艺的要求，以及水性酚醛树脂生产工艺与使用的设备，确定水性酚醛树脂的主要特性是：

① 稳定性较好。将该树脂在自然条件下静置存放，常温条件下保存期应超过 30 天，水性酚醛树脂不发生较大变化或产生脱水现象。

② 实用性。将该树脂放于温度较低，即约 10 ℃的环境中，明显变稠，但经加热后仍可恢复原来的黏结强度，保持较好的状态。

③ 树脂含量控制在 45.0% ± 2.0%（质量分数）。

因此，水性酚醛树脂的特性符合水性酚醛树脂缠绕离合器面片生产新工艺的要求。

（2）FD复合粉的选用是水性酚醛树脂缠绕离合器面片生产新工艺的另一个特点。这种新型的黏结材料属于经简单加工制成的天然有机黏结材料，其商品名称为FD复合粉，是实现纯树脂型缠绕离合器面片新工艺的重要因素。

在缠绕离合器面片的生产中，不但要将各种填料黏结在长纤维骨架材料表面，同时还要将骨架纤维束之间黏结起来，所以必须寻找一种能与水性酚醛树脂相互结合，并可替代传统工艺橡胶胶浆的新型黏结材料。水性酚醛树脂具有良好的浸渍性，同时可以将长纤维束浸透包覆，但它黏性不足，并不能将骨架材料之外的各种填料黏结起来。经不断研究，最后找到了一种仍属有机类型的天然黏结材料，作为新工艺的次要黏结材料，即一种新型的“代胶”材料——FD复合粉。这种有机黏结材料来源广泛，价格低廉，使用方便，性能稳定，是一种非常理想的黏结材料。这种材料再与缠绕离合器面片组成成分中的填料形成复合材料，对其黏结性、耐热性与工艺的可操作性有很大益处。经使用证明，其黏结作用与传统工艺使用的橡胶胶浆的作用相当，但它在350 ℃时仍可保持摩擦系数较高而热衰退较小的性能。用这种黏结材料制成的水性酚醛树脂缠绕离合器面片在定速摩擦试验机上的测量结果表明，在450 ℃时，它具有摩擦系数较高而热衰退较小、耐磨性较强的特性。

所选用的这种新型有机类黏结材料，其性能完全能满足缠绕离合器面片的工艺要求，而其价格远比橡胶类黏结材料要低得多。而且其使用比橡胶要简捷得多，尤其是在节能和节省人力方面更为突出。

采用新工艺生产的缠绕离合器面片的耐热性能较好，常温摩擦系数与热摩擦系数变化都较小，表明其具有热衰退性能较好的特点。

这种FD复合粉黏结剂用量为配方总量的5%～30%（质量分数），与水性酚醛树脂的比在一定范围内较为合适。FD复合粉黏结剂用量过多会使黏度增大，影响浸渍效果，造成胶料含量过大，影响制品质量；相反，FD复合粉黏结剂用量过少，会使制成的胶料黏度变小，影响浸渍效果，造成胶料含量过小，不但给生产造成困难，同样也会影响制品质量，尤其是制品的耐磨性会变差。

3. 胶料配方设计

胶料的配方设计是实现新工艺的一项重要内容。胶料是由水性酚醛树脂、各种功能性填料按一定比例混合制成的，再浸渍黏附在长纤维骨架材料上。胶料选用的主要成分是传统缠绕离合器面片生产工艺中采用的一些填料与骨架材料。所选用的填料有膨润土、锰基络合粉、重晶石、陶土、炭黑、石墨、重钙、铬铁矿粉、高岭土、硅灰石、长石粉、人造石墨、硬脂酸锌、硬脂酸钡、硫化过的丁腈胶粉、轮胎粉等。所选用的长纤维骨架材料有玻璃纤维复合纱帘子布（或线）、玻璃纤维包芯纱帘子布（或线），以及由非玻璃纤维的有机或无机纤维混合制成的帘子布（或线）等。

在制备胶料时，首先按配方规定，先将填料放入混料机中混合均匀。混匀后与水性酚醛树脂混合均匀，制成胶状体混合料，再将胶状体混合料黏结于长纤维骨架材料玻璃纤维帘子布（或线）上，制成胶料布（或线）。

为适应新工艺的需要，对传统工艺的胶浆机也做了改进。因为传统胶浆机功率高，耗能大，生产效率较低，因此设计了一种结构简单的高速混料机。这种混料机功率低，耗能小，生产效率较高，造价低廉，混制一锅胶料不像胶浆机要数小时，仅用3~5 min即可，而且操作、放料都非常容易。

制备胶料是混料与制胶同时完成的，新工艺对混料与制胶的要求比较严格，一定要控制在适宜的温度范围内。温度是新工艺非常重要的工艺参数，它对于控制胶料黏性十分重要。混制胶料的温度高了，则混制好的胶料黏性过强；相反，混制胶料的温度低了，则混制好的胶料黏性较差。由于胶料的黏性变大或变小，都不能保证准确的配方用量，因此也就不能保证制品的质量。同时，制成的胶料布（或线）由于胶料黏性的影响，在下一个工序操作中容易出现掉料现象，这就会影响缠绕离合器面片的制品质量。所以，控制好混料的温度是十分重要的。温度应严格控制在规定条件±5 ℃的范围内。浸渍在适宜温度下混制成的胶料后，布（或线）表面光亮，反之，胶料布（或线）表面则显得黯淡无光。

应用新工艺生产出品质优良的汽车用无橡胶缠绕离合器面片，是一家具有广阔发展前景的缠绕离合器面片工厂的基本功。

4. 新工艺流程

无橡胶缠绕离合器面片新工艺流程为：

配料 → 浸胶 → 干燥 → 缠绕 → 热压 → 热处理 → 磨削加工 → 钻孔 → 洗片 → 烘干 → 检查 → 包装入库

（1）长纤维布（或线）浸胶

长纤维布（或线）浸胶是新工艺与传统工艺重要的区别。虽说这两种工艺的浸胶方式与使用设备的形式从表面上看差别不大，但实际上却有较大差别，主要是：传统工艺是经过浸布机将橡胶胶浆浸于长纤维布（或线）的表面，制成胶布（或线）。多数企业采用浸胶前先浸稀树脂（用酒精溶解）后再浸胶的方式，实际上是经两次浸渍。新工艺是将长纤维骨架材料通过浸胶机浸挂胶料一次而成，这就减少了很多生产工时。传统工艺为什么要浸两次？因为树脂与橡胶两种溶液不可互混，必须分开单浸，因此形成二次浸渍；新工艺所用的水脂与天然黏结材料可共混，即实现一次浸渍。这也是两种工艺的重要区别。

将混制好的胶浆料分别放入双联式浸胶机的前、后胶槽中，使欲浸胶料的长纤维布（或线）通过浸胶机底部限位辊的控制，进入浸胶机胶槽上面的控胶量压辊，以控制布（或线）的上胶量，这是一个重要的操作。只有严格控制上胶料，才能得到均匀稳定的制品质量和理想的生产成本。新工艺之所以采用双胶槽的双联式浸胶机，是为了完全避免浸胶过程中出现浸渍胶量不均匀的情况。长纤维骨架材料布（或线）的上胶量控制在55% ± 3%的范围内比较合适，经济技术指标都理想。也就是说，长纤维布（或线）与胶料之比在1 : 1~1 : 4较为合适。

对于适用的胶料布（或线），除了对胶量有严格要求外，对其干湿度的控制也有较为严格的要求，否则会给缠绕、热压工序的操作带来不利影响。胶料布（或线）因含有较多的水分，所以必须经过干燥，含水率一般在10%左右，最好低于7.5%。干燥后的胶料布（或线）在生产过程中很有可能出现干燥过头的现象，即含水率在3%以下，此时其黏性会变差，无法进行缠绕加工操作；相反，如果胶料布（或线）干燥得不够，因黏性太强，缠绕时就容易粘在缠绕机压盘上，不易取出缠绕的离合器面片型坯，甚至于缠型也不能正常操作。

无橡胶的长纤维布（或线）比较容易出现胶料布（或线）过干或过湿的现象，这种问题采用新工艺确实是比较容易解决的。当胶料布（或线）干燥过头时，可将这种胶料布（或线）再放置一段时间。因为它的吸湿能力较强，很快就能适宜进行缠绕操作，或者可以对其适量喷洒些水；相反，如果胶料布（或线）干燥程度还没达到要求，就继续进行干燥，直到达到要求或简单进行晾晒就可以。一块干燥过头的胶料布（或线），在雾天经过几个小时后就可达到最佳状态；过潮的胶料布（或线）在热风条件下再干燥几十分钟也可达到缠绕生产工艺的要求。但在传统工艺下，若一块浸过橡胶的胶料布（或线）干燥过头了，就基本报废了。

最后还要将胶料布制成胶料布条，以便于缠制成型。

（2）缠绕制型

胶料布（或线）在不粘手而又手感较软的情况下是最适合进行缠绕操作的。此时缠制的缠绕型坯与传统工艺缠制的离合器面片相比并无多大差别。

用新工艺生产的胶料布（或线）在缠制生产时使用现用的缠绕机，在操作中应注意防止型坯产生粘盘现象。

（3）热压

缠制好后的缠绕型坯在热压过程中与传统工艺不同的是，由于新工艺中的含水率比传统生产工艺中的挥发物含量要高，所以采用的热压工艺参数应有所不同，一定要进行调整，制定出符合新工艺热压需要的工艺参数。

由于新工艺生产使用的缠绕型坯中含有较多的水，虽经过干燥处理含水率也较高，达7.5%左右，所以在热压过程中会产生大量的气体，热压放气次数较多，放气时间较长。

新工艺热压温度一般控制在160±5 ℃较为适宜，压力控制在12~20 MPa为宜。由于含水率较高，因此需要的放气次数稍多，一般进行四次放气，每次间隔时间为10~30 s。

（4）热处理操作

无橡胶缠绕离合器面片制品的热处理采用了适温、短时的方式，即热处理最高温度为175 ℃，恒温保持60 min，断电、自行降温至50 ℃打开，至此热处理结束。

无橡胶缠绕离合器面片新工艺改变了传统生产工艺存在的高消耗、高危害的工艺特征，不使用橡胶及汽油、乙醇或甲醇等工艺性消耗材料，走出了一条新型缠绕离合器面片生产的新路，是以水代油、无胶无害、环保低耗的新型缠绕离合器面片生产工艺。

采用无橡胶缠绕离合器面片新工艺，其制品性能完全达到了现行国家标准与相关标准的规定。新工艺具有良好的可操作性。新工艺的批量生产与传统工艺相比，特点是环保安全，低耗高利。采用新工艺生产的制品性能较好，主要表现在高温摩擦性能上，热衰退小，摩擦系数平稳，磨损率较低；采用新工艺生产的制品成本较低，比传统工艺的生产成本约降45.8%，而且还节省了大量的汽油、橡胶、酒精等资源，同时制品很少翘曲。

试产表明，无橡胶缠绕离合器面片新工艺对于在激烈市场竞争中受涨价影响的困难企业走出困境，是一个较为理想的途径。

无橡胶缠绕离合器面片的后加工处理工艺包括磨削加工、钻孔、洗片、晾干等，与传统生产工艺相同。

（二）无树脂缠绕离合器面片

无树脂缠绕离合器面片生产新工艺，是在无橡胶缠绕离合器面片生产新工艺试制过程中同时进行的另一种新工艺试验，现也获得了成功。

目前，传统缠绕离合器面片的制备生产工艺较多，但离合器面片的制品结构变化不大，其中制品结构中的橡胶和树脂成分根据制品性能需要是必需的。工艺上的变化就是橡胶和树脂利用方法的改变。现在应用较广的是采用浸浆法的湿法工艺，即将橡胶用汽油、热塑酚醛树脂用酒精或丙酮等有机溶剂溶解，再与填料等混合制作成浆料，长纤维骨架纤维束材料经浆料槽浸渍浆料，并经烘干成为坯料，再经过缠绕、热压及后处理得到制品。生产中需要大量应用有机溶剂类材料，这使得生产成本较高，环境污染较大，同时还给生产带来了安全隐患。又因浸浆再干燥，造成生产周期较长。经改进后，采用了固态橡胶的压延法。压延法通过使用多辊压延，将胶料压覆在经浸脂后的长纤维骨架纤维束表面，改善了间歇式的生产，缩短了生产周期，但存在胶料和骨架纤维束结合松散的问题，影响产品质量。又经发展采用包胶法，包胶法将浸脂后的长纤维骨架纤维通过包胶机挤胶口的胶片包裹，实现新的缠绕型离合器面片坯料生产工艺，从而使缠绕型离合器面片的制备方法得到了改进。

现在，除在缠绕型离合器面片中利用成分中的橡胶进行改进外，也出现了对所用酚醛树脂的利用方式进行改变。缠绕型离合器面片所用酚醛树脂分为热固性酚醛树脂与热塑性酚醛树脂两种，两种树脂因制造工艺的不同，所制成的产品的形态和性能也各不相同。液体热固性酚醛树脂不宜使用，最为适合的是采用热塑性酚醛树脂，而热塑性酚醛树脂还必须配上固化剂后才能使用，并需要用有机溶剂溶解制成液态来应用。

现已发明了采用固体水溶热固性酚醛树脂替代需用醇或丙酮溶解的热塑性酚醛树脂的方法，省去了溶解树脂所用有机醇或丙酮等溶剂，彻底消除了生产安全隐患，进一步提高了生产坯料的连续化程度。

缠绕离合器面片生产工艺的多种变化都是在结构材料无大变化的基础上实现的。无树脂缠绕离合器面片新工艺是通过对产品结构材料做出改变实现的，即在生产中选择了一种新型天然有机黏结材料与液态胶乳，替代了由橡胶与酚醛树脂组成的共混黏结材料，实现了只需一次浸渍的缠绕离合器面片的生产新工艺。

1. 无树脂缠绕离合器面片新工艺与传统工艺的主要区别

无树脂缠绕离合器面片新工艺与传统工艺的主要区别是：无树脂缠绕离合器面片新工艺因所用的黏结材料为胶乳、天然有机黏结材料、填料的混合体，可一次性浸渍完成；而缠绕离合器面片传统工艺所用的黏结材料是不能混用的单质体，必须分浸两次完成。因此，无树脂缠绕离合器面片新工艺浸渍效率较高，生产成本也会降低。无树脂缠绕离合器面片新工艺的浸胶方式与使用设备的形式与传统工艺相同。但在实际生产中，使用长纤维线浸渍混合胶浆制成胶线最为适宜。

2. 无树脂缠绕离合器面片新工艺的主要特点

无树脂缠绕离合器面片新工艺的主要特点是不用传统的固态橡胶，也不用由酚醛树脂组成的黏结材料进行缠绕离合器面片的生产，而是采用由液态丁腈（丁苯）胶乳与天然黏结材料（这种天然黏结材料是采用多种天然黏结材料经复合加工后制成的，名为ZDP）组成的新型黏结材料，来实现用长纤维生产缠绕离合器面片。

无树脂缠绕离合器面片的主要特点是因高强度长纤维的缠绕而强度增大，具有较高的抗旋转破裂强度，还有较好的韧性，摩擦性能稳定，使用寿命较长，能满足使用要求。

无树脂缠绕离合器面片生产新工艺不但能较好地适应长纤维的缠绕需要，也能满足离合器面片采用典型的长纤维类摩擦材料模压成型等生产工艺的需求。同时，对于无树脂缠绕离合器面片生产工艺的实施，原传统缠绕离合器面片生产所用的工装、设备也完全适用。

3. 新工艺流程

无树脂缠绕离合器面片新工艺流程为：

配料 → 制胶与浸胶 → 干燥 → 缠绕 → 热压 → 磨削加工 → 钻孔 → 洗片 → 烘干 → 检查 → 包装入库

（1）配料

无树脂缠绕离合器面片新工艺首先是配料，它是将制品所用的除长纤维线（或布）外的各种成分均按配方规定准确称量，全部配好。配料中所需的热水也一定要准确称量备好。

这些材料包括：

液态：丁苯胶乳或丁腈胶乳（质量分数为 45%）。

填料：天然黏结剂、锰基络合粉、膨润土、硫酸钡、陶土、炭黑、石墨、铬铁矿粉、硅灰石、硬脂酸锌、氧化锌、硬脂酸等。

热水：≥ 72 ℃。

（2）制胶与浸胶

缠绕离合器面片新工艺的混料比含胶工艺简单很多，不用大型混料机械，也不用密炼机、溶胶机等繁重设备，只用一台简易立式混料机进行混料即可。按配方规定称好所用全部液态、粉状填料和热水，一起加入立式混料机中，控制好混料时间，一般为3~5 min。立式混料机结构简单，混料机径与高之比为1∶1.3~1∶1.5，只有一根高速旋转的一字搅拌翅，转速在500 r/min以上即可。混好的胶料应达到以下标准：

① 胶料应混合均匀，无未混好的颗粒或料团。

② 混好的胶料应黏稠、细腻、有光泽。

③ 黏度控制在 1200~1500 mPa·s。

将混制好的胶浆料分别放入浸胶机的胶槽中，使欲浸胶料的长纤维线通过浸胶机底部限位辊的控制进行浸渍混合。浸胶机槽的控胶辊可以控制长纤维线的上胶量，这是一个重要的操作，它是确保制品质量的先决条件，只有严格控制上胶量，才能得到稳定的生产工艺和优良的制品质量。无树脂缠绕离合器面片新工艺严格控制在浸胶过程中出现的浸渍胶量不均匀或出现白线等现象。胶线的上胶量应控制在50% ± 3%的范围内比较合适，经济技术指标较好，也就是长纤维线与胶料之比在（业界常用的）1∶0.9~1∶1.3较为理想。

（3）缠绕制型

无树脂长纤维胶线要进行缠绕制型，对于适宜缠绕的长纤维胶线，除对其控制胶线的含胶量外，还要严格控制其含水率，否则会给热压工艺的操作造成麻烦。含水率过多或过少均会使热压成型工艺的操作不正常，甚至会造成废品。含水率一般控制在2.5%~5.0%，而达到3%左右最好。当含水率在2.5%以下时，其黏性和流动性变差，胶线不能进行常规缠绕加工操作；而当含水率在5.0%以上时，在热压时易出现起泡或不能正常进行热压操作的情况。

无树脂长纤维胶线出现胶线过干或过湿的现象是比较容易解决的。当胶线干燥过头时，可将这种胶线放置一段时间，因它的吸湿能力较强，很快就能进行缠绕操作，或者对其适量喷洒些水也可；相反，若胶线干燥程度还没达到要求，就继续进行干燥，直至达到要求或简单地进行晾晒就可以。干燥过头的胶线经过加湿处理就可达到最佳状态；过潮的胶线在热风条件下再干燥几十分钟即可达到缠绕要求。但若是传统缠绕工艺所用的胶线干燥过头了，就基本报废了。这也是无树脂缠绕离合器面片新工艺与传统工艺的区别。

新工艺缠绕的各种规格型坯的贮备期较长，堆放高度较高。

（4）热压

缠制好后的缠绕型坯在热压过程中与传统工艺不同的是，由于新工艺中含水率比传统生产工艺的挥发物含量要高，所以采用的热压工艺参数应有所不同，一定要进行调整，制定出符合新工艺热压需要的工艺参数。

由于新工艺产品结构中不含树脂，其挥发物含量较低，所以在热压过程中产生的气体较少，热压放气次数不必过多，放气时间也不必过长。因胶线中的胶的不同，热压温度不必过高。新工艺压制温度一般控制在 160±5 ℃较好，压力控制在 12~20 MPa 为宜。

（5）热处理操作

无树脂缠绕离合器面片新工艺制品的热处理采用了适温、短时的方式，即热处理最高温度为 160 ℃，恒温保持 30~60 min，断电、自行降温至 50 ℃打开，至此热处理结束。

无树脂缠绕离合器面片新工艺改变了传统生产工艺存在的高消耗、高危害的工艺特征，不使用树脂及汽油、乙醇、甲醇等工艺性消耗材料，走出了一条新型缠绕离合器面片生产的新路，是以水代油、有胶无害、环保低耗的新型缠绕离合器面片生产工艺。

采用无树脂缠绕离合器面片新工艺，其制品性能已经完全达到现行国家标准与相关标准的规定。新工艺具有良好的可操作性。新工艺的批量生产与传统工艺相比，特点是环保安全，低耗高利。采用新工艺生产的制品性能较好，主要表现在高温摩擦性能上，热衰退小，摩擦系数平稳，磨损率较低；采用新工艺生产的制品成本较低，比传统工艺的生产成本下降40%以上，而且还节省了大量的汽油、树脂、酒精等资源，同时还减少了缠绕离合器面片的翘曲变形的风险。

试产表明，无树脂缠绕离合器面片新工艺对于在激烈的市场竞争中受涨价影响的困难企业走出困境，是一个较理想的途径。

无树脂缠绕离合器面片的后加工包括磨削加工、钻孔、洗片、烘干等处理工艺，与传统生产工艺相同。

第三节　编织成型摩擦材料生产工艺

编织成型摩擦材料生产工艺的主要特点是通过编织成型来进行摩擦材料的生产。采用这种工艺生产的制品种类不多，量也不是很大，但较特殊，摩擦材料生产者应掌握和了解。其制品主要用于石油钻机刹车块或编织刹车带等特殊机械，如船用刹车带或其他较厚的编织成型摩擦材料制品等。本节主要介绍编织型石油钻机刹车块的生产工艺，并简单介绍编织型树脂制动带的生产工艺。

一、编织型石油钻机刹车块

编织型石油钻机刹车块是重要的长纤维摩擦材料制品，又称绞车刹车块或石油钻机编织型闸瓦。刹车机构在石油钻机上的作用是控制绞车滚筒旋转，达到调整钻压和控制起下钻具运动速度的目的，是石油钻井机、通井机等机械制动和减速不可缺少的摩擦材料制品，也是保证石油钻井机、通井机等机械安全生产的重要零部件。

石油钻机刹车块使用的工况条件比较恶劣，工作过程中承受的制动力矩大，摩擦副面上的比压大且不均匀，摩擦速度和温度高且散热条件差；刹车时要求制动平稳、灵敏（制动时间短）、可靠、耐热性好，还要求刹车块具有柔软、坚固、耐磨的特性，所以在一定程度上它与一般的机械用摩擦材料的性能要求又不同。

编织型石油钻机刹车块采用编织成型及湿法生产工艺生产，是将长纤维类增强材料（如玻璃纤维、陶瓷纤维、合成纤维等）首先制成线，然后再用编织机通过特殊的编织方法，经浸渍、干燥、热压、热处理、磨削加工、钻孔等工艺过程，制成编织型石油钻机刹车块。编织型石油钻机刹车块可使用不同的长纤维进行编织生产。

（一）生产工艺流程

编织型石油钻机刹车块生产工艺流程为：

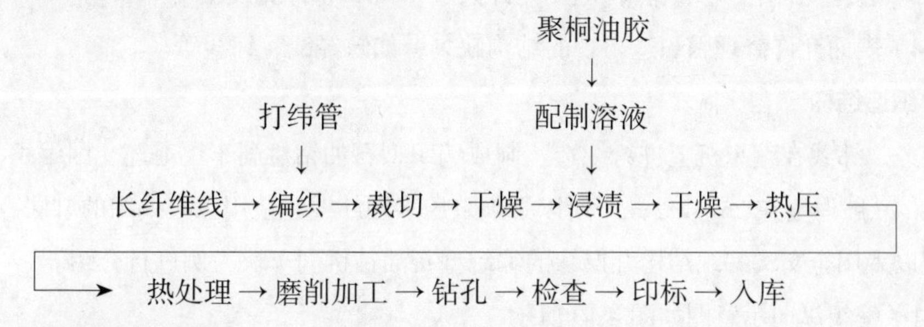

（二）用线的技术要求

1. 经线

支数：2.5 ± 0.3 支（或根据情况适当调整经线支数）。

结构：第一次合股 S 型 130 ± 10 捻 / m；15 支 / 2+1 股 38# 黄铜线。

第二次合股 Z 型 100~110 捻 / m。

强度：68 N（约合 7000 g）。

烧失量：24%~32%。

2. 纬线

支数：3.0~6.5 支（或根据情况适当调整纬线支数）。

结构：第一次合股 S 型 100~110 捻 / m。

第二次合股 16 支 / 4 股；Z 型 100~110 捻 / m。

强度：55 N（约合 6000 g）。

烧失量：24%~32% 。

（三）毛坯的技术要求

1. 结构要求

编织结构：经、纬线全交叉多层纬编织结构。

密度：经线18~22根／100 mm。

纬线14~18根／100 mm。

毛坯尺寸见表4.11。

表 4.11　毛坯尺寸　　单位：mm

成品规格			编织尺寸与公差			
			切断长度		宽度	厚度
弧长	宽	厚	单片	成条		
300	195	32	305~309	310 的倍数	200~205	36~40
305	254	32	310~315	315 的倍数	260~265	36~40

2. 外观要求

（1）织造毛坯表面应保持清洁、干净。

（2）不得有外露线头，表面不得有缺经短纬现象。

（3）边缘允许有编织线套，但不允许大于 3 cm，整体宽度不允许超差。

（4）表面允许修理因织造出现的结构缺欠，如缺经线、纬线等。

3. 织造结构

将经、纬线在编织机上进行织造，制成编织型石油钻机刹车块毛坯。因编织品属于特厚型材料，一般厚度在 25~40 mm，所以必须采用多层纬线并使用无梭编织的方法。

现以采用全交叉编织结构九层纬的编织型石油钻机刹车块为例进行介绍。

（1）编织纵向示意图如图 4.19 所示。

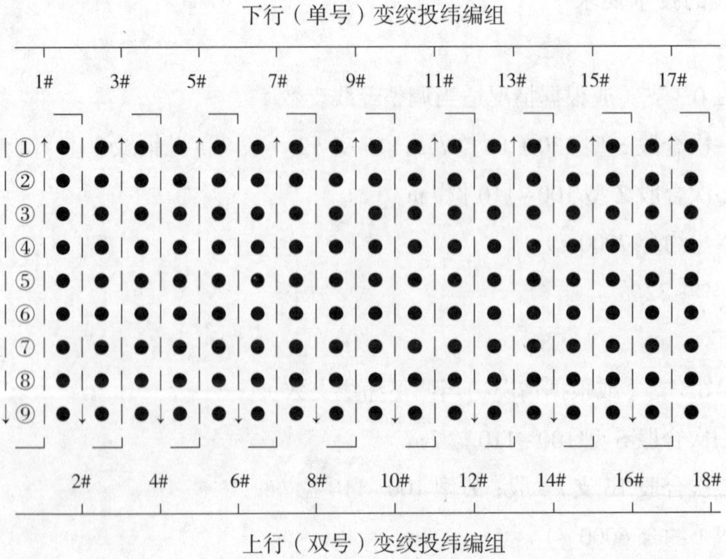

图 4.19　编织纵向示意图

（2）编织结构运行示意表见表 4.12~4.20。

表 4.12　编织结构运行示意表 1

（2）18 片棕全交叉编织结构织物绞链排列程序表

下行（单号）变绞组　　1#

总序	组序	棕片交叉别	棕片序号																		备注
			1	2	3	4	5	6	7	8	9	10	11	12	13	14	15	16	17	18	
1	1	2×1		●																	
2	2	4×3	●	●		●															
3	3	6×5	●	●	●	●		●													
4	4	8×7	●	●	●	●	●	●		●											
5	5	10×9	●	●	●	●	●	●	●	●		●									
6	6	12×11	●	●	●	●	●	●	●	●	●	●		●							
7	7	14×13	●	●	●	●	●	●	●	●	●	●	●	●		●					
8	8	16×15	●	●	●	●	●	●	●	●	●	●	●	●	●	●		●			
9	9	18×17	●	●	●	●	●	●	●	●	●	●	●	●	●	●	●	●		●	

上行（双号）变绞组　　2#

总序	组序	棕片交叉别	棕片序号																		备注
			1	2	3	4	5	6	7	8	9	10	11	12	13	14	15	16	17	18	
10	1	17×15	●	●	●	●	●	●	●	●	●	●	●	●	●	●		●	●		
11	2	18×13	●	●	●	●	●	●	●	●	●	●	●	●		●		●			
12	3	16×11	●	●	●	●	●	●	●	●	●	●		●		●		●			
13	4	14×9	●	●	●	●	●	●	●	●		●		●		●					
14	5	12×7	●	●	●	●	●	●		●		●		●							
15	6	10×5	●	●	●	●		●		●		●									
16	7	8×3	●	●		●		●		●											
17	8	6×1		●		●		●													
18	9	4×2				●															

注：●为起（上）棕，空格为落（下）棕

表 4.13　编织结构运行示意表 2

（2）18 片棕全交叉编织结构织物绞链排列程序表

下行（单号）变绞组　　3#

总序	组序	棕片交叉别	棕片序号																		备注
			1	2	3	4	5	6	7	8	9	10	11	12	13	14	15	16	17	18	
19	1	6×4						●													
20	2	8×2				●		●		●											
21	3	10×1		●		●		●		●		●									
22	4	12×3	●	●		●		●		●		●		●							
23	5	14×5	●	●	●	●		●		●		●		●		●					
24	6	16×7	●	●	●	●	●	●		●		●		●		●		●			
25	7	18×9	●	●	●	●	●	●	●	●		●		●		●		●		●	
26	8	17×11	●	●	●	●	●	●	●	●	●	●		●		●		●	●	●	
27	9	15×13	●	●	●	●	●	●	●	●	●	●	●	●		●	●	●	●	●	

（续表）

（2）18 片棕全交叉编织结构织物绞链排列程序表

上行（双号）变绞组　　4#

总序	组序	棕片交叉别	棕片序号																		备注
			1	2	3	4	5	6	7	8	9	10	11	12	13	14	15	16	17	18	
28	1	13×11	●	●	●	●	●	●	●	●	●	●		●	●	●	●	●	●	●	
29	2	15×9	●	●	●	●	●	●	●	●		●		●		●	●	●	●	●	
30	3	17×7	●	●	●	●	●	●		●		●		●		●		●	●	●	
31	4	18×5	●	●	●	●		●		●		●		●		●		●		●	
32	5	16×3	●	●		●		●		●		●		●		●		●			
33	6	14×1		●		●		●		●		●		●		●					
34	7	12×2				●		●		●		●		●							
35	8	10×4						●		●		●									
36	9	8×6								●											

注：●为起（上）棕，空格为落（下）棕

表 4.14　编织结构运行示意表 3

（2）18 片棕全交叉编织结构织物绞链排列程序表

下行（单号）变绞组　　5#

总序	组序	棕片交叉别	棕片序号																		备注
			1	2	3	4	5	6	7	8	9	10	11	12	13	14	15	16	17	18	
37	1	10×8										●									
38	2	12×6								●		●		●							
39	3	14×4						●		●		●		●		●					
40	4	16×2				●		●		●		●		●		●		●			
41	5	18×1		●		●		●		●		●		●		●		●		●	
42	6	17×3	●	●		●		●		●		●		●		●		●	●	●	
43	7	15×5	●	●	●	●		●		●		●		●		●	●	●	●	●	
44	8	13×7	●	●	●	●	●	●		●		●		●	●	●	●	●	●	●	
45	9	11×9	●	●	●	●	●	●	●	●		●	●	●	●	●	●	●	●	●	

上行（双号）变绞组　　6#

总序	组序	棕片交叉别	棕片序号																		备注
			1	2	3	4	5	6	7	8	9	10	11	12	13	14	15	16	17	18	
46	1	9×7	●	●	●	●	●	●		●	●	●	●	●	●	●	●	●	●	●	
47	2	11×5	●	●	●	●		●		●		●	●	●	●	●	●	●	●	●	
48	3	13×3	●	●		●		●		●		●		●	●	●	●	●	●	●	
49	4	15×1		●		●		●		●		●		●		●	●	●	●	●	
50	5	17×2				●		●		●		●		●		●		●	●	●	
51	6	18×4						●		●		●		●		●		●		●	
52	7	16×6								●		●		●		●		●			
53	8	14×8										●		●		●					
54	9	12×10												●							

注：●为起（上）棕，空格为落（下）棕

表 4.15 编织结构运行示意表 4

（2）18 片棕全交叉编织结构织物绞链排列程序表

下行（单号）变绞组 7#

总序	组序	棕片交叉别	棕片序号																		备注
			1	2	3	4	5	6	7	8	9	10	11	12	13	14	15	16	17	18	
55	1	14×12														●					
56	2	16×10												●		●		●			
57	3	18×8										●		●		●		●		●	
58	4	17×6								●		●		●		●		●	●	●	
59	5	15×4						●		●		●		●		●	●	●	●	●	
60	6	13×2				●		●		●		●		●	●	●	●	●	●	●	
61	7	11×1		●		●		●		●		●	●	●	●	●	●	●	●	●	
62	8	9×3	●	●		●		●		●	●	●	●	●	●	●	●	●	●	●	
63	9	7×5	●	●	●	●		●	●	●	●	●	●	●	●	●	●	●	●	●	

上行（双号）变绞组 8#

总序	组序	棕片交叉别	棕片序号																		备注
			1	2	3	4	5	6	7	8	9	10	11	12	13	14	15	16	17	18	
64	1	5×3	●	●		●	●	●	●	●	●	●	●	●	●	●	●	●	●	●	
65	2	7×1		●		●		●	●	●	●	●	●	●	●	●	●	●	●	●	
66	3	9×2				●		●		●	●	●	●	●	●	●	●	●	●	●	
67	4	11×4						●		●		●	●	●	●	●	●	●	●	●	
68	5	13×6								●		●		●	●	●	●	●	●	●	
69	6	15×8										●		●		●	●	●	●	●	
70	7	17×10												●		●		●	●	●	
71	8	18×12														●		●		●	
72	9	16×14																●			

注：●为起（上）棕，空格为落（下）棕

表 4.16 编织结构运行示意表 5

（2）18 片棕全交叉编织结构织物绞链排列程序表

下行（单号）变绞组 9#

总序	组序	棕片交叉别	棕片序号																		备注
			1	2	3	4	5	6	7	8	9	10	11	12	13	14	15	16	17	18	
73	1	18×16																		●	
74	2	17×14																●	●	●	
75	3	15×12														●	●	●	●	●	
76	4	13×10												●	●	●	●	●	●	●	
77	5	11×8										●	●	●	●	●	●	●	●	●	
78	6	9×6								●	●	●	●	●	●	●	●	●	●	●	
79	7	7×4						●	●	●	●	●	●	●	●	●	●	●	●	●	
80	8	5×2				●	●	●	●	●	●	●	●	●	●	●	●	●	●	●	
81	9	3×1		●	●	●	●	●	●	●	●	●	●	●	●	●	●	●	●	●	

（续表）

(2) 18片棕全交叉编织结构织物绞链排列程序表

上行（双号）变绞组　　10#

总序	组序	棕片交叉别	1	2	3	4	5	6	7	8	9	10	11	12	13	14	15	16	17	18	备注
82	1	18×16	●		●	●	●	●	●	●	●	●	●	●	●	●	●	●	●	●	
83	2	17×14			●		●	●	●	●	●	●	●	●	●	●	●	●	●	●	
84	3	15×12					●		●	●	●	●	●	●	●	●	●	●	●	●	
85	4	13×10							●		●	●	●	●	●	●	●	●	●	●	
86	5	11×8									●		●	●	●	●	●	●	●	●	
87	6	9×6											●		●	●	●	●	●	●	
88	7	7×4													●		●	●	●	●	
89	8	5×2															●		●	●	
90	9	3×1																	●		

注：●为起（上）棕，空格为落（下）棕

表 4.17　编织结构运行示意表 6

(2) 18片棕全交叉编织结构织物绞链排列程序表

下行（单号）变绞组　　11#

总序	组序	棕片交叉别	1	2	3	4	5	6	7	8	9	10	11	12	13	14	15	16	17	18	备注
91	1	15×17															●				
92	2	13×18													●		●		●		
93	3	11×16											●		●		●		●	●	
94	4	9×14									●		●		●		●	●	●	●	
95	5	7×12							●		●		●		●	●	●	●	●	●	
96	6	5×10					●		●		●		●	●	●	●	●	●	●	●	
97	7	3×8			●		●		●		●	●	●	●	●	●	●	●	●	●	
98	8	1×6	●		●		●		●	●	●	●	●	●	●	●	●	●	●	●	
99	9	2×4	●	●	●		●	●	●	●	●	●	●	●	●	●	●	●	●	●	

上行（双号）变绞组　　12#

总序	组序	棕片交叉别	1	2	3	4	5	6	7	8	9	10	11	12	13	14	15	16	17	18	备注
100	1	4×6	●	●	●	●	●		●	●	●	●	●	●	●	●	●	●	●	●	
101	2	2×8	●	●	●		●		●		●	●	●	●	●	●	●	●	●	●	
102	3	1×10	●		●		●		●		●		●	●	●	●	●	●	●	●	
103	4	3×12			●		●		●		●		●		●	●	●	●	●	●	
104	5	5×14					●		●		●		●		●		●	●	●	●	
105	6	7×16							●		●		●		●		●		●	●	
106	7	9×18									●		●		●		●		●		
107	8	11×17											●		●		●				
108	9	13×15													●						

注：●为起（上）棕，空格为落（下）棕

表 4.18 编织结构运行示意表 7

（2）18 片棕全交叉编织结构织物绞链排列程序表

下行（单号）变绞组 13#

总序	组序	棕片交叉别	棕片序号																		备注
			1	2	3	4	5	6	7	8	9	10	11	12	13	14	15	16	17	18	
109	1	11×13											●								
110	2	9×15									●		●		●						
111	3	7×17							●		●		●		●		●				
112	4	5×18					●		●		●		●		●		●		●		
113	5	3×16			●		●		●		●		●		●		●		●	●	
114	6	1×14	●		●		●		●		●		●		●		●	●	●	●	
115	7	2×12	●	●	●		●		●		●		●		●	●	●	●	●	●	
116	8	4×10	●	●	●	●	●		●		●		●	●	●	●	●	●	●	●	
117	9	6×8	●	●	●	●	●	●	●		●	●	●	●	●	●	●	●	●	●	

上行（双号）变绞组 14#

总序	组序	棕片交叉别	棕片序号																		备注
			1	2	3	4	5	6	7	8	9	10	11	12	13	14	15	16	17	18	
118	1	8×10	●	●	●	●	●	●	●	●	●		●	●	●	●	●	●	●	●	
119	2	6×12	●	●	●	●	●	●	●		●		●		●	●	●	●	●	●	
120	3	4×14	●	●	●	●	●		●		●		●		●		●	●	●	●	
121	4	2×16	●	●	●		●		●		●		●		●		●		●	●	
122	5	1×18	●		●		●		●		●		●		●		●		●		
123	6	3×17			●		●		●		●		●		●		●				
124	7	5×15					●		●		●		●		●						
125	8	7×13							●		●		●								
126	9	9×11									●										

注：●为起（上）棕，空格为落（下）棕

表 4.19 编织结构运行示意表 8

（2）18 片棕全交叉编织结构织物绞链排列程序表

下行（单号）变绞组 15#

总序	组序	棕片交叉别	棕片序号																		备注
			1	2	3	4	5	6	7	8	9	10	11	12	13	14	15	16	17	18	
127	1	7×9							●												
128	2	5×11					●		●		●										
129	3	3×13			●		●		●		●		●								
130	4	1×15	●		●		●		●		●		●		●						
131	5	2×17	●	●	●		●		●		●		●		●		●				
132	6	4×18	●	●	●	●	●		●		●		●		●		●		●		
133	7	6×16	●	●	●	●	●	●	●		●		●		●		●		●	●	
134	8	8×14	●	●	●	●	●	●	●	●	●		●		●		●	●	●	●	
135	9	10×12	●	●	●	●	●	●	●	●	●	●	●		●	●	●	●	●	●	

（续表）

（2）18 片棕全交叉编织结构织物绞链排列程序表

上行（双号）变绞组　　16#

总序	组序	棕片交叉别	棕片序号																		备注
			1	2	3	4	5	6	7	8	9	10	11	12	13	14	15	16	17	18	
136	1	12×14	●	●	●	●	●	●	●	●	●	●	●	●	●		●	●	●	●	
137	2	10×16	●	●	●	●	●	●	●	●	●	●	●		●		●		●	●	
138	3	8×18	●	●	●	●	●	●	●	●	●		●		●		●		●		
139	4	6×17	●	●	●	●	●	●	●		●		●		●		●				
140	5	4×15	●	●	●	●	●		●		●		●		●						
141	6	2×13	●	●	●		●		●		●		●								
142	7	1×11	●		●		●		●		●										
143	8	3×9			●		●		●												
144	9	5×7					●														

注：●为起（上）棕，空格为落（下）棕

表 4.20　编织结构运行示意表 9

（2）18 片棕全交叉编织结构织物绞链排列程序表

下行（单号）变绞组　　17#

总序	组序	棕片交叉别	棕片序号																		备注
			1	2	3	4	5	6	7	8	9	10	11	12	13	14	15	16	17	18	
145	1	3×5			●																
146	2	1×7	●		●		●														
147	3	2×9	●	●	●		●		●												
148	4	4×11	●	●	●	●	●		●		●										
149	5	6×13	●	●	●	●	●	●	●		●		●								
150	6	8×5	●	●	●	●	●	●	●	●	●		●		●						
151	7	10×17	●	●	●	●	●	●	●	●	●	●	●		●		●				
152	8	12×18	●	●	●	●	●	●	●	●	●	●	●	●	●		●		●		
153	9	14×16	●	●	●	●	●	●	●	●	●	●	●	●	●	●	●		●	●	

上行（双号）变绞组　　18#

总序	组序	棕片交叉别	棕片序号																		备注
			1	2	3	4	5	6	7	8	9	10	11	12	13	14	15	16	17	18	
154	1	16×18	●	●	●	●	●	●	●	●	●	●	●	●	●	●	●	●	●		
155	2	14×17	●	●	●	●	●	●	●	●	●	●	●	●	●	●	●				
156	3	12×15	●	●	●	●	●	●	●	●	●	●	●	●	●						
157	4	10×13	●	●	●	●	●	●	●	●	●	●	●								
158	5	8×11	●	●	●	●	●	●	●	●	●										
159	6	6×9	●	●	●	●	●	●	●												
160	7	4×7	●	●	●	●	●														
161	8	2×5	●	●	●																
162	9	1×3	●																		

注：●为起（上）棕，空格为落（下）棕

4. 穿线编织方法

（1）经检验合格后的编织用经线，全部按一个开团方向挂在编织机后面的线架上。

（2）穿线按线团的前后顺序整齐排列，引入穿线板，并缠在刺辊上，要保持开团方向一致。

（3）比如生产九层纬采用18片棕的织造结构制品，经线在穿棕片时就要按第18、17、16、15、14、13、12、11、10、9、8、7、6、5、4、3、2、1或1、2、3、4、5、6、7、8、9、10、11、12、13、14、15、16、17、18的棕片顺序进行穿线。这两种方法都可以，但同一个机台的穿线方式必须相同。

若生产七层或者五层纬的制品，穿线的顺序也是这样的。

（4）使用 18 片棕，每个杼孔穿 18 根线。选择杼孔数量要根据编织制品的宽度与密度要求而适当增减。

（5）穿好经线之后，将经线全部拴在一起，就是所谓的拴机。拴机后开始编织，对于编好的编织型石油钻机刹车块，要认真检查织造物的规格尺寸，确认后方可正式编织生产。如果规格不符合要求，则要进行调整。

（6）在织造中出现断纬时，要找好原绞位（并要拉开自卷）进行编织；在织造中出现断经时，要及时停车接好断线，接线的疙瘩不应过大以能通过棕孔。

（7）织机的两个经刺轴的压紧度要调整一致，以防止织物起楞不平，影响编织品的外观质量。

（8）织造时两边纬线的收缩要均匀一致。若不符合要求，则应及时调整送纬剑杆的进退时间（位置）和小梭的转动时间（位置），以防止出现勒边与松套现象。

（9）织好的编织型石油钻机刹车块毛坯为带状，长度较长，可在喷水过程中用锯片按尺寸要求切断。

（10）应对编织好切断后的编织毛坯进行检查。若有织造的问题，如出现缺经短纬等，应进行修补，以保证结构的质量。

5. 浸渍

浸渍包括编织型石油钻机刹车块的干燥与聚桐油脂（或其他类树脂）溶液的配制。将编织型石油钻机刹车块放于配制好的聚桐油脂（或其他类树脂）溶液中进行浸渍。取出后控净、晾干，制成含脂的编织型石油钻机刹车块。

配制聚桐油脂（或其他类树脂）溶液的方法，是在制好的聚桐油脂中加入200#溶剂油（在使用其他类树脂时，也要加入适当的相应溶剂），重点在于浓度要适当，以控制其浸渍能力与较好的含脂量。在配制聚桐油脂（或其他类树脂）溶液时，注意聚桐油脂的温度不要过高，因温度过高会使溶剂油挥发增大，造成溶剂油的损失，并且也会造成生产环境的不安全。为此，配制聚桐油脂要在40 ℃以下。而在配制其他类树脂溶液时，也同样存在保证配方准确与安全的问题。

编织型石油钻机刹车块的干燥是指编织并经过修整的编织型石油钻机刹车块经干燥后，含水率达到浸渍的技术要求。因为编织型刹车块织坯较厚，使用的又都是湿线，织好后含水率较高（多达30%左右），所以就要进行干燥，将其含水率控制在2.0%以下，否则会影响含脂量并影响制品质量。

浸渍就是将干燥好的、含水率已控制在2.0%以下的编织坯块放入配制好的聚桐油脂（或其他类树脂）溶液中，并要保持编织型刹车块全部被浸没的状态，不允许有露出部位。浸渍温度应保持在60 ℃左右为宜，浸渍时间不少于8 h。浸脂后的含脂量应控制在40%~50%（质量分数）。经干燥后编织型刹车块的含脂量应为30%~35%（质量分数）。生产经验证明，浸渍时间过长对含脂量并无多大意义；当然，浸渍时间过短，含脂量较少也不行。另外，浸渍温度对浸渍时间的影响较大。

浸渍可以利用真空罐在真空下进行干燥，也可以利用敞口槽在常压下进行。采用真空干燥法比在常压下浸渍所需的浸渍时间短很多，适宜大批量生产。浸渍前将干燥后合格的编织型刹车块毛坯整齐地摆放在浸渍罐（槽）内的浸渍架上。在真空下进行浸渍时，要压紧罐盖，进行抽空，加入配制好的温度为50~60 ℃的树脂溶液，抽空浸渍时间为1~2 h；在常压下进行浸渍时，在槽内加入配制好的温度为50~60 ℃的树脂溶液，浸渍时间约为8 h。

浸好后，将附在编织型刹车块表面上的聚桐油脂（或其他类树脂）溶液全部控净，再将附在编织型刹车块表面上的树脂溶液全部控净。经 2~4 h，表面无流淌树脂，编织型刹车块表面不粘手时，即可于自然条件下进行晾干。

6. 压制冷型

压制冷型的目的是便于在热压时装模。压制冷型的压力为 8~10 MPa。压制冷型的规格尺寸应按热压成品要求每边缩小 5 mm 左右。冷型的表面应完整、无缺欠，并要清除晾干后的编织型刹车块表面黏着的脂皮等物，如聚桐油脂（或其他类树脂）等。

对压好的冷型还应进行干燥处理，其目的是要降低编织型刹车块的挥发物含量。干燥一般采用自然干燥法，这种方法比较容易，但所用的时间较长。干燥的程度应使冷型能符合热压的要求，否则因干燥得不好，在压制时流动性过大，就会出现压淌现象，使制品结构与质量受到影响。一般控制如下：

（1）干燥温度：100 ℃以下。

（2）干燥时间：80 ± 10 h。

（3）干燥标准：外不粘手、内无滑动。

7. 热压

经冷压后的编织型刹车块，需经热压，并对聚桐油脂（或其他类树脂）类浸渍物进行固化，才能制成具有致密结构和良好摩擦性能的制品。因使用的黏结剂种类不同，所需的压制压力、热压温度与热压时间也不同。下面是使用聚桐油胶黏结剂进行热压的主要工艺参数。

热压工艺要求：

单位压强：15±2 Mpa。

温　　度：180±5 ℃。

时　　间：20~25 min。

压制后的外观要求：

压制表面与边角整齐平整。

热压成型是编织型刹车块生产中的重要工序，对制品质量有较大影响。如果热压时间长，则生产效率低；而热压时间短，则制品的耐磨性降低，其他各项物理性能指标均受影响。所以，正确掌握热压的工艺参数，对保证制品质量是非常重要的。

操作要点：

（1）认真检查压机各部位，如加热系统、液压系统，检查模具规格，以及上模、下模合模时是否正常，并清理好模腔，一切均应符合要求。

（2）将热压模具拉开，涂好脱模剂（一般使用硬脂酸锌或者肥皂水等），将含聚桐油胶的编织型刹车块冷型放入热压模具中，开始合模、加热、加压。在热压过程中，要不断进行放气，放气时间间隔为30~60 s，约放气七次。然后按热压工艺规定的时间进行保压，保压完成后，拉开模具将制品取出。

（3）对于热压后的制品，应将出现的飞边及毛刺打磨好。

8. 热处理

热处理的目的是使热压后的编织型刹车块中的树脂彻底固化。

热处理工艺过程：

室　温→100 ℃，2 h；

100 ℃→120 ℃，1 h；120 ℃恒温，1 h；

120 ℃→130 ℃，1 h；130 ℃恒温，1 h；

130 ℃→140 ℃，1 h；140 ℃恒温，2 h；

140 ℃→150 ℃，1 h；150±5 ℃，5 h。

整个热处理过程应在通风的状态下进行，从而保持热处理箱内的温度均匀。

在热处理结束后应立即断电，慢慢自然降温，待烘箱内温度降至50 ℃以下时，制品可转下道工序。

9. 钻孔

钻孔是为了保证编织型石油钻机刹车块的装配尺寸准确，要根据制品图纸尺寸要求制作样板或钻孔胎具（按图纸钻孔位置制作）。先钻小孔，再钻大孔，钻头前角应磨制成120°钻削角。在钻孔时，应注意孔的位置及孔的深度，不允许超差。

（四）用作黏结剂的聚桐油胶

1. 简介

由于编织型石油钻机刹车块工作条件具有特殊性，使用摩擦材料常用的酚醛类树脂作为浸渍材料难以达到制品的韧性要求，所以工业上会采用一种韧性好的聚桐油胶作为黏结剂。

聚桐油胶是在较高的温度下使用桐油制成的一种类似胶状的桐油聚合物，习惯上称这种物质为聚桐油胶。它是一种黏度高、韧性好、具有一定黏结作用的聚合物。

桐油为棕黄色透明黏稠状液体，在 270 ℃时的胶化时间为 4~7 min。桐油在贮存过程中性能会有变化，所以在使用前，必须对桐油进行聚合性能测定。具体测定方法是将桐油搅拌均匀后取部分样品装于玻璃试管中（约占试管容积的 1/3），在酒精灯上直接加热装有桐油的试管，当试管中桐油温度达到 270 ℃时，按动秒表开始计时，继续加热直至试管中的桐油样品全部胶化，记下时间，所用的全部时间即为胶化时间。对进厂的每个桐油包装都要进行检测（虽经检测合格，但因长时间存放，在使用前仍要进行复检）。

编织型石油钻机刹车块使用桐油的质量标准具体见表 4.21。

表 4.21　桐油质量标准

项目	参数
密度 /（$g \cdot cm^{-3}$）	0.940~0.943
酸值 /（$mg \cdot KOH \cdot g^{-1}$）	8
皂化值 /（$mg \cdot g^{-1}$）	190~195
不皂化值 / %	0.75
碘值 /（$g \cdot 100\ g^{-1}$）	163
热试验时间 / min	8

桐油合成类似橡胶物的理论认为：各种橡胶类似物的基本结构都需要长的或直线状的分子排列，要得到这样的结构，就必须将各种单个分子连在一起，这就是所谓的聚合。

聚合分为两种，一种称为添加聚合，另一种称为凝缩聚合。如果将桐油水解或皂化，可得到桐油脂肪酸。

$$CH_3(CH_2)_3CH=CH{-}{-}CH=CH{-}{-}CH=CH{-}(CH_2)_7COOH$$

加热时，添加聚合成为六个环状体二聚物。有业内人士经过详细的分析，确定了上述想法。在延长加热时间或提高温度时，会有三聚物的出现，但适当控制聚合条件就可以避免。

如果将上述的三聚物和桐油中的其他不可聚物，如脂肪酸，再和乙二醇混合会起酯化作用，生成热塑性的聚合物，因此其分子排列和一般的合成橡胶相似。其分子结构中所含的不饱和酸也可以和硫酸作用，就与一般橡胶的硫化作用一样，因此将其称为聚桐油胶。

2. 生产操作

按比例将桐油、油溶性酚醛树脂（松香脂）、速干剂等各种材料投放于反应釜中并按下述工艺进行控制：

（1）检查并调整好管路阀门，确认正常后方可进行上料。

（2）将经检验合格的桐油准确称量并放入反应釜内。

（3）开始加热，开动搅拌，逐步升温，当釜内桐油温度达到 110 ℃时，开始缓慢加入油溶性酚醛树脂（松香改性酚醛树脂或叔丁酚树脂），直至全部按量加完。

（4）继续升温至油溶性酚醛树脂（松香改性酚醛树脂或叔丁酚树脂）全部熔化，温度达到220~230 ℃时，停止加热，密切观察釜内桐油的变化。当温度达到230~250 ℃时，桐油表面泡沫变为红色，此时应开始测定聚桐油胶的黏度。当已达到做拉丝实验的要求（黏度经验控制方法是在一分钟之内，不多于10滴）时，即可放出。为了保证放出的聚桐油胶不出现胶化现象，最好加入一定量的冷脂（常温已做好的聚桐油胶）。一定使制造出的聚桐油胶温度降至60 ℃以下。因为过高的温度会使其保留继续反应的能力，其结果就是聚桐油胶报废。

（5）生产过程中一定要注意生产环境的卫生，地面要干净，同时要及时清除地面及设备上的生产材料与聚桐油胶等。

由于聚合桐油时需要的温度较高，生产中控制较难，所以经常采用较小的反应容器，主要是比较容易控制反应，同时也是为了生产操作方便，因此聚桐油胶黏结剂生产使用体积较小的敞口式或常压的反应容器。生产中必须注意防止水等混入容器内，进水则容易发生事故。

二、编织型树脂制动带

编织型树脂制动带又称树脂编织制动带，或编织刹车带，简称树脂带。树脂编织制动带是以酚醛树脂类或聚桐油脂类材料为黏结材料的长纤维增强骨架材料，经纺纱、捻线，编织成带状织物，再经浸渍、干燥、整型、热定型、磨削加工等加工程序，制成的一种用于各种机械设备制动和减速的摩擦材料。树脂编织制动带是一种使用方便的特种摩擦材料，其优点是强度高、耐磨性好，缺点是硬、脆，打盘时易断。

（一）工艺流程

编织型树脂制动带工艺流程为：

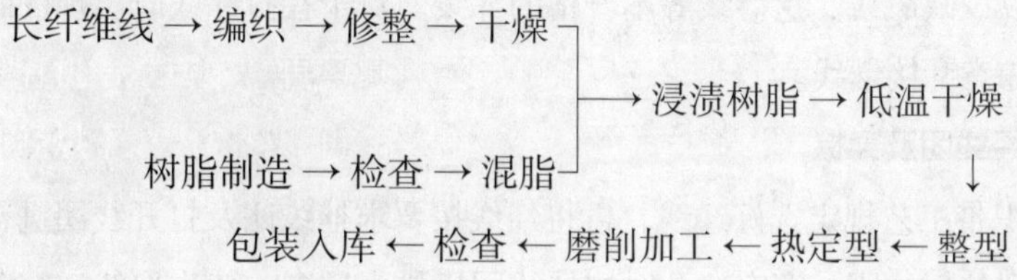

长纤维线 → 编织 → 修整 → 干燥 ┐
　　　　　　　　　　　　　　　　├→ 浸渍树脂 → 低温干燥
树脂制造 → 检查 → 混脂 ┘　　　　　　　　　　↓
包装入库 ← 检查 ← 磨削加工 ← 热定型 ← 整型

（二）工艺简述

树脂编织制动带可以说是摩擦材料中生产工艺最复杂的制品之一。要先将增强短纤维材料纺织成长纤维线，再编织成制动带，然后再经浸渍等制造工艺处理而成。我们称编织后的带为编织白板带。

（1）编织白板带用线见表 4.22。

表 4.22　编织白板带用线

材质名称	支数	拉力 / N	烧失量 / %	结构
非石棉纤维线（玻纤、化纤）	经线 4.0 ± 0.7	≥ 200	≤ 32	3 股（3 化 3 玻 3 铜）
	纬线 4.0 ± 0.7	≥ 200	≤ 32	3 股（3 化 3 玻 3 铜）
	3.0 ± 0.5	≥ 270	≤ 32	4 股（4 化 4 玻 4 铜）
	2.0 ± 0.3	≥ 350	≤ 32	5 股（5 化 5 玻 5 铜）

（2）编织白板带的表面应平坦，不缺经少纬，也无织造缺欠。带的两侧应整齐，没有明显的勒边与松套现象。对有缺经少纬与织造缺欠等现象的编织白板带，须由人工进行修整使其达到技术要求。

（3）编织工艺条件应符合表 4.23 的条件。

表 4.23　编织工艺条件

编织厚度 / mm	棕片数	孔数 / 100 mm	每孔线根数	线支数		纬根数 / 100 mm	纬线层数
				经线	纬线		
5	5	20	5	4	5	20	2
6	7	20	7	4	6.5	20	3
7	7	20	7	4	5	20	3
8	9	20	9	4	6.5	18	4
9	9	22	9	4	3	18	4
10	11	22	11	4	3	18	5

（三）操作

1. 打纬轴（或称打纬管）

打纬轴时先将适宜的纬线用水浸泡润湿，以减少作业环境粉尘。再将纬线在打纬机上打成纬轴，即缠绕在纬线线管（又称纬管）上。打好的纬轴必须紧密结实，缠线不能超过纬线轴轴头直径。若超过纬线轴轴头直径，就不能装进梭盒中。在打纬轴时，还应挑出纬线中的大肚线以及缺股线、疙瘩线等不合格的纬线。对于在打纬线时出现的断线，应用叉接法接头，不得随意乱接继线。

2. 挂经线团及穿棕

按编织带工艺规定选好经线，再将经线按要求挂线团及打开线团进行穿棕。具体方法是按顺序排列挂好线团，穿定位孔时按挂线团横排由后向前依次取线，穿入铁板孔是按由外向里的顺序进行的。穿麻轴时以托线板为中心先后分两边进行。首先从托线板底孔的中心点开始，按倾斜向上、由下至上、由内至外的孔顺序穿好一半经线，然后再按由上到下、由内至外的顺序穿另一半，把线引过托线板后，再绕麻轴一周进入前托线板和绞杆。

3. 穿棕、穿杼

按工艺规定的棕片数从右边开始，由后面棕依次往前穿经线。如6片棕顺序为6、5、4、

3、2、1，反复循环向右，直至穿完全部经线。每个杼孔穿的经线数应与棕片数相等，即若采用6片棕，每个杼孔就应穿6根经线；若采用10片棕，每个杼孔就应穿10根经线。从织机杼的中心点向两边分开，定出一边标点，然后按规定顺序来穿经线。

穿好经线后开车织造编织白板带。编织白板带时还应经常测量织带的厚度、宽度等。

因编织白板带的厚度相差较大，所以采用多层织物组织就要用不同的纬线层数来织造以满足编织白板带的厚度要求。多层织物组织是将数层织物用经线相互连接形成的一个织造整体。

多层织物组织可用两种织造方法编织：一是以经线作为各层纬线连接起来（称交织或称全编型），二是使用专用的连接经线将各层纬线连接起来（称累织或称混编型）。

编织白板带主要是混编型结构。混编结构见表 4.24~4.28。

表 4.24　二层纬线混编结构表

序号	交点棕号	1	2	3	4	5
1	3×2	●	●			
2	5×4		●	●	●	
3	2×3	●		●		
4	4×5		●	●		●

表 4.25　三层纬线混编结构表

序号	交点棕号	1	2	3	4	5	6	7
1	3×2	●	●					
2	7×6		●	●	●	●	●	
3	5×4		●	●	●			
4	2×3	●		●				
5	6×7		●	●	●	●		●
6	4×5		●	●		●		

表 4.26　四层纬线混编结构表

序号	交点棕号	1	2	3	4	5	6	7	8	9
1	3×2	●	●							
2	5×4	●	●	●	●					
3	9×8		●	●	●	●	●	●	●	
4	7×6		●	●	●	●	●			
5	2×3	●		●						
6	4×5	●	●	●		●				
7	8×9		●	●	●	●	●	●		●
8	6×7		●	●	●	●		●		

表 4.27　五层纬线混编结构表

序号	交点棕号	1	2	3	4	5	6	7	8	9	10	11
1	3×2	●	●									
2	5×4	●	●	●	●							
3	11×10		●	●	●	●	●	●	●	●	●	
4	9×8		●	●	●	●	●	●	●			
5	7×6		●	●	●	●	●					
6	2×3	●		●								
7	4×5	●	●	●		●						
8	10×11		●	●	●	●	●	●	●	●		●
9	8×9		●	●	●	●	●	●		●		
10	6×7		●	●	●	●		●				

表 4.28　六层纬线混编结构表

序号	交点棕号	1	2	3	4	5	6	7	8	9	10	11	12	13
1	3×2	●	●											
2	5×4	●	●	●	●									
3	7×6	●	●	●	●	●	●							
4	13×12		●	●	●	●	●	●	●	●	●	●	●	
5	11×10		●	●	●	●	●	●	●	●	●			
6	9×8		●	●	●	●	●	●	●					
7	2×3	●		●										
8	4×5	●	●	●		●								
9	6×7	●	●	●	●	●		●						
10	12×13		●	●	●	●	●	●	●	●	●	●		●
11	10×11		●	●	●	●	●	●	●	●		●		
12	8×9		●	●	●	●	●	●		●				

注：表中有“●”棕片为上行棕片，表中“×”后数字为上行棕片号。

4. 干带与浸带

编织后的白板带因含水率较大，故需要进行干燥，干燥操作可采用自然或强制干燥的方法。浸带是将干燥好后的带再浸入配制好的聚桐油脂溶液中。根据树脂编织制动带的性能要求，现国内多以聚桐油为黏结剂。

浸带时先将欲浸脂的编织白板带摆放在浸带架上，然后在室温下将浸带架轻轻放入浸脂罐内，使其始终保持在淹没状态。在常压下浸渍，一定要浸透、浸匀。

浸渍物的含树脂量应控制在 25%~45%（质量分数），浸树脂量应控制在 45%~65%（质量分数）。

浸树脂后，将罐内达到要求的含树脂带提到罐口，放置数小时，使多余的附着聚桐油溶液流入罐内。待聚桐油溶液基本流净后，再将含树脂带晾在架上进行低温干燥，使所含溶剂全部挥发。干燥温度约为 35 ℃，时间约为 24 h（可根据室外温度、湿度适当增减）。

5. 含聚桐油板带整型

含聚桐油板带是指编织白板带经过浸渍聚桐油溶液并低温干燥后的带，简称油板带。油板带应达到柔软、不粘手、不粘辊的标准，但不能过干，过干容易压断。

油板带过辊整型，即将油板带经过专用的双辊压辊辊压，辊压时既要控制受压物的宽度，也要控制受压物的厚度与旁弯。过辊整型前，应调整挡板的宽度和辊距。油板带的压缩量一般为10%~15%。将过辊整型后的带按规格盘成内径为250~300 mm的圆盘，外面的带头要用钉子固定。在辊压油板带时，还要不断测量被辊压油板带的宽度、厚度。

6. 干燥固化、磨削加工

干燥固化是将辊压整型后的油板带整齐堆放在干燥装置（如干燥箱）内的干燥车上（注意不要磕碰及使其受压变形），再对油板带进行干燥，以彻底除净所含溶剂。同时对所浸渍用的聚桐油或其他类黏结材料进行加热固化。在加热固化温度达100 ℃后，烘烤6~10 h。如烘烤温度较低，就要适当延长烘烤时间；如烘烤温度较高，就要适当减少烘烤时间。

磨削加工是为了达到编织树脂制动带的尺寸规格（宽度与厚度）要求。一般的编织树脂制动带不要求进行磨面，但对于有特殊厚度、宽度要求的制品就要进行磨面处理，其方法和设备与橡胶基制动带相同。在磨削加工过程中应注意，编织树脂制动带比橡胶制动带要硬。同时还应经常抽测磨削的厚度、宽度。只有厚度、宽度均匀一致，才能达到标准要求。

第五章 摩擦材料应用短纤维制品

摩擦材料采用短纤维作为增强材料的制品较多，占摩擦材料制品总量的 80% 以上。而这种以短纤维为增强材料的制品的生产工艺可分为模压成型、辊压成型、辊压成型衬网胶带三类。模压成型生产工艺是以短纤维为主要增强材料，与酚醛树脂或各类改性酚醛树脂及多种性能调节材料混合再模压成型的一种生产工艺。其制品包括盘式刹车片、鼓式刹车片、短纤维模压离合器面片、石油钻机闸瓦、火车合成闸瓦、飞机刹车片及各种工程机械用制动摩擦片等。模压成型是采用短纤维生产摩擦材料的最主要的生产工艺。其生产工艺流程因产品的不同而略有不同。辊压成型及辊压成型衬网胶带生产工艺是以短纤维为主要增强材料，与橡胶及多种性能调节材料混合再辊压成型的一种生产工艺。其制品包括橡胶刹车带、钢网橡胶刹车带等。

本章对这类短纤维摩擦材料制品的三种生产工艺分别进行介绍。

第一节 短纤维模压成型生产工艺

摩擦材料中以短纤维为增强材料的制品应用面非常广，如各种车辆、工业机械、日用机械等采用的摩擦材料制品，多数制品采用的生产工艺是模压成型生产工艺。

一、生产工艺流程

现列举部分短纤维摩擦材料制品的生产工艺流程。

（一）盘式刹车片

盘式刹车片生产工艺流程为：

钢背背板 → 表面处理 → 涂胶

↓

配料 → 混料 → 压型 → 热处理 → 磨削加工 → 包装

（二）鼓式刹车片、石油钻机闸瓦

鼓式刹车片、石油钻机闸瓦生产工艺流程为：

配料 → 混料 → 压冷型 → 热压成型 → 热处理 → 磨削加工 → 钻孔 → 包装

（三）火车合成闸瓦

火车合成闸瓦生产工艺流程为：

钢背背板 → 表面处理 → 涂胶

↓

配料 → 混料 → 压型 → 热处理 → 包装

（四）工程机械用制动摩擦片

工程机械用制动摩擦片生产工艺流程为：

配料 → 混料 → 热压 → 热处理 → 磨削加工 → 包装

二、准备工艺

（一）配料

按生产配方要求，将所需的各种原材料，如酚醛树脂与改性酚醛树脂、各种填料等，准确进行称重，装入相关容器或自动称量系统中，再放入混制设备中。配料采用手工或微型计算机控制的自动配料系统。

配料要求称量要准确，每种材料在称量时要保证在规定的误差范围内。由于本工序人工操作引起的不准确因素较多，因此要有相应的管理制度进行严格控制，否则再好的配方也不能保证产品质量的稳定。

（二）混料

摩擦材料的生产采用的混料方式很多，使用的设备也大不相同。混料的主要作用是将配方规定使用的各种材料通过相应的混料设备进行混合，达到均匀的效果。而此工艺过程又分为湿法和干法生产工艺，其主要区别在于所用的黏结材料是液体还是固体。使用液体黏结材料称为湿法工艺；而使用固体（粉状）黏结材料称为干法工艺。工艺不同，所采用的混料设备也完全不同。由于采用湿法工艺混好的料还要采取工艺措施进行干燥，使所制出的湿料达到热压的要求，因此大多数短纤维摩擦材料制品都采用干法工艺生产。

（三）压塑料

符合热压条件并混制好的混合料称为压塑料。压塑料的质量要求是物料混合均匀，无可见的未混好的物料料团、颗粒或料疙瘩等。其技术要求还包括固化速度、流动性、挥发物含量、颗粒均匀度、比容、压缩率、压坯性等。

1. 固化速度

固化速度又称硬化速度，指压塑料在一定温度下转变为不熔、不溶状态的速度，通常以所需的时间秒数来表示。压塑料的固化速度应控制在一定范围内。固化速度太慢，固化时间就长，压塑料在热压模中压制周期长，生产效率变低，从而影响热压工序的产量。例如，固化时间长于100 s是偏慢了；固化速度太快，短于25 s时，压塑料可能在压模中还未完成均匀分布，因固化而无法通过流动充满整个模腔，会导致压制缺陷或造成次废品。

压塑料的固化速度主要取决于压塑料组分中的酚醛树脂的固化速度。因此，压塑料的固化速度与下列因素有关：

（1）与树脂的缩聚程度有关。树脂的缩聚程度高，固化速度快；反之，树脂的缩聚程度低，固化速度慢。一般控制在 40~60 s（150 ℃）。有些工厂需要固化速度更快的树脂，则可通过进一步的热辊炼操作使树脂固化速度达到 30~45 s。

（2）与固化剂（变定剂）用量有关。固化剂（如六亚甲基四胺）用量增加，则固化速度加快；反之，则固化速度减慢。生产中通常控制固化剂的用量为树脂用量的7%~12%，多数情况下为8%~10%。

2. 流动性

压塑料的流动性是表示它在一定温度和压力条件下充满模腔的能力。

流动性正常的压塑料能在规定的压制条件（温度、压力）下通过流动分布均匀地充满模腔，获得满意的成型制品。流动性过小的压塑料所得制品的密实度不一致，机械强度不均，因此质量会降低。流动性与压强成反比关系，即流动性好，则压强相对要小；而流动性差，则压强相对要大。

流动性过大的压塑料会产生下述弊病：

（1）在压制过程中会从模具间隙中溢出，并流损，使压制品废边过厚、过大，造成材料浪费。

（2）严重时，阴阳模接合处被压制物料所黏合。对于多层压模，则上下两层压制片的溢料边连成一体，造成脱模及清模困难，压制品边缘出现破损而报废。

（3）对于阳模（或阴模）行程限位的模具，过多的溢料会造成制品因压不密实而过于疏松，使制品的机械强度下降，磨损加快，使用寿命缩短；对于行程不限位的模具，则造成制品尺寸变薄，严重时，制品会因过薄而报废。

影响压塑料流动性大小的因素有以下几方面：

（1）树脂流动性。流动性是树脂产品的一项重要指标。它和固化速度指标从不同侧面反映出以树脂为黏合剂的压塑料在一定温度、压力条件下充满模腔的能力。显然，树脂流动性大，其压塑料的流动性相应也大，反之则小。

（2）挥发物含量。压塑料中的挥发物（主要指水分）含量增加时，其流动性也增大；反之，其流动性减小。这一点对湿法生产工艺，特别是湿法短纤维型压塑料来说尤为重要。当挥发物含量高于7.5%（质量分数）或更高时，则流动性过大，压制时出现流动性过好的情况，将易流动的树脂等材料压跑造成流损，使制品结构性能变差。当低于3.0%（质量分数）时，湿法短纤维型压塑料的流动性过小，会在热压成型操作时造成困难，对成型不利。

（3）压制条件。压塑料的流动性还受压制条件的影响。当单位压制压力增大时，压塑料的流动性会得到改善。因此，在遇上压塑料流动性差或因干燥操作造成压塑料流动性变差的情况时，可采用提高单位压制压力的方法达到满意的成型效果。

（4）黏合剂（包括树脂及橡胶）用量比例。压塑料中黏合剂用量比例增加，有助于提高压塑料的流动性。但黏合剂用量的增加会提高压塑料的成本，而且黏合剂用量过大时，对制品的热摩擦性能会产生负面影响。因此，黏合剂用量应适度，满足压制操作所必需的流动性要求即可。当黏合剂用量过少时，压塑料的流动性将变差，黏合剂用量低于下限时，会导致压制品的表面发白、毛糙、结构疏松、出现孔眼、边缘缺损、机械强度变差等，甚至不能成型。

3. 挥发物含量

压塑料中包含的水分及其他易挥发物质统称为挥发物，其中主要成分为水分。而影响热压质量的主要因素是其他易挥发物质的含量。压塑料中的水分主要是：

（1）制品组分原料中带进的水分。

（2）压塑料存放时从大气中吸收的水分。

（3）湿法工艺的烘干工序中未排除的水分。

压塑料中的其他易挥发物质：压塑料中的树脂所含有的未参加反应的游离醛、酚等物质，加热压制固化过程中树脂因进一步缩聚反应而产生的低分子物质，包含六亚甲基四胺受热分解产生的氨等。

压塑料中的挥发物含量是否合适，是影响热压成型操作质量好坏和次废品率高低的一个重要因素。当挥发物含量过高时，制品易出现翘曲、收缩率增大等弊病，而制品的物理机械性能也会受到不利影响。

造成挥发物含量过高的原因主要是树脂的缩聚程度不够高，未参加反应的低分子物质较多；而挥发物含量过低的原因主要是压塑料干燥操作过度（干燥温度过高或时间过长）。

干法工艺压塑料和湿法工艺压塑料对挥发物含量的要求是不同的。干法工艺的挥发物含量上限大约为3.0%（质量分数），湿法工艺的挥发物含量上限约为5.0%（质量分数），而离合器面片无橡胶缠绕新工艺则规定挥发物含量上限不超过7.5%（质量分数）。

4. 颗粒均匀度

对于湿法短纤维型压塑料，颗粒应小而均匀，这样在加热干燥时，表里干燥程度才会比较均匀，模腔铺料也比较容易均匀，压制品的外观和密实度也会比较均匀。如果颗粒大小均匀度差，则表里干燥程度不易一致：有时颗粒内部干燥合宜而外表皮烘得过干，有时外表皮烘干合宜而颗粒内部仍较湿，都会影响压制品的外观和质量。

5. 比容

压塑料的比容表示1 g压塑料所占的体积，单位为立方厘米 / 克（cm^3/g）。

压塑料的比容与模具设计有密切关系。比容较大的压塑料和比容较小的压塑料相比，在投料质量相同的情况下，对模具装料腔容积的要求是不同的，因此在设计热压成型模具及预成型模具时，应增加比容较大的压塑料装料腔的容积。

压塑料的比容大小受下列因素影响：

（1）材质类型

不同的摩擦材料制品因组分材质不同，其压塑料的比容有较大差别。以盘式刹车片为例，半金属材质制品因使用了大量钢纤维和铁粉，其制品密度高达2.4～2.6 g/cm^3，而石棉材质制品的密度仅为2.0～2.1 g/cm^3。这两种制品的粉状压塑料的比容相差可达20%～30%。

（2）压塑料的形状和粒度大小

对材质同样的制品来说，干法工艺粉状压塑料的粉料间空隙度小，比容较小；而湿法工艺颗粒状压塑料的颗粒间空隙度大，比容就较大。

6. 压缩率

压缩率是指压塑料与其制品的比容，或制品与其压塑料的密度之间的比值。

$$P=v_2/v_1=d_1/d_2$$

式中　P——压缩率，其值恒大于 1；

d_1——制品的密度，g/cm^3；

d_2——压塑料的密度，g/cm^3；

v_1——制品的比容，cm^3/g；

v_2——压塑料的比容，cm^3/g。

压缩率越大，则热压模的装料腔也越大，这一方面会造成模具质量增加，提高制造模具成本，也增加了电能消耗，另一方面，也不利于压制时的排气操作，会使压制操作周期变长，降低生产效率。因此，生产中为了降低压塑料的压缩率，常常采取装袋法或预成型的方法，即在热压成型工序前先将压塑料装入袋中或压制成冷坯，再进行热压成型。

压缩率在模具设计时是一项重要的数据。

7. 压坯性

粉状的或疏松的压塑料，在常温与一定压力作用下，能压制成紧密的不易碎裂的块状、片状、条状或其他形状的冷坯，这种性能称为压塑料的压坯性或制坯性。

制坯操作在摩擦材料生产工序中被称为预成型工序。在干法工艺中，将粉状压塑料在压机上的冷压模中压成冷坯，然后再进行热压成型。在湿法工艺中，有些工厂采用挤出工艺，将颗粒状的湿态压塑料在挤出机中通过活塞顶出装置或螺旋挤出装置挤出并制成条块状冷坯，再进行热压成型。

在冷压法生产工艺中，则将粉状压塑料在高单位压力条件下压制成具有成品密实度的冷坯，再在夹紧装置中进行热处理。

上述预成型制坯的操作可以简化热压模具，提高热压成型的生产效率，并可预先排出压塑料中的空气，提高热压成型操作中的排气效果，同时，热压成型的模具结构形式也有利于提高制品质量。

压坯性的好坏主要体现为冷坯的坚固程度，影响压坯性能的因素有：

（1）黏合剂含量比例。压塑料中黏合剂含量高，有利于组分的结合，因此压坯性好。

（2）填料的影响。填料的颗粒大小不均，特别是颗粒较大的，这种低摩擦系数的填料成分均对压坯性有不利影响。

（3）挥发物含量。含量较高有利于压塑料各组分的结合，从而提高压坯性。

（4）纤维材质对冷坯的牢固程度起着重要的作用。纸基纤维型压塑料的压坯性甚为良好，原因是纸基纤维略微呈树枝状，有利于提高树脂和填料的吸附性和结合性，纸基纤维在冷坯中发挥了很好的骨架作用，因此纸基纤维型压塑料的冷坯比较牢固，在贮放、搬运过程中不易碎裂。其他质地较柔软的天然矿物纤维、有机纤维、合成纤维、植物纤维以及人造纤维等，均有利于提高树脂和填料的吸附性和结合性，以它们为基材的压塑料也都具有较好的压坯性。

而刚性强的增强纤维，如钢纤维、铜纤维、玻璃纤维、陶瓷纤维等，以它们为基材的压塑料的压坯性较差，需要较大的单位压力才能制成冷坯，且其牢固程度差，放置一段时间后，冷坯会回弹、变松散，甚至会在贮放时间稍长的情况下破碎或在搬运过程中碎裂。在实际生产中为了改进这类压塑料的压坯性，通常会添加少量的有机纤维，并提高压坯操作的压制压力，这样可提高冷坯的质量。

三、预成型（压冷型）

在热压成型之前，在室温条件或较低温度下，将松散的压塑料以适当的压力压制成紧密而不易碎裂的型坯（冷坯），型坯的形状与其热压制品相同（轮廓尺寸稍小3%~5%），这一过程称为预成型。预成型不改变压塑料的物化性质。

（一）主要目的

（1）减少干法压塑料的粉尘扩散区域，便于采取防尘措施来减少生产过程中粉尘飞扬所造成的环境污染。

（2）减少热压成型的操作时间，提高生产效率。在热压成型进行投料操作时，将型坯放入模腔和将粉状压塑料放入模腔相比，前者放置速度快，并省去了后者为将模腔中的物料铺平、清除投洒在模腔外的物料所需花费的时间，因而前者在投料操作上所花费的时间比后者少得多。以单层六腔模具为例，预成型坯的加料操作速度比粉状压塑料的加料速度要快一倍，从而提高了压机的生产效率。

（3）减少压塑料的体积，缩小热压模加料腔的体积，从而减少了热压模的高度和质量，节省了模具造价和加热的电耗。

（4）提高了压塑料的装模质量，使压塑料铺料更均匀。

（5）由于这种压型工艺决定了热压所采用的成型模具的结构性质，对制品热压是从制品的厚度方向上下加热的（与不经压型所用的散料模具不同，后者加热是从制品的周边向中心进行的），因此制品的热压质量要好得多。

（二）三种主要方式

我国在摩擦材料生产中的预成型工艺主要有模压成型、挤出成型和缠绕成型三种。前两种适用于短纤维制品，后一种适用于长纤维制品。在三种预成型工艺中，模压成型是最常用的预成型工序。模压成型采用预成型压机，将压塑料放于预成型压模的模腔中，在常温或低温下压制成型坯（冷坯）。这种型坯下一步会进入热压成型工序，在热压模中进行热压成型。行业中通常所说的冷坯压制或冷型压制即指此工艺操作。

（三）工艺条件

（1）预成型压制温度：常温或不超过70 ℃。

（2）压制压力：石棉类单位压力为20~60 MPa，压力视配方不同而有所区别。

（3）压制时间：加压到限定的单位压力时即可除去压力并出片，无须保压。

（4）预成型模及冷坯尺寸控制：为便于将冷坯放到热压成型的模腔中，冷坯外形轮廓尺寸应略小于热压制品3%~5%。由于预成型的冷坯从模具中取出后会发生回弹膨胀现象，冷坯的轮廓尺寸将比预成型模腔的轮廓尺寸增大几毫米，因此在预成型模设计时必须充分考虑这个因素。以半金属盘式片为例，其预成型模和热压模的尺寸关系见表5.1。

表 5.1　预成型模和热压模的尺寸关系

模腔	长度 / mm	宽度 / mm
预成型模	195	145
热压模	200	150

（四）设备

预成型设备包括压机和预成型模（又称冷压模）两部分。压机与热压成型所用的液压机一样，预成型模用普通材料即可，对其模腔的精度和光洁度要求都不高。

预成型设备分全自动型和简易型两种，现分别加以介绍。

1. 全自动型预成型设备

预成型压机，主要用于盘式刹车片预成型。

如图5.1所示，预成型压机由主机、液压站、称料送料系统和电控系统组成。由于设有自动称料送料系统，并采用PLC控制系统，所以完全实现了自动化生产。这使得操作方便、省时省力，可大大提高生产效率，降低产品制造成本，并改善劳动环境。

该压机工作前需在料斗中装入按配方混合好的物料，应用自动程序控制，首先称量物料，物料称量后由送料筒自动送入模具（如图5.2所示）。这时，压机滑块带动凸模快速下降（即快速下行），到达一定高度后滑块慢速下降（即压制下行）。待达到设定压力后，滑块快速回程到预定位置，横向推片缸拉回，滑块再次快速下行，将压制成型的预成型毛坯从模具中推出落至下平板上，推片缸活塞杆伸出，将平板上的毛坯件推出，并依次送至出料板上。一个循环结束，由程序直接进入下一个工作循环。

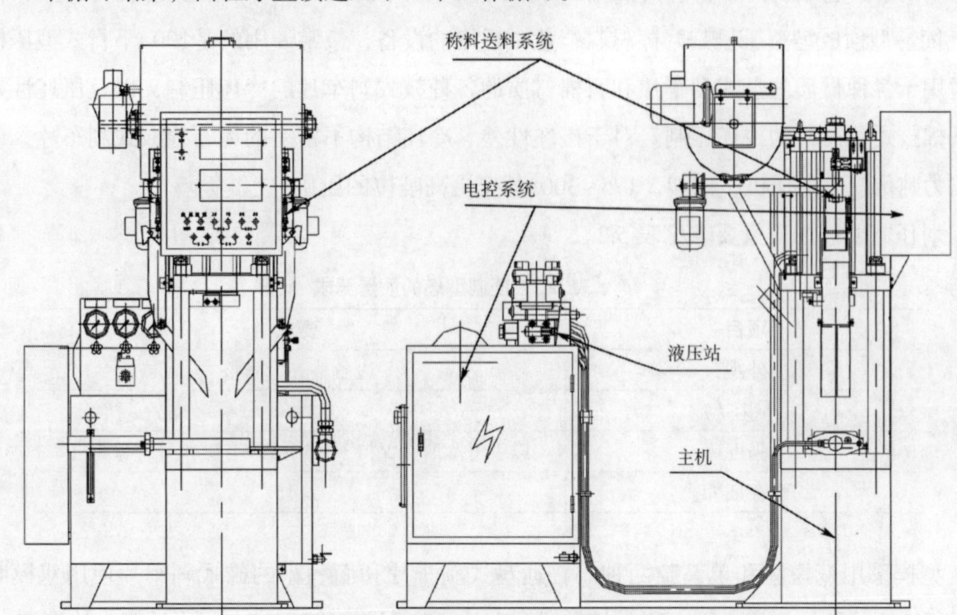

图 5.1 预成型压机结构简图

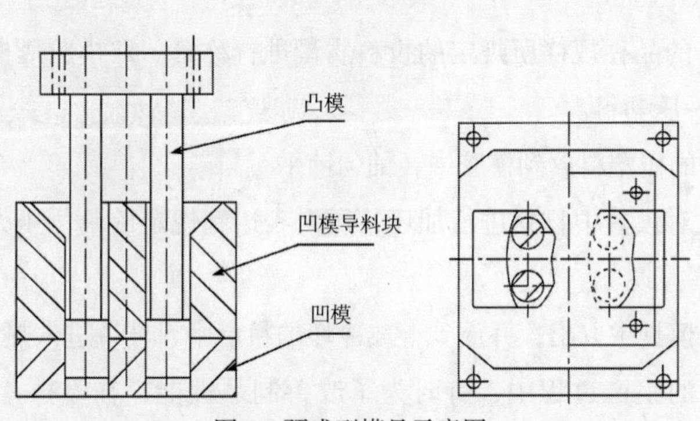

图 5.2 预成型模具示意图

全自动型预成型设备在我国最初是 20 世纪 90 年代从北美引进的，从 20 世纪 90 年代中期起，吉林大学机电设备研究所研制开发并批量生产这种设备，现已有多家摩擦材料厂陆续开始使用这些设备进行生产。

全自动型预成型设备的优点在于：

（1）在操作过程中，除开始时将压塑料放到设备的上料仓中为人工操作外，之后的称量、向模腔中投料、加压、出片全部依照预先输入的程序控制指令自动进行，生产效率较高。将压塑料放到料仓中后，全部操作过程都在密闭条件下进行，消除了粉尘飞扬的现象，基本解决了由粉尘造成的环境污染问题。

（2）物料的称量和加料实现自动化，准确率高。

2. 简易型预成型设备

简易型预成型设备在 20 世纪 90 年代以前为我国绝大部分摩擦材料生产企业所使用的冷

坯压制设备，它结构简单，价格便宜，操作简单，至今仍在许多中小企业中被使用。

简易型预成型液压机是摩擦材料行业中通用的设备，最常使用的是100 t下行式液压机。它适用于各种材质的盘式刹车片和石棉材质的各种鼓式刹车片的冷坯压制，以及压坯性好的无石棉鼓式刹车片的冷坯压制。对于压坯性差、冷坯结构不密实的无石棉鼓式刹车片，应使用压力吨位较大的压机，例如，175~300 t甚至更高吨位的压机。

对压制型坯的质量要求见表 5.2。

表 5.2　压制型坯的质量要求

项目	要求
外观	边角整齐、完整
质量差 / %	1~3
强度	以手可拿取、保持不掉料或没有破角等现象为准
贮存期 /d	≥ 15

型模采用双模腔和单模腔两种。普通盘式刹车片和面积小的鼓式刹车片使用双模腔压模，每次压制两块型坯；而面积大的鼓式刹车片可使用单模腔压模，每次压制一块型坯。

操作步骤：

（1）按压制品的品种规格所规定的投料质量进行称量。双模腔压模称取两份压塑料，单模腔压模称取一份压塑料。

（2）将称量好的压塑料放到模腔中，铺匀铺平。

（3）启动压机对模具中物料进行加压，压力表达到规定的单位压力时即解除压力，抬起上模。

（4）将冷坯从模具中取出，并放到存放冷坯的料盘中，准备进入热压成型工序。

在盘式刹车片的生产过程中，有时为了改善制品性能，在摩擦片和钢背之间加一层与摩擦片配方组成不同的片料，这层片料称为底层料。对于带底层料的盘式刹车片冷坯压制工艺，应按工艺规定分别称取面料和底层料的质量。通常底层料投料量为面料投料量的10%~15%。投料时先将面料加入模腔，铺平，再将底层料加入模腔，铺平，然后进行加压、压型操作。最终可得到带底层料的盘式刹车片冷坯。

简易型模压预成型工艺虽然设备投资少，简单易行，但它存在以下缺点：

（1）每次投料、加压、出片均采用手工操作，生产效率不高，产量低。

（2）加料过程为敞开式操作，粉尘飞扬多，易造成环境污染。

四、热压成型

在摩擦材料制品的生产过程中一般最常用的成型方法，就是将压塑料在压力和加热条件下进行成型和固化，获得具有规定形状的，有一定密实度、硬度和机械强度的摩擦材料制品。也有极少产品是在较低压力与较低温度下成型的。这些工艺方法各有其特点，有的工艺为加热、加压在同一设备中同时进行，有的工艺为加热、加压在不同设备中分开进行。

热压成型，是将压塑料（粉状、颗粒状、片状、线型或布质压塑料）放入已加热到一定温度（常用的温度为155±5 ℃）的模具中，经过合模、放气、加压，使压塑料在压模中成型并固化，由此获得各种压制品，如刹车片、离合器面片、石油钻机闸瓦、火车合成闸瓦等各种模压摩擦片。长期以来，热压成型工艺一直是国内外使用最广泛的成型固化工艺。

酚醛树脂是摩擦材料结构中的重要成分，了解其工艺性能特点很重要。其模塑成型工艺有浇铸成型和模压成型之分。酚醛摩擦材料的生产采用的是热压成型工艺。酚醛压塑料在加热加压条件下固化成型，其原因有两个方面。第一是压塑料的流动性因素。在摩擦材料生产中，为使摩擦材料获得所需的摩擦性能和机械强度，通常在配方组分中，填料和纤维增强材料的用量要占到80%~90%，而树脂黏合剂的用量仅占10%~20%，故而其压塑料的流动性比较差。若采用浇铸成型工艺，就不能使压塑料布满模腔而获得成型制品。我们通常必须采用加热加压的模塑工艺，使压塑料在加热到固化温度（170~180 ℃）的模腔中，于一定压力下流动，布满模腔，并受热固化，从而获得固化成型制品。第二是压塑料中的酚醛树脂在固化温度下进一步进行缩聚反应，由线型结构或支链结构逐步转变为立体交联的网状结构，最终实现固化。在这一过程中，树脂会释放出水分及其他低分子物质，它们在成型温度（150 ℃）下会产生较大的蒸汽压力，若从成型制品的表面逸出，会使制品损坏而报废，因此，模具中的制品在充分固化前需保持较高的成型压力。

热压成型工艺的特点在于压塑料的压制成型和加热固化在压模中同时进行。

（一）压机

压机是热压成型的主要设备，它提供压塑料在模具中成型所需要的压力，以及脱模时所需要的脱模力。各压机生产厂的压机结构均有所不同，但工作原理相同。下面以吉林大学机电设备研究所生产的用于盘式刹车片生产的JF644型4000 kN六层热压机为例进行介绍，如图5.3所示。

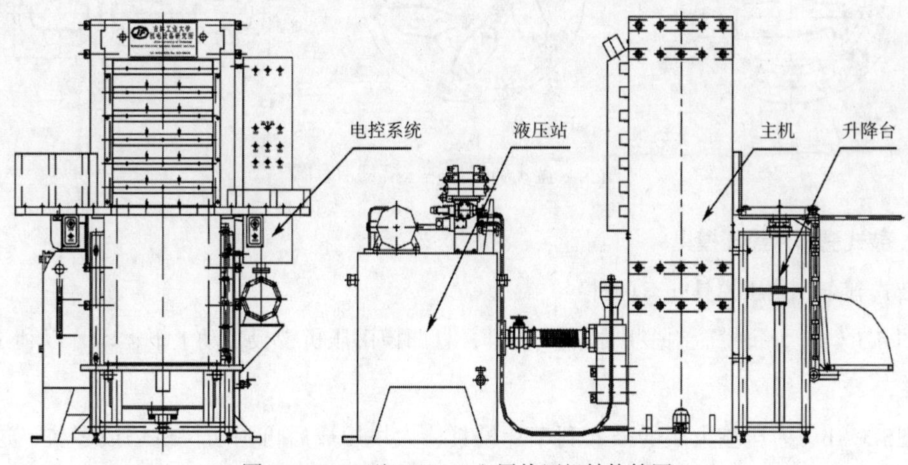

图 5.3 JF644 型 4000 kN 六层热压机结构简图

JF644型4000 kN六层热压机主要用于盘式刹车片二步法定厚度热压成型。压机结构由主机、液压站、电控系统、升降台等组成，由于设有自动升降台，并采用PLC控制系统，实现了自动化生产，因此操作人员只需将预成型毛坯放入模腔和将压好的制品从模具中取出即可，操作方便、省时省力。由于六层同时压制，每层轮流起模，且升降工作台自动升降到每层平面装模出模，因此劳动条件得到改善，大大提高了生产效率。

工作时，操作者将装有预成型毛坯件的热压模具按工作升降顺序，顺次装入热板之间，主缸（下置）滑块上升达到压制状态开始加压，当压力增大到设定压力时，开始保压（保压时间由工艺设定），保压到设定时间后，滑块快速回程。升降台根据程序设定，滑块每回程一次都顺次停在一个层面上，以备操作人员上下工件。

（二）热压模具

热压模具是热压成型的主要装备，它提供压塑料在成型时所需的模具。热压模具规格繁多，是摩擦材料生产的一大特点。

1. 盘式刹车片热压模具

盘式刹车片热压模具共有三类：

图 5.4（a）为下顶式弹簧推凹模复位，每模 2 片模具；

图 5.4（b）为滑块带动凸模复位，每模 6 片模具；

图 5.4（c）为六层热压机使用的多模腔模具。

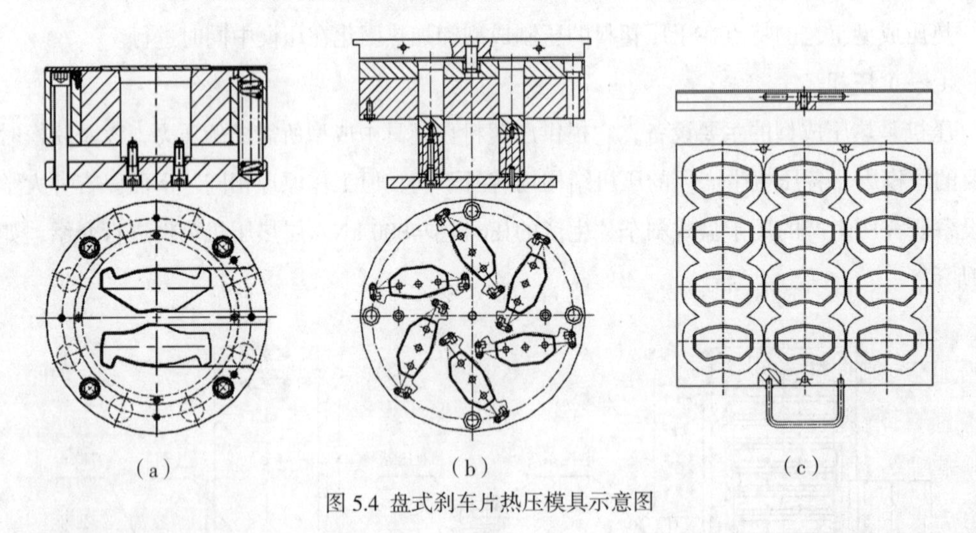

图 5.4 盘式刹车片热压模具示意图

2. 鼓式刹车片热压模具

鼓式刹车片热压模具共有两种：

图 5.5（a）为每模压制多片的排式模具，且凹模由压机中板带动上下运动，以利于装料和取件；

图5.5（b）为压制大块的鼓式刹车片模具，大块压成后再由切块机切成多块，这样可提高生产效率。

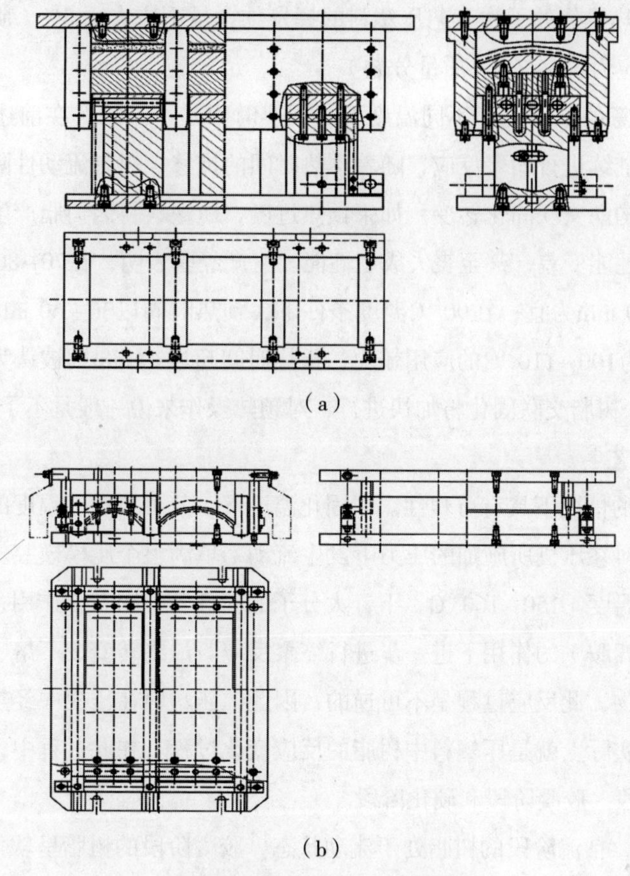

图 5.5 鼓式刹车片热压模具简图

（三）压制前的准备

1. 压模预热

酚醛压塑料的热压成型温度为150~160 ℃。准备压制前，应将压模预热到此温度范围。温度低于145 ℃或高于165 ℃的压模温度都不适合压制工艺。

2. 压塑料的预成型

在摩擦材料的热压成型工序中，为了提高热压机的生产效率，减少操作时的粉尘扩散区域，提高压制品的质量性能，对于部分规格制品的压塑料进行预成型，制成型坯，例如，厚度较大（一般不小于 7 mm）的刹车片、缠绕型离合器面片等，将制成的型坯放置于料盘中，按需要送往热压工序备用。目前采用此工艺的不多，大多数厂家都是将此压塑料的预热与热压结合，同时进行操作。

3. 压塑料的干燥和预热

在热压成型操作前，将压塑料或预成型坯在一定温度和加热条件下进行干燥和预热，以保证压制品质量，有利于压制操作。但压塑料的预热并非必需的要求，而是由生产厂家根据自身的操作需要设定的。事实上，目前只有一部分厂家对压塑料或预成型坯进行预热。

经过干燥和预热操作的干法工艺压塑料的挥发物含量不应大于 3%（质量分数），而湿法工艺挥发物含量应为 5%~7%（质量分数）。

预热操作要注意的事项是，不同温度下的预热时间是不同的。在前述的预热温度下，压塑料中的树脂将继续进行缩聚反应，随着预热时间的推移，树脂流动性降低，固化时间缩短，线型和支链结构向交联固化转变。如果预热过度，压塑料将因树脂产生老化、流动性过差而导致成型加工性能变差，甚至丧失成型性能。生产经验表明，在70~80 ℃温度条件下，预热时间以60~120 min为宜；在90 ℃温度条件下，预热时间以30~60 min为宜，不应超过60 min；预热温度为100~110 ℃的应用较少，预热时间超过30 min则被认为是不安全的；当温度超过120 ℃时，树脂交联固化将加快进行，对预热操作来说一般是不予采用的。

（四）压制工艺

压塑料在受热的情况下具有可塑性。在固化温度下，其可塑性随温度的提高而增高。在加热的模中，压塑料在压机所施加的压力下发生流动，填满整个压模模腔。与此同时，压塑料中的树脂在压制温度（150~160 ℃）下，大分子的活性官能团互相作用，或在交联剂（固化剂，如六次甲基四胺）的作用下进一步进行缩聚反应，最终转变成不熔、不溶的具有网状交联结构的固化产物。此反应过程是不可逆的，因此，压塑料在压模中经热压成型转变为固化成型的摩擦片，实际上就是压塑料中树脂的反应变化过程。在此过程中，酚醛树脂变化分三个阶段：粘流阶段、胶凝阶段和硬化阶段。

在压制温度下，粘流阶段的树脂处于流动状态，胶凝阶段的树脂呈软化和半软化状态。这两个阶段的树脂大分子为线型结构和部分支链结构，其压塑料具有可塑性，在压制压力作用下能填满整个模腔。而填满模腔的均匀性取决于粘流态树脂的流动性，流动性良好而又适中的树脂能使压塑料均匀地填满整个模腔。树脂的粘流态和胶凝态应保持一定时间，以便能使压塑料有足够的时间达到均匀填满模腔的效果。

这个时间的长短取决于树脂的固化速度，通常为30~60 s。然后，树脂很快进入硬化状态，分子结构进一步形成交联结构，压塑料在模腔中开始固化。这段时间越长，交联链越密，交联程度越充分并均匀，固化充分有助于提高制品的机械性能。但是热压固化时间过长会影响压机的工作效率，故而通常压塑料在热压模中的固化成型时间并不长，而是将压制品从模具中取出后再置于热处理烘箱中，继续进行长时间的热处理来达到制品充分固化的目的。

由上述内容可以看出，影响酚醛压塑料热压成型操作和压制品质量的工艺条件包括成型温度、压制压力和保压时间。此外，压塑料的投料量计算合理也是保证制品质量所不可缺少的条件。

1. 成型温度（压制温度）

（1）对硬化速度的影响

物质化学反应的速度随介质温度的提高而增快，因而温度对酚醛树脂的硬化速度影响很大。这从表 5.3 中可反映出来。

表 5.3　热塑性酚醛树脂温度与硬化速度的相互影响关系

温度 / ℃	130	140	150	160	170
硬化速度 / s	132	82	50	42	31

从上表可以看到，随着温度的提高，树脂的硬化速度加快，有利于压制生产效率的提高。当温度低于150 ℃时，硬化速度明显变慢；当温度低于140 ℃时，树脂硬化进行得甚为缓慢，不易得到合格的制品。

（2）对流动性的影响

成型温度过高，树脂硬化速度过快，会使压塑料流动性降低，还未来得及均匀填满模腔就开始硬化，造成制品边角缺损或质地疏松不均，使机械强度受到影响。因此，在压制操作时，应避免成型温度过高。

（3）对压制品质量的影响

由于压塑料含有一定量的水分及其他挥发物，并且压塑料中的树脂在热压过程中继续发生缩聚反应的同时会产生水分，树脂固化剂六亚甲基四胺也会释放出氨气。这些物质在热压成型的高温条件下都会转化成蒸汽，因此其总蒸汽压力相当大。成型温度越高，总蒸汽压力就越大。而且，当成型温度过高时，硬化速度太快，压制品表层很快就硬化，使内部的水分及其他挥发物难以排除。当压制完成、开启压模时，这些水分及其他挥发物会以很大的蒸汽压力突破制品外表，造成制品表面起泡、肿胀或形成裂缝，使制品报废。成型温度过高还会造成表面色泽发暗发黑，影响产品外观。

成型温度也不宜过低，温度越低，硬化速度越慢，压制品在压模中保持的时间也就越长，从而降低生产效率。在低温下，长时间压制所得到的制品发软、表面发白、暗淡无光，因而影响外观。而且在内部水分及其他挥发物总蒸汽压力的作用下，也会出现起泡和肿胀现象。

综上所述，在热压成型操作中，成型温度是非常重要的工艺条件，通常控制在 150~160 ℃。对于每批产品，都应根据产品厚度、形状、压塑料品种、硬化速度、挥发物含量来确定合宜的热压成型温度，以便达到既有高的生产效率又能保证产品质量的效果。

热压成型的温度是将测温仪器插入压模模孔中而测得的。用于温度测试和控制的仪器有水银玻璃温度计、热电偶毫伏温度计、压力式温度计等。

最常用的测量温度计是玻璃水银温度计，测试量程为 0~200 ℃。根据需要可选用直线形或弯成 90°、120° 角的玻璃水银温度计。

毫伏温度计由热电偶和毫伏表组成。热电偶是由两根不同的金属丝组成的良导体，根据两种不同金属所产生的热电动势不同的原理制成。热电偶把某一温度下的热电动信号导入毫伏表中，在仪表设计中预先将毫伏指数换算为温度，直接读出温度值。

现在普遍将热电偶和温度控制器结合使用。先在温度计上设立一个指定温度，将调温指针调节至指定温度值位置。当温度上升至高于指定值时，压模上的加热电源自动断开，停止加热，温度开始下降；当温度低于指定值时，加热电源自动接通，对模具进行加热。这样就能将压模温度控制在规定的温度范围内，避免温度过高或过低的情况发生，从而保证压制品的质量稳定，减少次废品的产生。

温度控制器的测温误差是必须注意的问题。质量差的温度控制器的控温误差可达指定温度值的 ±7 ℃，这将造成成型温度上下波动太大，影响压制品的质量稳定。故而选择质量好的温控器是很重要的，其合宜的控温误差应为指定温度值 ±4 ℃的范围内。

另一个需要注意的问题是，热电偶的测温结果与玻璃水银温度计的测温结果具有不一致性。一般来说，玻璃水银温度计的测温值比热电偶更接近于真实温度，因而生产中可用玻璃水银温度计的测温值来校验热电偶温度计的测量结果。

2. 压制压力

在热压成型工序中，压制压力是和成型温度同样重要的操作要素之一。压制压力的作用在于：

（1）促使压塑料在压模内流动，挤满整个模腔的各个部分，使制品具有所要求的形状和均匀的厚度。

（2）将压塑料压密实，使制品具有一定的密度和机械强度。

（3）在热压成型过程中，压塑料内部的水分及其他挥发物在高温下形成的蒸汽压力会突破制品表面而逸出，造成鼓泡、肿胀等，加压可阻止蒸汽的逸出，直到制品表面充分硬化。即便压力结束，解除压力，将制品从模具中取出，蒸汽压力也不会损坏制品表面。

压制压力的大小取决于压塑料的流动性，以及制品的面积大小、厚度和形状。

（1）压塑料中的树脂硬化速度过快，压塑料（湿法）的含水率过低，会使压塑料的流动性降低，应提高压制压力，才能较好地填满模腔。

压塑料中树脂硬化速度过慢，压塑料（湿法）的含水率过高，橡胶比例高，会使压塑料流动性和可塑性变大，应适当降低压制压力。

（2）对于面积或直径较大、厚度小的制品，应采用较高的压制压力。例如，离合器面片或大弧度的薄刹车片需要较高的压制压力。当压力不够时，易产生制品厚薄或密度不均、边角疏松或有缺陷等弊病，提高压制压力有助于克服这些问题。对于外径在300 mm以上、厚度小于3.2 mm的离合器面片，更应该采用较高的压制压力来获得完整和合格的制品。

（3）对于形状复杂的制品，需要较高的压制压力将压塑料挤满模腔的每一个部位。

压制压力的常用范围为20～30 Mpa。由上面的分析可知，若压制压力过小，而压塑料的流动性又较差时，会产生一系列弊病：制品密实性差、质地疏松、厚薄不匀、边角缺损等。

压制压力过大是不必要的，它并不能提高制品性能，而只会浪费能耗，易造成模具及压机损坏。另外，当压塑料的流动性偏大时，过大的压制压力还会造成溢料增多和溢料废边过多过厚，不但增加了物料浪费，还会造成压制品因边缘破损而报废。

压力表压计算：

在热压成型操作中，在规定了某种制品压制时要求的单位面积压力后，还需要进一步确定对其压制时压力表上的表压应达到多少才能满足此单位面积压力的要求。这需要根据压机吨位、压模模腔数、制品受压面积、压机顶缸的施压面积等数据进行计算，求出所需表压。

计算步骤为：

（1）根据制品单片的受压面积及其所需的单位面积压力，计算每片压制片需要的压力吨位。

（2）根据压模模腔数计算用此种压模压制该制品所需的总压力吨位，并选择合适的压机吨位。

（3）测量或掌握所选择压机的顶出缸的施压面积 S 公式为

$$S = D^2 / (4\pi)$$

式中 D——顶出缸直径，cm。

（4）总压力吨位除以顶出缸施压面积的商值即为所需压力表表压。

（5）也可根据压机吨位、压机公称压力及制品所需总压力吨位来求出所需表压。

表压计算举例：

某鼓式刹车片外弧长20 cm，宽15 cm，厚1.6 cm，要求压制的单位面积压力为25 MPa，使用200 t压机和双模腔压模进行压制，压机顶缸直径为32 cm，试计算压片时所需表压。表压计算方法如下：

$$\begin{aligned}\text{压力表表压} &= \text{制品总压力吨位} / \text{顶出缸施压面积（MPa）} \\ &= \frac{\text{单片受压面积} \times \text{单位面积压力} \times \text{模腔数}}{（\text{顶出缸直径}）^2 \pi / 4} \\ &= \frac{20 \times 15 \times 25 \times 2}{32 \times 3.14 / 4} \\ &= \frac{15\ 000}{804} \\ &= 18.7\ \text{MPa} \approx 19\ \text{MPa}\end{aligned}$$

故压制该制品时所需的表压力为 19 MPa

3. 保压时间

压制保压时间（俗称保持时间）是指压塑料在规定的温度、压力作用下，从闭模至压制品出模所耗用的时间。在这段时间内，压塑料经过充分固化变为具有不熔、不溶性质的，有一定形状和硬度的产品。

若压制保压时间不足，制品在压模内尚未充分硬化就出模，制品就会发软，质地粗劣，容易产生鼓泡、肿胀、裂缝等弊病。

压制保压时间的长短取决于制品厚度和树脂硬化速度这两个因素：

制品越厚，压塑料内部受热越慢，达到充分硬化所需时间越长，因此要求压制保压时间较长。通常要求压制保压时间为每毫米制品厚度 40～90 s，根据具体情况进行选择。

压塑料中树脂的硬化速度指标一般为30～60 s，由此可知，压塑料在热压过程中要达到足够硬化所需的时间是不一样的。硬化速度较快，压塑料的压制保压时间就可缩短；反之，保压时间就需延长。

压制保压时间较长，制品硬化程度高，收缩率减小，不易发生变形，但当保压时间过长时，并不能明显提高制品的物理机械性能，反而增加电能消耗，降低压机生产效率。因此，通常只要求制品表面达到必要的硬化程度，不必在压模中加长保压时间，这样可提高压机生产效率。要使制品充分固化，可借助于在热处理工序中提高热处理温度、加长热处理时间这些手段来达到较好的效果。

综上所述，成型温度、压制压力和保压时间是热压成型工序的工艺三要素，它们之间存在相互影响的关系，当某一因素发生变化时，其他因素也应做出相应改变。在实际生产中，往往根据压塑料的性能（硬化速度、挥发物含量、树脂用量比例、流动性）、产品种类（盘式刹车片、鼓式刹车片、离合器面片、硬质制品、软质制品）、模具形式（单腔模、多腔模、单层模、多层模）等条件来制定合宜的压制工艺条件，以求得满意的压制效果。

（五）投料量的计算

每个品种的摩擦材料制品，在进行热压成型前，都应根据产品规格及材质要求计算其投料量。合适的投料量能获得密度和尺寸都符合要求的制品。

投料量计算的基础是制品质量和加工余量。

制品质量：

制品质量（g）= 制品体积（cm^3）× 制品密度（g/cm^3）

　　　　　　= 制品面积（cm^2）× 制品厚度（cm）× 制品密度（g/cm^3）

加工余量：

每种规格的制品都有其规定的尺寸要求（包括厚度尺寸）。作为模压制品，由于模腔形状是固定的，压制片的面积也就确定不变，但对一般热压模具（除上模为平板模类型之外）来说，压制片的厚度随投料量的增加而增大。

由于经过热压成型所得到的压制片的各部位厚薄不均，片子的外观也不理想，必须通过磨削加工才能达到产品的厚度公差要求，因而压制片的厚度必须大于制品的规定厚度，以便为其磨削加工操作留出必要的加工余量。

由此可知，压制片所需的压塑料投料量应为制品质量及加工余量之和，即压制片厚度应为制品厚度再加上必要的厚度加工余量。

投料量也应合理掌握，以便留有较合适的加工余量。投料量过大，压制片过厚，加工余量太多，既造成压塑料浪费，又降低磨削加工的生产效率；投料量不足，压制片变薄，若投料量过少，压制片过薄到其厚度超出规定的厚度公差时，将导致产品报废。

对于盘式刹车片模具中上模为平板模（俗称板模）的情况：该种类型的模具在操作中，当上模下行到下模的模框顶部时，就被限位而不能再向压塑料加压，故而压制片的厚度是固定的，不受投料量多少的影响。压制片的厚度为下模的模框高度减去钢背厚度。若投料量过多，压制片厚度不会增加，但会造成大量溢料，不但压塑料浪费甚多，而且清理边角溢料、废边非常费事，将浪费人工和降低工效；如果投料过少，压制片不会变薄，但不能压实，导致压制片密实度不够，结构过于疏松，制品强度降低，磨损性变差。

投料量计算方法如下：

（1）鼓式刹车片

鼓式刹车片通常为长方的弧形制品，其投料量计算公式为

$$G = L w (h + \delta) d$$

式中 G——投料量，g；

L——制品平均弧长，cm，$L = (L_1 + L_2) / 2$；

L_1——外弧长，cm；

L_2——内弧长，cm；

w——制品宽度，cm；

h——制品厚度，cm；

δ——制品厚度的磨削加工余量，cm，通常控制在0.04~0.06 cm。

d——制品密度，g/cm^3。

不同材质的刹车片制品密度也不同，例如，石棉型鼓式刹车片，d为1.9~2.1 g/cm^3；半金属型鼓式刹车片，d可为2.2~2.6 g/cm^3，故在计算压塑料投料量时，应对制品密度进行实际测定。

投料量计算举例：

某鼓式刹车片制品外弧长 22 cm，内弧长 20.2 cm，宽 7 cm，制品厚度 1.6 cm，材质为石棉型，试计算压塑料投料量。

石棉型鼓式刹车片密度 d 实测为 2.0 g/cm^3。

磨削加工余量 δ 设定为 0.05 cm。

$$\begin{aligned} G &= L w (h + \delta) d \\ &= (22 + 20.2) \times 7 \times (1.6 + 0.05) \times 2.0 / 2 \\ &= 487.4 \text{ g} \end{aligned}$$

故该种产品在热压成型时，压塑料的投料量应为 487.4 g，为称量方便起见，可将投料量定为 490 g。

（2）盘式刹车片

盘式刹车片为不规则形状制品，其投料量的计算公式为

$$G=S(h+\delta)d$$

式中 G——投料量，g；

S——制品面积，cm^2；

h——制品厚度，cm；

δ——制品厚度的磨削加工余量，cm；

d——制品密度，g/cm^3。

S为盘式刹车片面积，由于它一般为无规则形状，不便于通过公式计算得出，因此简捷的计算方法是用片子在坐标纸上算出所占格数（每一整格面积为1 cm^2，不足一整格的可估算，合并成若干整格数）。

h为盘式刹车片的厚度，大多在1 cm以上，片长和片宽尺寸较小，且为平面制品，在用平面磨床进行磨削加工时，加工余量可设定小些，通常可设定在0.03～0.05 cm。

d为制品密度，现今的盘式刹车片材质大多为半金属型，根据配方中钢纤维和铁粉用量比例的不同（可为25%～50%），制品密度范围在2.3～2.6 g/cm^3。d的具体数值应根据实测结果而定。

投料量计算举例：

某半金属型盘式刹车片，制品厚度 h 为 1.4 cm。

用坐标纸计算出盘式刹车片的面积 S 为 41 cm^2。

磨削加工余量 δ 设定为 0.04 cm。

该盘式刹车片的组分配方中钢纤维和铁粉总用量比例为32%，其制品密度d经实测为2.45 g/cm^3，由此，该制品的压塑料投料量为

$$\begin{aligned}G&=S(h+\delta)d\\&=41\times(1.4+0.04)\times2.45\\&=144.6\text{ g}\approx145\text{ g}\end{aligned}$$

故该制品热压成型时压塑料的投料量为 145 g。

（六）操作过程

压制工序的操作过程包括下列九个步骤：

1. 金属件的安放

在摩擦材料制品热压成型的过程中，有部分摩擦材料制品包含金属件，例如，盘式刹车片和火车闸瓦中包含摩擦片和钢背板（俗称钢背或衬板），这是在热压成型过程中，将压塑料和涂有黏结胶的带有增强孔（或增强结构）的钢背于压模中压成一个整体而制得的。也有

些制品如钻机及工程机械摩擦片，则带有金属嵌件，是将压塑料和金属嵌件放在一起压制而成的。

增用钢背或金属嵌件是为了提高制品的机械强度和使用寿命，方便安装使用，或是用于零部件之间的连接及其他原因。

为了使钢背、嵌件与摩擦片之间的结合牢固可靠，在使用前，必须对金属件进行表面处理，除净油污、锈蚀及其他各种脏污。钢背开有若干带锥度的孔眼，有的钢背如火车闸瓦的钢背孔眼处还有倒爪或梅花孔。金属嵌件上应带有环形槽、滚花、棱角或孔等，它们的目的都是使金属件和压塑料结合牢固，压制时不致发生移位。通常还将金属件在压制前进行预热，以尽量减少金属件和摩擦片两者收缩率的差异，从而降低制品内应力，增加制品强度。

钢背和嵌件通常用手放在用定位销或其他方式限定的固定位置上，也可用工具放置。不论以何种方式，都必须正确平稳地将它们放置于限定部位，不得翘起、倾斜，否则会压坏模具，或使压出的片子成为废品。

在压制盘式刹车片时，对钢背的安放需要注意以下几点：

（1）钢背的涂胶面（粘接面）必须面向模腔内压塑料的方向。如操作失误反向放置，则压制出的盘式刹车片的摩擦片与钢背因无任何黏结力而分离，不能使用。并且钢背涂胶面与压机的压板发生牢固黏结，会给操作带来极大麻烦。

（2）检查钢背的非粘接面上是否沾有黏结胶料（此种情况是对钢背粘接面涂刷黏结胶时操作不小心造成的）。若有，必须将其除净。否则，在压制操作时，可能会发生钢背甚至连带模具被上下移动的压机压板黏结的情况，当进行放（排）气操作或脱模操作时，会导致制品发生质量事故（钢背与摩擦片被强行分离），甚至还会形成模具被压板强行提起后又掉落的设备安全事故。

（3）盘式刹车片有内片和外片之分，内、外片的钢背应分别正确地放置于内、外片各自模腔上的规定位置内，不能混淆，以避免内片钢背与外片摩擦片或外片钢背与内片摩擦片压制在一起而造成制品报废。

2. 涂刷脱模剂

在热压成型操作中，每次向模腔内加料前，都应在模腔内壁及模板表面涂刷或喷洒脱模剂，目的是防止压制的片子与模板及模腔内壁发生粘片现象，从而使压好的片子能顺利地从压模中取出。如忽视脱模剂的使用，在经多次压制操作后，易发生粘片现象，使压制片从模中取出困难。借助于工具（铲刀、棍棒或一些金属工具）虽可将片子取出，但延长了脱模时间，降低了生产效率，还会造成片子损坏，模板和模腔内壁的光洁度和电镀层受到破坏，反过来又造成更严重的粘片现象和脱模困难，形成恶性循环。

常用的脱模剂有硬脂酸及其盐类。效果较好、使用较广的是硬脂酸锌，其他硬脂酸盐如硬脂酸钙、硬脂酸钡也可用。硬脂酸也有使用的，但市场供应的硬脂酸往往呈块状，需粉碎才能使用，比较麻烦。

肥皂水是经常被使用的脱模剂，不仅成本低廉，且配制方便。

摩擦材料专用脱模剂是近年来开发出的新型脱模剂，用得不多，但发展前景应该很好。

3. 加料

向压模模腔内加料有两种方式：

（1）在混料机内混合好压塑料，在加料前，需按规定的投料量进行称料，再将称好的压塑料加入压模模腔。

（2）压塑料经预成型工序制成规定质量的冷坯，将冷坯放入压模模腔。

将压塑料放到模腔中，主要是要求铺料均匀。如何能做到铺料均匀？这是一个操作熟练和经验积累的过程。铺料不匀会造成压制片厚薄不均匀，这种现象在压制厚度较薄的离合器面片（通常厚度为3~4 mm）和薄型或长弧形的鼓式刹车片时，尤其会经常碰到。压制片严重厚薄不均会造成磨削加工的困难并使压制片变为次废品。撒落在模腔外的压塑料应立即得到清理并放到模腔中，不要使物料浪费并保证投料量的准确。但因受热已失去流动性和黏结性的老化物料及料渣、料边，不得再拨回到模腔内，否则压制片会因这些部位不能黏结成一个整体而报废。

将冷坯放到模腔中时，需遵循轻拿轻放的原则。因为冷坯的结构强度不高，重拿重放易碎裂而导致不能使用。

对于多模腔的压模，加料时速度要快，尽量缩短加料时间，因为压塑料温度在150℃左右的热压模具中流动性会迅速降低并很快固化。在对所有模腔都完成加料操作时，那些最初加放至模腔中的压塑料应该仍具有必要的流动性和良好的成型性能。

4. 闭模加压

加料完成后，将模板或钢背放置好，并开动压机使上（阳）模和下（阴）模闭合，并加压，使压力表的表压达到规定的压制压力。

在闭模过程中，在上模接近下模前，闭模速度可快些，以缩短操作周期，提高生产效率。在上模快达到模腔口和模板（钢背）时，应放慢闭模速度，上（阳）模进入下（阴）模模腔后，可用正常速度实施模腔闭合和加压。这样的操作方式可避免压模及模板招致损坏，并有利于压塑料内部的气体排出。

5. 排气

排气，又称放气。通常在首次闭模加压后，需要解除压力，将压模开启少许时间。多次的排气操作可将压塑料中的挥发物排到模外。有多人进行过忽略此操作的试验，均未成功，主要是对所要排出气体的来源还没搞清楚。压塑料中除含有空气外，还含有挥发物，主要是水分、游离甲醛、氨等物质。除此之外，压塑料在压模的固化过程中也会产生水分及其他低分子挥发物，这些新生物质在压制温度下会产生很大的蒸汽压力，若不将它们排出，就会使制品产生起泡、肿胀、裂缝等弊病。排气的主要对象应是这部分新生物质。

排气要充分，一般排气次数为1~2次，有时，遇到物料潮湿或树脂硬化速度过慢或其他原因致使不易排净时，还可增加排气次数。

排气时间一般为20~60 s，应在压塑料尚处于可塑状态时将气体排出。若排气过迟，会因树脂已进入硬化阶段，具有高蒸汽压力的气体逸出而导致制品产生裂纹和裂口。

将压塑料进行预热，或先压成冷坯，再进行热压成型，都有利于将压塑料中的一部分气体排出，可减少排气次数，或排得更充分，减少热压制品次废品的产生。

6. 保压

在完成排气操作后，热模中的压塑料要恢复加压状态，继续受热进行固化反应，并保持一段规定的时间以达到压制品的充分硬化。

酚醛压塑料需在一定温度和压力条件下保持一定时间，才能完成硬化，达到热压成型工序的目的，获得满意的制品。此保压时间的计算是从压塑料首次闭模加压完成开始的，至最终解除压力、准备将压制片从模具中取出为止所花费的时间。若需进行排气操作，则从排气结束后，最后一次压模完全闭合开始计算保压时间。

保压固化所需的保压时间与压塑料的类型成分、压制温度和制品厚度有关，一般控制在每毫米40~90 s，需通过实际测试来确定合适的保压时间。

为提高压制片的产量而随意缩短保压固化的时间是热压成型工序中常见的问题。这是错误的做法，会严重影响制品的合格率和质量性能。有些操作人员用缩短保压固化时间、延长热处理时间的手段来实现制品的充分固化，这需要进行详细可靠的试验，来确定必需的最少保压固化时间。

7. 脱模

当压制片达到保压固化时间后，开启压模，将压制片取出。这一操作称为脱模取片。

在热模中取出的压制片的温度与室温差距甚大，制品在冷却过程中由于内应力和热胀冷缩的作用会产生翘曲变形，这种情况往往发生在大尺寸薄片制品（离合器面片）、大型厚壁制品和长弧形刹车片中。为避免这种情况的发生，有效的方法是：将制品放在冷模中冷却，冷模的形状阻止了制品的翘曲变形，但大部分工厂并未采用冷模来冷却制品。

注意压制片的放置位置。从模具中取出的弧形刹车片应侧面朝下放置，不应将弧面朝上或朝下放置；离合器面片应上下叠放，在最上面的片子上压以重物，如离合器压模的模板，以防止其变形。

在热压成型工序中，能否顺利进行脱模取片是很重要的，它会影响到热压生产效率和产品质量，而脱模困难的现象在生产中是经常会碰到的。脱模困难一般有如下原因：

（1）模板在使用较长时间后，由于磨损和腐蚀，镀铬层被破坏，表面光洁度下降，变得毛糙，使压制片易黏附在模板上不易取下，即粘模现象。

（2）模具经长时间使用后，因磨损造成模腔和模板的间隙加大，压制片的溢料废边变长加厚并压包在模板上，使片子不易取出。

（3）脱模剂使用不当或用量不够。

因此，为能顺利脱模取片，必须合理使用脱模剂。应及时维修模具，以保证模腔及模板的间隙公差和光洁度符合规定要求、镀铬层完好。

在脱模过程中，遇到片子粘模现象、发生脱模困难的情况时，可使用低硬度金属如铜质工具协助片子进行脱模操作。

8. 压模清理

压制片脱模后，应使用毛刷和软质铲刀或压缩空气将模腔内及模板上残留和黏附的废料边、料渣等清理干净，准备下一次的加料压片操作。

9. 压制片的清整

作为模压制品的压制片不可避免地会在片子边缘上存在毛刺、溢边等，可用金属工具将压制片边缘刮擦干净。

（七）废品产生的原因及解决措施

在热压成型的工序操作中，操作不当会造成压制品不符合质量要求的情况，从而导致废品的产生，造成生产的浪费和损失。产生质量事故的原因多种多样，包括原材料质量、压制温度、压力、时间、压机设备和模具的不正常等。因此必须严格遵守工艺技术规程，并对生产中出现不正常现象的原因进行分析。

常见的不正常现象、产生原因及解决措施见表5.4。

表 5.4　废品产生的不正常现象、产生原因及解决措施

不正常现象	产生原因	解决措施
压制品局部区域疏松、缺边、缺角	压塑料流动性差	适当增加压力
	投料量不够	检查投料量并补足
	压制温度过高	调整压制温度，降至适当温度
	铺料不均匀	注意铺料均匀
起泡、膨胀、裂纹	压塑料挥发物含量过高	合理进行干燥处理，使其达标
	压制温度过高或过低	调整压制温度
	树脂硬化速度过慢	准确控制硬化剂用量，延长压制时间
	六亚甲基四胺分布不匀	选用六亚甲基四胺分布均匀的树脂
	排气操作不当	调好放气时间，增加热压放气次数
压制品过黑过黄	压制温度过高	降低压制温度
压制品太软	压制温度不够	提高压制温度
	树脂中六亚甲基四胺不够，压制时间不够	增加压制时间，增加树脂中六亚甲基四胺用量
制品表面有波纹，尺寸超宽	压塑料挥发物含量过高	降低挥发物含量
	压制温度过低	提高压制温度

（续表）

不正常现象	产生原因	解决措施
压制品边角掉缺破损	压塑料流动性过大或模具间隙过大，形成溢流边过多过厚，出模后制品边缘破损，因粘模出片困难，硬性出模取片，造成破损	压塑料流动性应合适对模具进行维修，保证间隙符合要求，出模制品清边时注意，应在片热时修边
制品翘曲变形	压制时间不够	采取相应措施外，已脱模的制品可由专用夹具后冷却，或采用其他定型措施
	挥发物含量过大	
	脱模方法不当	
	模温过低	
制品外形尺寸超差	制品收缩率计算失误	纠正模具设计，准确计算收缩率控制压塑料水分及其他挥发物含量
	压制压力、时间、温度掌握不当	
	压塑料含水分及其他挥发物严重超标	
制品厚薄不均或过薄、过厚	投料量不准，过多或过少	掌握正确投料量
	铺料不均匀	铺料均匀
	压机或压模水平度未调好	用水平仪调好模具水平度
	模具间隙太大，跑料过多	调整模具间隙
粘模、出片困难	模具模腔未电镀或镀层破损，光洁度差	及时修模
	未擦脱模剂	按要求使用脱模剂
	模具间隙过大，跑料过多	调整模具间隙
	压制温度过低，时间不够	执行工艺规定
	压塑料过潮	将压塑料干燥，使其达到要求
制品表面有树脂集聚及小孔眼	配方中树脂含量过大	适当调整树脂含量
	压塑料混合不均	控制含树脂量，应均匀
	长纤维浸渍树脂不均，部分区域含树脂量太高	
盘式片与钢背黏结力差	黏结剂选择不当	选择合适的黏结剂，并做到适当涂刷
	黏结剂涂层过厚或过薄	适当涂刷黏结剂
	钢背表面处理不净	钢背表面处理干净，增加粗糙度
压制后的钢背与片子间有裂纹或脱落	上压板与下模间温差过大	调整模温达到均匀一致

第二节　短纤维辊压成型生产工艺

短纤维辊压成型生产工艺是20世纪70年代国内沈阳某工厂在生产长纤维布制层压橡胶带市场供不应求的形势下研发出的一种新的橡胶带生产工艺，该工艺被写入中国建筑工业出版社1977年出版的《石棉摩擦材料》一书中。

这种生产工艺经多年发展已发生了很大变化，产量也增加较多，厂家也在不断扩大生产规模。

短纤维摩擦材料多采用橡胶基制品为黏结剂，如橡胶刹车带等，占有摩擦材料制品总量的一部分。这是根据摩擦材料不同的使用条件来决定的。而这种以短纤维为增强材料的制品的生产工艺只能采用辊压成型生产工艺。橡胶是实现辊压成型生产工艺的主要材料，因为橡胶具有特殊的韧性和弹性，不能直接与其他各种材料混合，而需要通过辊压方法，将橡胶和各种功能性填料经混炼、制型、硫化而制成一种摩阻材料，用于各种机械和机动车辆制动减速。

一、生产工艺流程

短纤维辊压成型生产工艺流程为：

橡胶塑炼→混炼→出片→制型→压型→硫化→（磨制）→检查→包装→入库

二、工艺操作要点

（一）橡胶塑炼

（1）烘胶：将胶放入烘房中干燥烘软。烘房的温度一般为50~60 ℃，干燥时间24~36 h。冬季进厂的生胶常会冻结硬化和结晶，一般需要烘烤72 h。橡胶在烘房中需按顺序堆入。为了避免过热变坏，不应与加热器接触。烘房温度不宜过高，否则会影响橡胶的性能。

（2）切胶：将烘软的胶放在切胶机上切成锥形体。每块胶块大小不超过10 kg。切割合成橡胶时应剥净胶料包装皮。

（3）在采用开放式炼胶机破胶时，应将挡板适当调窄，在靠大牙轮一端操作，辊距可为1.5~2.0 mm，辊温控制在45~55 ℃，破胶容量应适当控制，以防止损坏设备。

（4）塑炼：首先对胶进行薄通塑炼，辊距在1.0~1.5 mm，控制辊温应在45~55 ℃，塑炼至胶包辊为止，然后投入胶混匀，再切割打卷称量待用。

因为橡胶具有特殊的韧性和弹性，不能直接与其他各种材料混合，因此只能在橡胶密炼机或开炼机中先行进行橡胶塑炼，使橡胶在橡胶密炼机或开炼机的强力作用下，减少韧性和弹性，达到可与其他材料混合的目的。此时橡胶表现为能均匀包在开炼机双辊表面。

（二）混炼

当橡胶均匀包辊，已具有可与其他材料混合的性能时，即可加入配方中规定加入的各种材料，在开炼机双辊间加入。通过开炼机不断进行强力混炼，当所用材料达到基本混匀的状态后，放于地下冷却备用。放于地下是为了排除混料过程中物料产生的静电，同时消除因混料时间过长物料间产生的不良反应，从而避免影响产品质量。

若应用密炼机混炼，可通过密炼机直接进行混料，混料是将橡胶和各种材料全部直接放入密炼机中进行混炼。这种方法效率较高，质量也较好，混好的料也不必进行冷却备用，而是能直接进行出片操作。

1. 混炼

混炼是将已称好的塑炼胶卷沿炼胶机的大牙轮一端投入辊中，将辊距控制在8 mm左右。辊温为45~55 ℃，待橡胶完全包辊后，再投小药与橡胶通过辊炼进行混合，并在炼胶辊两端左右用刀割开，不断将胶辊上橡胶扭转翻炼。直至小药吃净，然后投大料，再左右割刀，扭转翻炼，待粉状料全部吃净后方可投纤维。切记：不可在粉状料未吃净之时投纤维。这是因为粉状料混不匀会严重影响制品的性能。待纤维吃净后下料片，调整辊距至2~3 mm，将料片薄通一次脱辊放入，待第二天返炼。

2. 返炼

返炼是将已混炼好的料片包前辊扎成 7~8 mm 料片，约计 4 min，然后料片脱辊，调整辊距至 1~2 mm，薄通 5 次以上，直至料片表面无纤维团为止。

（三）出片

出片是将混好的胶料按产品规格要求制成胶片。出片是通过在开炼机上加一个出片装置实现的。按规格要求对好辊距，公差为 ±0.5 mm 为宜。调整辊距 1~1.5 mm，控制辊温在 50~60 ℃。将混炼好的混合胶料在双辊开炼机的一端进行出片，其中胶片厚 1~1.2 mm，宽按要求，长度可为任意长度。

胶料片应符合下列质量指标：

（1）胶料片表面无纤维绒团和粉状料的颗粒存在。

（2）胶料片表面无裂纹、缺边及外来杂质等。

（3）胶料片表面清洁无尘与油污等。

（4）出片时要控制片的厚度为 1~1.2 mm。

（5）胶料片表面色泽应保持一致。

（四）制型

（1）检查料片质量合格后及时散开使热量放出，避免在早期硫化变质。

（2）胶料片需要将接头处裁成 45° 角搭合，形成压型带，但带表面不要用接头料片。

（3）制型中的带头及下脚料不得超过 12%。

（五）压型

（1）检查制好的带型质量，合格后按规格生产，两面压花后的带若规格不符合要求也不准再加料，并且不得重压。

（2）在压带时，应按不同规格换电机槽轮，调整转速，增加压带密实度。

（3）对压型带的外观进行产品技术条件检验，但同批规格的带要保持同等的厚度和均匀度。

（六）硫化

（1）装罐要平整放齐，不得硬挤搭桥。

（2）橡胶带宽 50 mm 以内，装罐不宜堆放过高，以避免下面的橡胶带受压变形。

（3）硫化控制条件见表 5.5。

表 5.5　辊压成型硫化控制条件

气压 / MPa	0~0.15	0.16~0.2	0.2~0.3	0.3~0.4
时间 / min	30	30	30	30~50

一般硫化罐的气压为 0.3 ~ 0.4 MPa，硫化时间合计不得超过 140 min；

（4）出罐时要保持带型完整，不得碰坏边和面。

（七）磨制

除有特殊要求外，一般的橡胶带不予磨面处理。

（八）入库

（1）每个包装里要附有检验合格证，合格证上要加盖检验员章。

（2）入库产品要放在通风干燥的室内，要离开热源，以防止早期硫化变质。

（3）产品的总保管时间不得超过一年半。

第三节　短纤维辊压成型衬网胶带生产工艺

衬金属网纤维橡胶基制动带，简称衬网胶带。衬网胶带是以橡胶为黏结材料，与增强短纤维材料及各种新型功能材料经混炼、出片、制型、压带并复合金属衬网、硫化等工艺流程而制成的一种新型摩擦材料，主要用于各种机械或机动车辆制动减速。

本产品执行 GB/T 11834 – 2000 标准。

一、生产工艺流程

短纤维辊压成型衬网胶带生产工艺流程为：

金属网
↓
配料 → 混炼 → 出片 → 制型 → 网胶复合 → 压带
↓
入库 ← 包装 ← 检查 ← 硫化

二、工艺操作要点

（一）衬网胶带

衬网胶带的橡胶塑炼、混炼、出片与制型，与辊压成型工艺相同，此处不再重复。

（二）网胶复合

1. 金属网

在金属网应用前要对它进行检查，如金属网的丝径、密度、表面状态等均应达到使用要求。具体技术要求见表 5.6。

表 5.6 网胶复合技术要求

项目	指标要求	公差
网丝直径 / mm	0.7	± 0.1
100 mm 纬根数	15	± 2.0
100 mm 经根数	30	± 3.0

2. 复合用胶片

（1）按辊压法炼胶要求炼好胶料，进行制型。胶带的表面不应使用接头胶料片。非表面用胶料片的接头可裁成 45° 角搭合制成型的胶带边角要整齐，保持胶带表面完好。

（2）控制复合机辊温在 80 ℃，调好辊距，经确认一切正常后开始复合操作。

（3）金属网与制成型的胶带在复合机上进行复合的过程中，要保持送网与胶带完好，使胶带与金属网成为一体，以防止出现破损。送网方向要准确，保持金属网纬线在外面。

（4）对于复合好的网胶带应尽快降温与做好隔离，以防止粘连。

（5）衬金属网的橡胶带经制型后，其表面金属网纬线应完全露出，而带的边缘不允许有金属外露。

（三）辊压压制

（1）检查制好的网带，符合要求后可开始压型。压型是将经制型的网带在辊压压型机上进行压型，最后制成衬金属网纤维橡胶基制动带。

（2）在辊压胶带时，应按不同规格更换主机槽轮，调整转速，增加压带密度。

（3）辊压好的胶带应保证外观与规格尺寸、厚度等均匀一致。

（4）当辊压后的网带成盘时，要做到直径相同，堆放整齐。

（四）硫化

（1）装罐要平整放齐，不得硬挤搭桥。

（2）宽 50 mm 以内的带装罐盘不宜过高，以避免相压变形。

（3）硫化控制条件数据同表 5.5。一般硫化罐的气压为 0.3～0.4 MPa，硫化时间合计不得超过 140 min。

（4）出罐时要保持带型完整，不得碰坏边和面。

（五）入库

（1）每个包装里要附有检验合格证，合格证上要加盖检验员章。

（2）入库产品要放在通风干燥的室内，要离开热源，以防止早期硫化变质。

（3）产品的总保管时间不得超过一年半。

第六章 相关标准

摩擦材料实用纤维与应用技术相关国家标准摘录

（一）GB/T 25260.2-2018 合成胶乳

第 2 部分：羟基丁腈胶乳（XNBRL）

3 技术要求

3.1 外观：XNBRL 为白色乳液，无异物和可见凝聚块。

3.2 技术指标：XNBRL 的技术指标应符合表 1 的规定，按第 4 项给出的试验方法测定。

表 1 XNBRL 技术指标

项目	中结合丙烯腈		中高结合丙烯腈		高结合丙烯腈	
	优先品	合格品	优先品	合格品	优先品	合格品
结合丙烯腈含量（质量分数）/%	≥ 25.0 ~ ＜ 30.0		≥ 30.0 ~ ＜ 35.0		≥ 35.0 ~ ＜ 41.0	
总固物含量（质量分数）/%	≥ 42.0					
黏度 /（$mPa \cdot s^{-1}$）	＜ 100					
pH 酸碱度	7.5 ~ 9.0					
残留挥发性有机物含量（质量分数）/%	≤ 0.003	≤ 0.005	≤ 0.003	≤ 0.005	≤ 0.003	≤ 0.005
凝固物含量（质量分数）/%	≤ 0.01	≤ 0.05	≤ 0.01	≤ 0.05	≤ 0.01	≤ 0.05
机械稳定性（质量分数）/%	≤ 0.2	≤ 0.5	≤ 0.2	≤ 0.5	≤ 0.2	≤ 0.5
表面张力 /（$mN \cdot m^{-1}$）	20 ~ 50					

4 试验方法

4.1 外观

目视法测定。

4.2 总固物含量的测定

按 SH/T 1154-2011 中 6.1 的规定测定。

4.3 黏度的测定

按 SH/T 1152-2014 的规定测定。

4.4 pH 酸碱度的测定

按 SH/T 1150-2011 的规定测定。

4.5 残留挥发性有机物含量的测定

按 SH/T 1760-2007 的规定测定。

4.6 凝固物的测定

按 SH/T 1153-2011 的规定测定，筛网孔径 180μm±10μm。

4.7 机械稳定性的测定

按 SH/T 1151 的规定测定，筛网孔径 180μm±10μm，测定时间 10 min。

4.8 表面张力的测定

按 SH/T 1156-2014 规定的方法 B 测定。

4.9 结合丙烯腈含量的测定

按 SH/T 1503-2014 的规定测定。

7.1 包装

羧基丁腈胶乳使用塑料桶或采用用户认可的其他形式包装。

每桶净含量 200 kg 或其他。

（二）GB/T 16602-2008 腈纶短纤维和丝束

4 分类和标记

4.1 分类

4.1.1 按消光剂（TiO_2）的加入量分为半消光腈纶（TiO_2 含量 0.10%～0.50%）和有光腈纶（TiO_2 含量小于 0.05%）两类。

4.1.2 按单纤维名义线密度划分，如1.11 dtex、1.67 dtex、2.22 dtex、3.33 dtex、5.56 dtex、6.67 dtex、11.11 dtex等。

4.1.3 按生产工艺分为湿法和干法，湿法工艺分为一步法和二步法。

4.2 产品规格标记

以生产工艺代号、光泽代号、名义线密度、（短纤维）名义长度或（丝束）名义千特数加以标识，其中生产工艺代号以罗马数字表示，具体规定为：湿法（一步法）工艺——I、湿法（二步法）工艺——Ⅱ、干法工艺——Ⅲ；光泽代号以大写英文字母表示，具体规定为：有光——Y、半消光——X；其他代号由各生产单位自定（见图 1）。

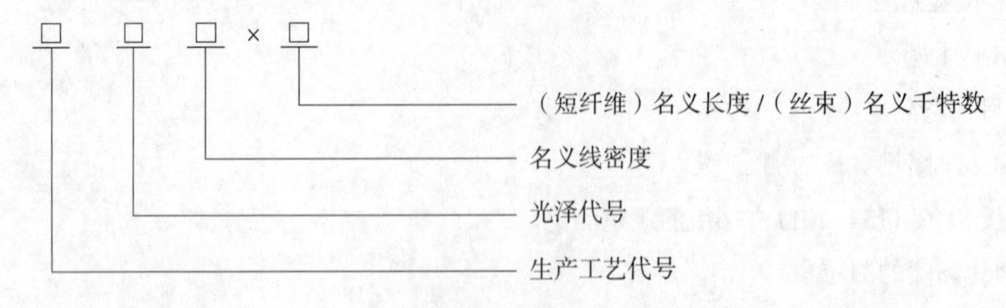

图 1 产品规格标记

示例1："ⅢY11.11 dtex × 102 mm" 表示用干法工艺生产的名义线密度为11.11 dtex、名义长度为102 mm的有光腈纶短纤维。

示例2："IX2.22 dtex × 100 ktex" 表示用湿法（一步法）工艺生产的名义线密度为2.22 dtex、名义千特数为100 ktex的半消光腈纶丝束。

5 要求

5.1 产品分等

产品分为优等品、一等品和合格品三个等级。

5.2 腈纶短纤维性能项目和指标值见表 2。

表 2 腈纶短纤维性能项目和指标值

性能项目		指标值		
		优等品	一等品	合格品
线密度偏差率 /%		± 8	± 10	± 14
断裂强度 *a* /（cN · dtex^{-1}）		M_1 ± 0.5	M_1 ± 0.6	M_1 ± 0.8
断裂伸长率 *b* / %		M_2 ± 8	M_2 ± 10	M_2 ± 14
长度偏差率 / %	≤ 76 mm	± 6	± 10	± 14
	＞ 76 mm	± 8	± 10	± 14
倍长纤维含量 /（mg · 100 g^{-1}）	1.11 ~ 2.21 dtex ≤	40	60	600
	2.22 ~ 11.11 dtex ≤	80	300	1000
卷曲数 *c* /（个 · 25 mm^{-1}）		M_3 ± 2.5	M_3 ± 3.0	M_3 ± 4.0
疵点含量 /（mg · 100 g^{-1}）	1.11 ~ 2.21 dtex ≤	20	40	100
	2.22 ~ 11.11 dtex ≤	20	60	200
上色率 *d* / %		M_4 ± 3	M_4 ± 4	M_4 ± 7

注：1. 断裂强度中心值 M_1 由各生产单位根据品种自定，断裂强度下限值：1.11~2.21 dtex 不低于 2.1 cN/dtex、2.22 ~ 6.67 dtex 不低于 1.9 cN/dtex、6.68 ~ 11.11 dtex 不低于 1.6 cN/dtex。

2. 断裂伸长率中心值 M_2 由各生产单位根据品种自定。

3. 卷曲数中心值 M_3 和上色率中心值 M_4 由各生产单位根据品种自定，卷曲数下限值：1.11 ~ 2.21 dtex 不低于 6 个 /25 mm、2.22 ~ 11.11 dtex 不低于 5 个 /25 mm。

5.3 腈纶丝束性能项目和指标值见表 3。

表 3 腈纶丝束性能项目和指标值

性能项目		指标值		
		优等品	一等品	合格品
线密度偏差率 /%		± 8	± 10	± 14
断裂强度 *a* /（cN · dtex^{-1}）		M_1 ± 0.5	M_1 ± 0.6	M_1 ± 0.8
断裂伸长率 *b* /%		M_2 ± 8	M_2 ± 10	M_2 ± 14
卷曲数 *c* /（个 · 25 mm^{-1}）		M_3 ± 2.5	M_3 ± 3.0	M_3 ± 4.0
疵点含量 /（mg · 100 g^{-1}）	1.11 ~ 2.21 dtex ≤	20	40	100
	2.22 ~ 11.11 dtex ≤	20	60	200
上色率 *d* /%		M_4 ± 3	M_4 ± 4	M_4 ± 7

注：1. 断裂强度中心值 M_1 由各生产单位根据品种自定，断裂强度下限值：1.11~2.21 dtex 不低于 2.1 cN/dtex、2.22 ~ 6.67 dtex 不低于 1.9 cN/dtex、6.68 ~ 11.11 dtex 不低于 1.6 cN/dtex。

2. 断裂伸长率中心值 M_2、卷曲数中心值 M_3 和上色率中心值 M_4 由各生产单位根据品种自定。

5.4 其他要求

5.4.1 生产半消光品种时，生产单位应向用户提供二氧化钛含量的测试结果。二氧化钛含量也可根据用户使用要求协商确定。

5.4.2 含油率、回潮率及用户需要且生产单位能够提供的测试指标由生产单位提供数据。

（三）GB/T 14463-2008 粘胶短纤维

4 产品的分类和标记

4.1 按粘胶短纤维的名义线密度范围，产品名称可命名为四类，见表 4。

表 4　粘胶短纤维的分类和命名

产品名称	分类
棉型粘胶短纤维	1.10 ~ 2.20 dtex
中长型粘胶短纤维	2.20 ~ 3.30 dtex
毛型粘胶短纤维	3. 30~6.70 dtex
卷曲毛型粘胶短纤维	3.30~6.70 dtex，并经过卷曲加工

4.2 产品规格以纤维线密度和切断长度表示，如 1.67 dtex × 38 mm、2.78 dtex × 51 mm。

4.3 产品光泽以消光程度来表示，分为有光、半消光和消光。

5 要求

5.1 产品分等

产品分为优等品、一等品、合格品三个等级，低于合格品的为等外品。

5.2 性能项目和指标值

5.2.1 棉型粘胶短纤维性能项目和指标值见表 5。

表 5　棉型粘胶短纤维性能项目和指标值

序号	项目名称		优等品	一等品	合格品
1	干断裂强度 / (cN · $dtex^{-1}$)	≥	2.15	2.00	1.90
2	湿断裂强度 / (cN · $dtex^{-1}$)	≥	1.20	1.10	0.95
3	干断裂伸长率 / %		$M_1 \pm 2.0$	$M_1 \pm 3.0$	$M_1 \pm 4.0$
4	线密度偏差率 / %	±	4.00	7.00	11.00
5	长度偏差率 / %	±	6.0	7.0	11.0
6	超长纤维率 / %	≤	0.5	1.0	2.0
7	倍长纤维 / (mg · 100 g^{-1})	≤	4.0	20.0	60.0
8	残硫量 / (mg · 100 g^{-1})	≤	12.0	18.0	28.0
9	疵点 / (mg · 100 g^{-1})	≤	4.0	12.0	30.0
10	油污黄纤维 / (mg · 100 g^{-1})	≤	0	5.0	20.0
11	干断裂强力变异系数（CV）/ %	≤	18.0	—	
12	白度 / %		$M_2 \pm 3.0$	—	

注：1. M_1 为干断裂伸长率中心值，不得低于 19%。
2. M_2 为白度中心值，不得低于 65%。
3. 中心值亦可根据用户需要确定，一旦确定，不得随意改变。

5.2.2 中长型粘胶短纤维性能项目和指标值见表 6。

表 6　中长型粘胶短纤维性能项目和指标值

序号	项目名称		优等品	一等品	合格品
1	干断裂强度 / (cN · $dtex^{-1}$)	≥	2.10	1.95	1.80
2	湿断裂强度 / (cN · $dtex^{-1}$)	≥	1.15	1.05	0.90
3	干断裂伸长率 /%		$M_1 \pm 2.0$	$M_1 \pm 3.0$	$M_1 \pm 4.0$

（续表）

序号	项目名称		优等品	一等品	合格品
4	线密度偏差率 / %	±	4.00	7.00	11.00
5	长度偏差率 / %	±	6.0	7.0	11.0
6	超长纤维率 / %	≤	0.5	1.0	2.0
7	倍长纤维 /（$mg \cdot 100\ g^{-1}$）	≤	4.0	30.0	80.0
8	残硫量 /（$mg \cdot 100\ g^{-1}$）	≤	12.0	18.0	28.0
9	疵点 /（$mg \cdot 100\ g^{-1}$）	≤	4.0	12.0	30.0
10	油污黄纤维 /（$mg \cdot 100\ g^{-1}$）	≤	0	5.0	20.0
11	干断裂强力变异系数（CV）/ %	≤	17.0	—	
12	白度 /%		$M_2 \pm 3.0$	—	

注：1. M_1 为干断裂伸长率中心值，不得低于 19%。

2. M_2 为白度中心值，不得低于 65%。

3. 中心值亦可根据用户需要确定，一旦确定，不得随意改变。

5.2.3 毛型和卷曲毛型粘胶短纤维性能项目和指标值见表 7。

表 7　毛型和卷曲毛型粘胶短纤维性能项目和指标值

序号	项目名称		优等品	一等品	合格品
1	干断裂强度 /（$cN \cdot dtex^{-1}$）	≥	2.05	1.90	1.75
2	湿断裂强度 /（$cN \cdot dtex^{-1}$）	≥	1.10	1.00	0.85
3	干断裂伸长率 /%		$M_1 \pm 2.0$	$M_1 \pm 3.0$	$M_1 \pm 4.0$
4	线密度偏差率 / %	±	4.00	7.00	11.00
5	长度偏差率 / %	±	7.0	9.0	11.0
6	倍长纤维 /（$mg \cdot 100\ g^{-1}$）	≤	8.0	50.0	120.0
7	残硫量 /（$mg \cdot 100\ g^{-1}$）	≤	12.0	20.0	35.0
8	疵点 /（$mg \cdot 100\ g^{-1}$）	≤	6.0	15.0	40.0
9	油污黄纤维 /（$mg \cdot 100\ g^{-1}$）	≤	0	5.0	20.0
10	干断裂强力变异系数（CV）/ %	≤	16.0	—	
11	白度 /%		$M_2 \pm 3.0$	—	
12	卷曲数 /（个 · $25\ mm^{-1}$）		$M_3 \pm 2.0$	$M_3 \pm 3.0$	

注：1. M_1 为干断裂伸长率中心值，不得低于 18%。

2. M_2 为白度中心值，不得低于 55%。

3. M_3 为卷曲数中心值由供需双方协商确定，卷曲数只考核卷曲毛型粘胶短纤维。

4. 中心值亦可根据用户需要确定，一旦确定，不得随意改变。

（四）GB/T 35442-2017 对位芳纶短纤维

3 术语和定义

3.1 对位芳纶

聚对苯二甲酰对苯二胺纤维芳纶 1414，是由酰胺基团相互连接苯环对位所构成的线型大分子组成的纤维。其中，至少 85% 的酰胺键是直接连在两个苯环对位之间的。

4 分类和标志

4.1 产品分类

产品分为纺纱用和非织造用两种类型。

4.2 产品标志

4.2.1 产品规格以纤维线密度和切断长度表示。

4.2.2 产品标志应包含：规格、类别、产品名称或批号等信息，可以有效区分。

示例：（纺纱用）1.67 dtex × 38 mm对位芳纶短纤维；（非织造用）2.22 dtex × 51 mm对位芳纶短纤维。

5 技术要求

5.1 对位芳纶短纤维性能项目和指标见表 8。

表 8　对位芳纶短纤维性能项目和指标值

序号	项目		纺纱用	非织造用
1	长度偏差率 / %		± 5.0	
2	线密度偏差率 / %	≤ 2.22 dtex	± 7.0	
		> 2.22 dtex	± 12.0	
3	断裂强度 / ($cN \cdot dtex^{-1}$) ≥		16.00	14.00
4	断裂伸长率 / % ≤		M_1a ± 0.5	
5	卷曲数 / (个 · $25\ mm^{-1}$)		M_2b ± 3.0	
6	含油率 / %		M_3c ± 0.5	
7	超长纤维率 /% ≤	< 76 mm	0.10	0.15
		≥ 76 mm	0.15	0.20
8	倍长纤维 / ($mg \cdot 100\ g^{-1}$) ≤		4.0	5.0
9	疵点 / ($mg \cdot 100\ g^{-1}$) ≤		5.0	8.0

注：M_1、M_2 和 M_3 由供需双方协商确定，确定后不得任意更改。

摩擦材料实用纤维与应用技术相关企业标准

（一）六钛酸钾晶须技术参数

表 9　六钛酸钾晶须技术参数

序号	项目	技术数据
1	化学式	$K_2Ti_6O_{13}/K_2O \cdot 6TiO_2$
2	外观形貌	白色或淡黄色针状结晶体
3	尺寸 / μ m	平均直径 0.5 ~ 2.5
		平均长度 1 ~ 100
4	耐热温度（空气中）/ ℃	1 200
5	熔点 / ℃	1 350
6	真密度 / ($g \cdot cm^{-3}$)	3.1 ~ 3.3
7	堆密度（约）/ ($g \cdot cm^{-3}$)	0.3 ~ 0.7
8	拉伸强度 / GPa	7
9	弹性模量 / GPa	280
10	莫氏硬度	4
11	膨胀系数 / K	6.8×10^{-6}
12	电性能 / Ω cm	3.3×10^{15}

（续表）

序号	项目	技术数据
13	介电性能	E=3.3~3.7
		Tan δ=0.06~0.09
14	pH 酸碱度（分散在水中）	7~8
15	纯度 / %	≥ 95
16	吸湿性 / %	≤ 0.6
17	导热系数 / （W · m^{-1} · K^{-1}）	0.054（25℃）
		0.017（800℃）
18	红外反射	性能良好
19	耐热隔热	性能良好
20	摩擦性能	良好

（二）FKF 复合矿物纤维

1 范围

本标准规定了 FKF 复合矿物纤维的定义、产品分类及代号、技术要求、试验方法、检验规则、包装、标志、运输与贮存等。

本标准适用于无石棉型摩擦材料、无石棉型橡胶、密封板材及纤维水泥瓦、板制品中起增强作用的 FKF 复合矿物纤维。其他类似的复合矿物纤维也可参照使用。

2 规范性引用文件

下列文件中的条款通过本标准的引用而成为本标准的条款。凡是注日期的引用文件，其随后所有的修改单（不包括勘误的内容）或修订版均不适用于本标准。然而，鼓励根据本标准达成协议的各方研究是否可使用这些文件的最新版本。凡是不注日期的引用文件，其最新版本适用于本标准。

GB/T 5480.3-2004 矿物棉及其制品试验方法　第 3 部分：尺寸和密度；

GB 6646.1~6646.6-86 温石棉检验方法；

GB 6646.6-86 温石棉水分测定方法；

GB 8072-87 温石棉取样、制样方法；

JC/T 527-1993 摩擦材料烧失量试验方法。

3 术语和定义

3.1 本标准采用以下术语和定义

FKF 复合矿物纤维：FKF Composite Mineral Fiber

由多种人造矿物纤维、少量有机纤维及其他表面活性成分按不同比例混合而成的一类新型纤维增强材料的总称。代号 FKF（F——“复合”的汉语拼音的第一个字母；K——“矿物”的汉语拼音的第一个字母；F——“纤维”英文“fiber”的第一个字母）。

3.2 产品类型

FKF 复合矿物纤维按其用途分为以下类型：

（1）FKF-4010WT 适用于摩托车刹车片、小型盘式片、工程机械摩擦片、橡胶刹车带等。

（2）FKF-4016X 适用于中档粘接型鼓式刹车片、盘式刹车片。

（3）FKF-4025Y适用于中档载重汽车、城市公交车辆刹车片，大型工程机械摩擦片。

（4）FKF-4010MF 适用于中高档盘刹车片、普通橡胶板。

（5）FKF-4012MF 适用于中高档鼓式刹车片，建材保温、绝缘以及橡胶抄取板等。

（6）FKF-4020MF 适用高档载重汽车刹车片，城市公交车辆刹车片，橡胶板、耐油板及保温材料等。

（7）FKF-4012X 适用于辊压法橡胶板、耐油板及保温材料。

（8）FKF—4020X 适用于高档橡胶板、耐油橡胶板和橡胶抄取板等。

4 技术要求

4.1 纤维松散密度（堆积）

产品类型中（1）~（4）纤维松散密度≤ 550 kg/m^3；（5）~（8）≤ 220 kg/m^3。

4.2 纤维密度（压实）

产品类型中（1）~（4）纤维密度（压实）≤ 700 kg/m^3；（5）~（8）≤ 450 kg/m^3。

4.3 沉降值 [3.2 产品类型中（5）~（8）]

纤维沉降值不小于 400 mL。

4.4 颗粒值

4.4.1 产品类型中（1）~（4）≥ 60 目以上的颗粒值应小于 3%。

4.4.2 产品类型中（5）~（8）≥ 120 目以上的颗粒值应小于 3%。

4.5 pH 酸碱度

纤维 pH 酸碱度为 6~9。

4.6 含水率

纤维的含水率应不超过 2%。

4.7 烧失量

烧失量应不大于 10%。

4.8 外观

外观为灰白色、浅黄色、白色。

5 试验方法

5.1 纤维松散密度（堆积）

按本标准附录 A 进行。

5.2 纤维密度（压实）

本方法同 GB/T 5480.3-2004 结合起来进行。

按本标准附录 A 进行。

5.3 纤维沉降值

按本标准附录 A 进行。

5.4 颗粒值

按本标准附录 A 进行。

5.5 pH 酸碱度

按本标准附录 A 进行。

5.6 水分含量

本方法同 GB 6646.6-86 结合起来进行。

按本标准附录 A 进行。

5.7 烧失量

本方法同 JC/T 527-1993 结合起来进行。

按本标准附录 A 进行。

5.8 外观

目测。

6 检验规则

6.1 组批及取样

FKF复合矿物纤维按同类型产品组批取样。每一批为一取样单位，每批应不少于1000kg。

从每批中随机抽取8袋，每袋中抓取两把，每把100g左右，混匀为不少于1.5kg的混合样。

散装取样：连续取，亦可从 20 个以上不同部位取等量样品，总数至少 1.5kg。

6.2 出厂检验

出厂 FKF 复合矿物纤维的技术要求应符合 4.1～4.8 的规定。

6.3 判定规则

凡本标准检验项目中任一项不符合本标准规定的指标，则加倍取样复验，复验结果仍不合格，则判定该批为不合格品。

6.4 试验报告

试验报告内容应包括本标准第 4 项的各项技术要求及试验结果。

7 包装、标志、运输与贮存

7.1 包装

FKF复合矿物纤维的包装用袋装打托盘或散装；袋装FKF复合矿物纤维每袋净重为12.5 kg、20 kg、25 kg或50 lb（出口用）或按用户特殊要求。包装袋为三合一复合牛皮纸袋、PP袋，其他包装形式由供需双方协商确定。

7.2 标志

包装袋上应清楚标明：产品名称、规格型号、质量、制造单位名称或客户特殊要求。

7.3 运输与贮存

FKF 复合矿物纤维产品保质期两年。在运输与贮存时，包装袋不得破损，不得受潮，不被水、油淋污，不得混入杂物。

ICS 43.040.40
Q 69

GB

中华人民共和国国家标准

GB/T 35471-2017

摩擦材料用晶须

Whiskers for friction material

2017-12-29 发布　　2018-11-01 实施

中华人民共和国国家质量监督检验检疫总局
中国国家标准化管理委员会　发布

前 言

本标准按照 GB/T 1.1–2009 给出的规则起草。

本标准由中国建筑材料联合会提出。

本标准由全国非金属矿产品及制品标准化技术委员会（SAC/TC 406）归口。

本标准起草单位：江西峰竺新材料科技有限公司、郑州博凯利生态工程有限公司、浙江科马摩擦材料股份有限公司、咸阳非金属矿研究设计院有限公司、句容亿格纳米材料厂、佛山市顺德区质量技术监督标准与编码所。

本标准主要起草人：侯彩红、罗新峰、王立新、李和平、徐长城、朱萌、陆锡中、赵晓纯、张振。

摩擦材料用晶须

1 范围

本标准规定了摩擦材料用硫酸钙晶须、六钛酸钾晶须和六钛酸钠晶须的术语和定义、技术要求、试验方法、检验规则及标志、包装、运输和贮存。

本标准适用于摩擦材料用硫酸钙晶须、六钛酸钾晶须和六钛酸钠晶须。

2 规范性引用文件

下列文件对于本文件的应用是必不可少的。凡是注日期的引用文件，仅注日期的版本适用于本文件。凡是不注日期的引用文件，其最新版本（包括所有的修改单）适用于本文件。

GB/T 5950 建筑材料与非金属矿产品白度测量方法

GB/T 6682 分析实验室用水规格和试验方法

GB/T 8170 数值修约规则与极限数值的表示方法和判定

GB/T 23771 无机化工产品中堆积密度的测定

3 术语和定义

下列术语和定义适用于本文件。

3.1 硫酸钙晶须 calcium sulfate whisker

以二水硫酸钙（石膏）作为原料，采用适当的工艺和配方而生成的具有均匀的横截面、完整的外形、完善的内部结构的纤维状（须状）单晶体。分子式为 $CaSO_4$。

3.2 六钛酸钾晶须 potassium titanate whisker

经 X 射线衍射仪测试为结晶态且具有一定长径比的晶体。人工合成分子式为 $K_2Ti_6O_{13}$。

3.3 六钛酸钠晶须 sodium titanate whisker

经 X 射线衍射仪测试为结晶态且具有一定长径比的晶体。人工合成分子式为 $Na_2Ti_6O_{13}$。

4 技术要求

摩擦材料用硫酸钙晶须、六钛酸钾晶须和六钛酸钠晶须的技术要求应符合表 1 规定。

表 1 技术要求

项目	硫酸钙晶须	六钛酸钾晶须	六钛酸钠晶须
平均长度 / μm	5 ~ 200	10 ~ 100	10 ~ 100
长径比	10 ~ 80	≥ 5	≥ 5
白度 / %	≧ 85	—	—
堆积密度 /（$g \cdot cm^{-3}$）	0.10 ~ 0.60	0.05 ~ 0.60	0.05 ~ 0.60
pH 值	6.5 ~ 7.5	8.0 ~ 11.0	8.0 ~ 11.0
含水率 / %	≤ 1.50	≤ 0.70	≤ 0.70
硫酸钙含量 / %	≥ 93.0	—	—
烧失量（850℃）/ %	≤ 3.00	—	—

（续表）

项目	硫酸钙晶须	六钛酸钾晶须	六钛酸钠晶须
物相组成	—	符合 PDF 标准卡片（00-040-0403）	符合 PDF 标准卡片（00-037-0951）

注：PDF 标准卡片详见附录 A。

5 试验方法

5.1 一般规定

本标准所用的试剂和水，在没有注明其他要求时，均指分析纯试剂和 GB/T 6682 规定的三级水。

5.2 平均长度和长径比的测定

5.2.1 仪器设备

仪器设备应符合下列要求：

a）光学显微镜：放大倍数在 200 倍以上；

b）超声波分散仪。

5.2.2 试剂

无水乙醇：分析纯。

5.2.3 分析步骤

取适量试样，加入适量无水乙醇，经超声波分散仪分散后，取1～2滴于制样薄膜上，干燥后，置于光学显微镜下，在200～1000倍放大倍数下，选择颗粒明显、均匀和集中的区域，读取晶须针状体的长度和粗部直径的数据。每次检测要求随机选取20根晶须针状体，得到20根晶须针状体的长度和粗部直径的数据，取其算术平均值为测定结果。

5.2.4 结果计算

晶须针状体的平均长度按式（1）计算：

$$l = \frac{\sum_{i=1}^{20} l_i}{20} \tag{1}$$

式中 l——晶须针状体的平均长度的数值，单位为微米（μm）；

l_i——测得的第 i 根晶须针状体的长度的数值，单位为微米（μm）。

晶须针状体的平均直径按式（2）计算：

$$d = \frac{\sum_{i=1}^{20} d_i}{20} \tag{2}$$

式中 d——晶须须针状体的平均直径的数值，单位为微米（μm）；

d_i——测得的第 i 根晶须针状体的粗部直径的数值，单位为微米（μm）。

晶须针状体的长径比按式（3）计算：

$$x = \frac{l}{d} \tag{3}$$

式中 x——晶须针状体的长径比的数值。

5.3 白度的测定

按 GB/T 5950 的规定进行测定。

5.4 堆积密度的测定

按 GB/T 23771 的规定进行测定。

5.5 pH 值的测定

5.5.1 方法提要

试样分散于一定量新煮沸并冷却至室温的蒸馏水中，经搅拌，用酸度计测定其酸碱度，其量值以pH值表示。

5.5.2 仪器设备

仪器设备应符合下列要求：

a）酸度计：精度 0.1；

b）天平：感量不大于 0.1 g；

c）电动搅拌器。

5.5.3 分析步骤

准确称取 10.0 g 试样置于 250 mL 烧杯中，加入 100 mL 新煮沸并冷却至室温的蒸馏水，以电动搅拌器搅拌 5 min，用慢速定量滤纸过滤，然后用酸度计测定滤液的 pH 值。

至少进行两次平行测定。若平行测定结果的绝对差值不大于 0.2，取其算术平均值为报告值；否则重新制样测定。

5.6 含水率的测定

5.6.1 仪器设备

仪器设备应符合下列要求：

a）恒温干燥箱：最高温度不低于 120 ℃，控温精确度 ±2 ℃；

b）分析天平：感量不大于 0.000 1 g；

c）干燥器：内装变色硅胶。

5.6.2 分析步骤

称取约 10 g 试样，精确至 0.000 1 g，放入已恒重的称量瓶中，将称量瓶放入已经恒温在 105 ℃的恒温干燥箱中，保持 2 h，取出称量瓶，置于干燥器中，冷却至室温后称量。如此反复操作，直至恒重。

5.6.3 结果计算

含水率按式（4）计算：

$$h = \frac{m_1 - m_2}{m} \times 100 \qquad (4)$$

式中 h——含水率的数值，以 10^{-2} 或%表示；

m——试样的质量的数值，单位为克（g）；

m_1——烘干前称量瓶及试样的质量的数值，单位为克（g）；

m_2——烘干后称量瓶及试样的质量的数值，单位为克（g）。

至少进行两次平行测定。若平行测定结果的绝对差值不大于0.10%，取其算术平均值为报告值；否则重新制样测定。

5.7 硫酸钙含量的测定

5.7.1 方法提要

用三乙醇胺掩蔽少量的三价铁、三价铝和二价锰等离子，在pH=12.5时使用钙指示剂，用乙二胺四乙酸二钠标准溶液滴定钙离子，计算出硫酸钙含量。

5.7.2 仪器设备

仪器设备应符合下列要求：

a）恒温干燥箱：最高温度不低于120 ℃，控温精确度 ±2 ℃；

b）分析天平：感量不大于0.000 1 g；

c）马弗炉：最高温度不低于1 000 ℃，控温精确度 ±20 ℃。

5.7.3 试剂

5.7.3.1 盐酸溶液：1+1。

5.7.3.2 盐酸溶液：2+3。

5.7.3.3 甲基红指示液：体积分数为0.1%乙醇溶液。

5.7.3.4 氢氧化钾溶液：200 g/L。

5.7.3.5 三乙醇胺溶液：2+3。

5.7.3.6 钙指示剂：将1 g钙指示剂与50 g已在105～110 ℃下干燥过的氯化钠研磨均匀，保存于棕色磨口瓶中。

5.7.3.7 氧化钙标准溶液：称取0.892 4 g已在105～110 ℃下干燥2 h的碳酸钙（高纯试剂或基准试剂），置于250 mL的烧杯中，加约100 mL的水，盖上表面皿。缓慢加入10 mL盐酸溶液（5.7.3.1）至试剂溶解，加热煮沸驱尽二氧化碳，取下，冷却至室温。移入1 000 mL容量瓶中，用水稀释至刻度，混匀。此溶液1.00 mL含0.50 mg氧化钙。

5.7.3.8 氧化镁标准溶液：称取0.500 0 g已在950～1 000 ℃灼烧1h的氧化镁（高纯试剂或基准试剂），置于250 mL烧杯中，加约100 mL水，盖上表面皿，缓慢加入15 mL盐酸溶液（5.7.3.1）至试剂溶解，加热溶解，取下，冷却至室温。移入1 000 mL的容量瓶中，用水稀释至刻度，混匀。此溶液1.00 mL含0.50 mg氧化镁。

5.7.3.9 乙二胺四乙酸二钠标准滴定溶液 [c（EDTA）≈0.015 mol/L] 按以下方式配制和标定：

——乙二胺四乙酸二钠标准滴定溶液的配制：称取5.6 g乙二胺四乙酸二钠，置于1 000 mL烧杯中，加600 mL水，加热溶解，冷却，过滤，用水稀释至1 000 mL。

——乙二胺四乙酸二钠标准滴定溶液的标定：移取50.00 mL氧化钙标准溶液（5.7.3.7）3份，分别置于250 mL或500 mL锥形瓶中，加入2 mL氧化镁标准溶液（5.7.3.8），加5mL三乙醇胺溶液（5.7.3.5），加入20 mL氢氧化钾溶液（5.7.3.4）及适量钙指示剂（5.7.3.6），在不断搅拌下用乙二胺四乙酸二钠标准滴定溶液滴定至溶液由红色变为纯蓝色。3份氧化钙标准溶液所消耗乙二胺四乙酸二钠标准滴定溶液体积的极差不超过0.05 mL，取其平均值。

乙二胺四乙酸二钠标准滴定溶液的浓度按式（5）计算，其值按 GB/T 8170 修约至四位有效数字：

$$c = \frac{c_1 \times v}{56.08 \times v_1} \times 100 \tag{5}$$

式中 c——乙二胺四乙酸二钠标准滴定溶液的浓度的数值，单位为摩尔每升（mol/L）；

c_1——氧化钙标准溶液的浓度的数值，单位为毫克每毫升（mg/mL）；

v——移取氧化钙标准溶液的体积的数值，单位为毫升（mL）

v_1——滴定消耗的乙二胺四乙酸二钠标准滴定溶液的体积的数值，单位为毫升（mL）。

5.7.4 分析步骤

称取约0.1 g（精确至0.000 1 g）预先在250 ℃干燥至恒重的试样，置于300 mL锥形瓶中，加4 mL盐酸溶液（5.7.3.2），再加入20 mL水，加热溶解，冷却至室温。加1滴甲基红指示液（5.7.3.3），滴加氢氧化钾溶液（5.7.3.4）至溶液显橙红色，并过量5 mL。加10 mL三乙醇胺溶液（5.7.3.5）和少量钙指示剂（5.7.3.6），用乙二胺四乙酸二钠标准滴定溶液（5.7.3.9）滴定至溶液由酒红色变为纯蓝色。

5.7.5 结果计算

硫酸钙的含量按式（6）计算：

$$w(CaSO_4) = \frac{c \times v \times M \times 10^{-3}}{m} \times 100 \tag{6}$$

式中 $w(CaSO_4)$——硫酸钙的含量的数值，以 10^{-2} 或%表示；

c——乙二胺四乙酸二钠标准滴定溶液的浓度的数值，单位为摩尔每升（mol/L）；

v——滴定消耗的乙二胺四乙酸二钠标准滴定溶液的体积的数值，单位为毫升（mL）；

M——硫酸钙（$CaSO_4$）的摩尔质量的数值，单位为克每摩尔（g/mol）（M=136.1）；

m——试样的质量的数值，单位为克（g）。

至少进行两次平行测定。若平行测定结果的绝对差值不大于 0.20%，取其算术平均值为报告值；否则重新制样测定。

5.8 烧失量的测定

5.8.1 方法提要

试样在 850 ℃使结构水及有机物挥发，根据试样灼烧前后质量差，计算烧失量。

5.8.2 仪器设备

仪器设备应符合下列要求：

a）恒温干燥箱：最高温度不低于 120 ℃，控温精确度 ±2 ℃；

b）分析天平：感量不大于 0.000 1 g；

c）马弗炉：最高温度不低于 900 ℃，控温精确度 ±20 ℃。

5.8.3 分析步骤

称取约1 g（精确至0.000 1 g）预先在105 ~ 110 ℃干燥至恒重的试样，置于已恒重的瓷坩埚中，将瓷坩埚放入马弗炉，自室温逐渐升至850 ℃并保温1 h，取出坩埚置于干燥器中冷至室温，称量。如此反复操作，直至恒重。

5.8.4 结果计算

烧失量按式（7）计算：

$$x_1=\frac{m_0+m_3-m_4}{m_0}\times 100 \tag{7}$$

式中 x_1——烧失量的数值，以 10^{-2} 或%表示；

m_3——灼烧前坩埚的质量的数值，单位为克（g）；

m_4——灼烧后坩埚及试样的质量的数值，单位为克（g）；

m_0——试样的质量的数值，单位为克（g）。

至少进行两次平行测定。若平行测定结果的绝对差值不大于 0.20%，取其算术平均值为报告值；否则重新制样测定。

5.9 物相组成的检测

采用 X 射线衍射仪对样品进行检验。将样品的 X 射线衍射图谱的三强峰与 PDF 标准卡片相对照，当 d 值的数据在 ±0.04 范围内时为相符。

6 检验规则

6.1 出厂检验

产品出厂时应进行出厂检验，摩擦材料用硫酸钙须的出厂检验项目为堆积密度、pH 值、含水率、烧失量。摩擦材料用六钛酸钾晶须和六钛酸钠晶须的出厂检验项目为堆积密度、pH 值、含水率。

6.2 型式检验

型式检验项目包括表 1 中要求的所有项目。

有下列情况之一时，应进行型式检验：

a）产品正式投产或定型时；

b）正常生产时，每 6 个月进行一次；

c）原材料或生产工艺发生较大改变时；

d）停产 3 个月以上恢复生产时；

e）供需双方合同有约定时；

f）出厂检验结果与上次型式检验有较大差异时。

6.3 组批和抽样

6.31 组批

以同一批原料、同一生产工艺连续生产的晶须为同一批。当批量过大时，也可分成若干小批。

6.3.2 抽样

从每批产品中，按表 2 规定随机抽取若干袋，从每袋中取样品 1 000 g。将所抽样品充分混匀，以四分法缩分出不少于 1 000 g 样品。

表 2　抽样表

批量 / 袋	抽取样本数 / 袋
40 以下	3
41~120	4
121 以上	5

6.4 判定规则

所有检验项目均符合本标准要求，综合判定该批产品合格。若有任何一项或一项以上不符合本标准要求，则加倍抽样，对不符合项进行复验。若复验结果全部符合本标准要求，仍判定该批产品合格；否则判定该批产品不合格。

7 标志、包装、运输和贮存

7.1 标志

产品外包装袋上应有产品名称、生产单位名称、净重等标志。产品应附“质量检验证书”，质量检验证书内容包括：

a）生产企业的名称；

b）产品名称；

c）质量检验证书号码和日期；

d）批号；

e）产品检验和测试结果；

f）执行标准号。

7.2 包装

7.2.1 产品包装采用防水、防潮的包装袋。

7.2.2 每个包装件的净重量为 10 kg ± 0.1 kg 或与客户商定的其他规格。

7.3 运输和贮存

7.3.1 各种运输工具均应有防雨设施，防止产品受潮。

7.3.2 运输中不准许损坏包装袋。

7.3.3 包装袋按批堆放，贮存在干燥、通风的仓库内。

附录A
（规范性附录）
PDF 标准卡片

PDF 00-040-0403: $K_2Ti_6O_{13}$

射线 =Cu 的 Ka 线，波长 =1.540 6

单斜晶—粉末衍射

晶胞：15.593 × 3.796 × 9.108（90.0 × 99.78 × 90.0）

密度（计算）=3.586

强峰线：7.70/X 1.90/X 3.05/X 2.98/7 6.40/7 2.96/7 3.69/7 2.80/3

2− θ	d(A)	I(f)	(h k l)	θ	1/ (2d)	2pi/d n^2
11.484	7.699 0	100.0	(2 0 0)	5.742	0.064 9	0.816 1
13.823	6.401 0	67.0	(2 0−1)	6.912	0.078 1	0.981 6
19.735	4.495 0	13.0	(0 0 2)	9.867	0.111 2	1.397 8
24.112	3.688 0	67.0	(1 1 0)	12.056	0.135 6	1.703 7
29.258	3.050 0	100.0	(3 1 0)	14.629	0.163 9	2.060 1
29.940	2.982 0	67.0	(3 1−1)	14.970	0.167 7	2.107 0
30.126	2.964 0	67.0	(2 0 3)	15.063	0.168 7	2.119 8
30.753	2.905 0	13.0	(1 1−2)	15.377	0.172 1	2.162 9
31.913	2.802 0	33.0	(3 1 1)	15.957	0.178 4	2.242 4
31.995	2.795 0	33.0	(1 1 2)	15.998	0.178 9	2.248 0
33.771	2.652 0	7.0	(3 1−2)	16.885	0.188 5	2.369 2
34.729	2.581 0	7.0	(6 0−1)	17.364	0.193 7	2.434 4
43.059	2.099 0	33.0	(4 0−4)	21.530	0.238 2	2.993 4
43.516	2.078 0	33.0	(6 0 2)	21.758	0.240 6	3.023 7
44.484	2.035 0	7.0	(3 1 3)	22.242	0.245 7	3.087 6
45.306	2.000 0	7.0	(5 1−3)	22.653	0.250 0	3.141 6
47.888	1.898 0	100.0	(0 2 0)	23.944	0.263 4	3.310 4
52.069	1.755 0	7.0	(5 1−4)	26.035	0.284 9	3.580 2
55.151	1.664 0	7.0	(7 1 2)	27.576	0.300 5	3.776 0
57.637	1.598 0	13.0	(2 2−3)	28.819	0.312 9	3.931 9
58.847	1.568 0	7.0	(7 1−4)	29.423	0.318 9	4.007 1

59.472	1.553 0	7.0	(4 2 2)	29.736	0.322 0	4.045 8
60.198	1.536 0	7.0	(5 1−5)	30.099	0.325 5	4.090 6
60.502	1.529 0	7.0	(6 2−1)	30.251	0.327 0	4.109 3
61.982	1.496 0	7.0	(0 0 6)	30.991	0.334 2	4.200 0
65.495	1.424 0	7.0	(2 0 6)	32.747	0.351 1	4.412 4
66.334	1.408 0	7.0	(4 2−4)	33.167	0.355 1	4.462 5
66.709	1.401 0	7.0	(6 2 2)	33.355	0.356 9	4.484 8

PDF 00−037−0951: $Na_2Ti_6O_{13}$

射线 =Cu 的 Ka 线，波长 =1.540 6

单斜晶

晶胞：15.12 × 3.738 × 9.16（90.0 × 99.3 × 90.0）

密度（计算）=1.76

强峰线：7.47/X 6.29/5 3.63/5 2.98/5 2.93/5 2.67/5 1.87/5 1.73/5

2− θ	d(A)	I(f)	(h k 1)	θ	1/(2d)	2pi/d n^ 2
11.841	7.468 0	100.0	(2 0 0)	5.920	0.067 0	0.841 3
14.064	6.292 0	50.0	(−2 0 1)	7.032	0.079 5	0.998 6
24.510	3.629 0	50.0	(1 1 0)	12.255	0.137 8	1.731 4
29.950	2.981 0	50.0	(−5 0 1)	14.975	0.167 7	2.107 7
30.474	2.931 0	50.0	(−3 1 1)	15.237	0.170 6	2.143 7
33.523	2.671 0	50.0	(4 0 2)	16.762	0.187 2	2.352 4
35.222	2.546 0	10.0	(−4 0 3)	17.611	0.196 4	2.467 9
35.951	2.496 0	10.0	(6 0 0)	17.976	0.200 3	2.517 3
41.285	2.185 0	20.0	(−5 1 2)	20.643	0.228 8	2.875 6
43.363	2.085 0	50.0	(−4 0 4)	21.681	0.239 8	3.013 5
44.301	2.043 0	50.0	(6 0 2)	22.151	0.244 7	3.075 5
47.861	1.899 0	20.0	(−3 1 4)	23.931	0.263 3	3.308 7
48.707	1.868 0	50.0	(0 2 0)	24.353	0.267 7	3.363 6
51.471	1.774 0	10.0	(8 0 1)	25.735	0.281 8	3.541 8
52.814	1.732 0	50.0	(−5 1 4)	26.407	0.288 7	3.627 7

ICS 59.080.20
Q 69
备案号：38925-2013

JC

中华人民共和国建材行业标准

JC/T 2099-2012

摩擦密封材料用包芯纱

Core-spun yarn for friction and sealing materials

2012-12-28 发布　　2013-06-01 实施

中华人民共和国工业和信息化部 发布

前 言

本标准按照 GB/T1.1-2009 给出的规则起草。

本标准由中国建筑材料联合会提出。

本标准由全国非金属矿产品及制品标准化技术委员会（SAC/TC406）归口。

本标准起草单位：南通新源特种纤维有限公司、咸阳非金属矿研究设计院有限公司、浙江科马摩擦材料有限公司。

本标准主要起草人：焦红斌、钱勤、张红琳、杨余章、王宗和。

本标准为首次发布。

摩擦密封材料用包芯纱

1 范围

本标准规定了摩擦密封材料用包芯纱的术语和定义、标记、要求、试验方法、检验规则以及标志、包装、运输和贮存。

本标准适用于摩擦密封材料用包芯纱。

2 规范性引用文件

下列文件对于本文件的应用是必不可少的。凡是注日期的引用文件，仅注日期的版本适用于本文件。凡是不注日期的引用文件，其最新版本（包括所有的修改单）适用于本文件。

GB/T 7690.1-2001 增强材料 纱线试验方法 第 1 部分：线密度的测定

GB/T 7690.3-2001 增强材料 纱线试验方法 第 3 部分：玻璃纤维断裂强力和断裂伸长的测定

GB/T 8170 数值修约规则与极限数值的表示和判定

GB/T 9914.1-2001 增强制品试验方法 第 1 部分：含水率的测定

GB/T 9914.2-2001 增强制品试验方法 第 2 部分：玻璃纤维可燃物含量的测定

3 术语和定义

下列术语和定义适用于本文件。

3.1 摩擦密封材料用包芯纱 core-spun yarn for friction and sealing materials

以玻璃纤维、碳纤维、玄武岩纤维、金属纤维等连续长纤维为芯纱，外包短切纤维，通过无源纺纱工艺加工而成的具有皮芯结构的纱。

3.2 条干 yarn levelness

纱线的主要线。

3.3 疵点 defect

纱线上不应当有的粗结、跳线等缺陷。

4 标记

4.1 摩擦密封材料用包芯纱按产品名称、标准号、包芯纱代号（B）、包芯纱线密度和芯线密度的顺序标记。

示例：包芯纱线密度为 1 950 tex、芯线密度为 750 tex 的摩擦密封材料用包芯纱标记为：

摩擦密封材料用包芯纱 JC/T 2099-B1950-750

4.2 必要时，标记中可以包含补充要素和制造商标记。补充要素和制造商标记应放在规定标记的后面，制造商放在最后面并加圆括号。

5 要求

5.1 外观

5.1.1 摩擦密封材料用包芯纱纱线条干应均匀、表面平整，无油污，纤维疵点一卷不超过 5 个。

5.1.2 纱筒应紧密、规则地卷绕成圆筒状。

5.2 物理性能

摩擦密封材料用包芯纱物理性能应符合表 1 规定。

表 1　摩擦密封材料用包芯纱物理性能

项目	线密度允许偏差 / %	含水率 / %	皮纱含量 / %	断裂强度 /（$N \cdot tex^{-1}$）	烧失量 / %
指标	线密度≤ 1 000 tex: ± 8 线密度 >1 000 tex: ± 10	≤ 3.0	≥ 15	≥ 0.10	供需双方协商确定

6 试验方法

6.1 试样调节

试验样品应放置在温度 23 ± 2 ℃、相对湿度 50% ± 5% 的恒温恒湿条件下保持 4h 后，再进行物理性能测定。如果供需双方同意，也可不进行试样调节。

6.2 外观检查

在自然光下目测。

6.3 线密度测定

按 GB/T 7690.1–2001 进行测定。

6.4 含水率测定

按 GB/T 9914.1–2001 进行测定。

6.5 皮纱含量测定

6.5.1 仪器设备

6.5.1.1 尺子：长度不小于 1 m，分度值不大于 1 mm。

6.5.1.2 天平：感量不大于 0.001 g。

6.5.2 试验步骤

用尺子量取试样约1 m，准确至1 mm。小心除去皮纱（不能损失芯纱）后，称量芯纱质量，准确至0.001 g。重复以上步骤测试三个试样。

6.5.3 结果计算

皮纱含量 P（%）按公式（1）计算：

$$P = \frac{m_1 - m_2}{m_1} \times 100 \qquad (1)$$

式中 m_1——包芯纱纱线的质量，单位为克（g）；

m_2——包芯纱芯纱的质量，单位为克（g）。

取三个试样测试结果的算术平均值为测定结果，按 GB/T 8170 修约至两位小数。

6.6 断裂强度测定

按 GB/T 7690.3-2001 进行测定。

6.7 烧失量测定

按 GB/T 9914.2-2001 进行测定。

7 检验规则

7.1 检验分类

产品检验按类型分为出厂检验和型式检验。

7.1.1 出厂检验

出厂检验项目包括外观、线密度和皮纱含量。

7.1.2 型式检验

型式检验项目包括第 5 项规定的所有项目。在下列情况下进行型式检验：

a）新产品投产或产品定型鉴定时；

b）原材料或生产工艺有较大改变，可能影响产品质量时；

c）停产时间超过六个月恢复生产时；

d）正常生产时，每年至少进行一次；

e）出厂检验结果与上次型式检验结果有较大差异时；

f）国家质量监督机构或用户提出型式检验要求时。

7.2 组批原则

同一材质、同一规格、稳定连续生产的一定数量的包芯纱，卷装质量2.5 kg（含2.5 kg）以下，以250 kg为一批，不足250 kg仍以一批计；卷装质量2.5 kg以上，以500 kg为一批，不足500 kg仍按一批计。

7.3 抽样方法

7.3.1 外观检查采用随机抽样方法，不同批量所需的抽样量、合格批或不合格批的判定应符合表 2 的规定。

表 2　包芯纱外观检查抽样表　　单位：卷

批量	样本大小	合格判定数	不合格判定数
2~8	2	0	1
9~15	3	0	1
16~25	5	1	2
26~50	8	1	2
51~90	13	2	3
91~150	20	3	4

7.3.2 物理性能检验用样品从外观检查合格的批中随机抽取三卷纱，每卷纱制备各个检验项目用试样。

7.4 判定规则

7.4.1 外观按表 2 检查判定。物理性能任何一项不符合第 5 项的要求时，应加倍抽样对该项进行复验，以复验结果为准。

7.4.2 所有检验项目均符合本标准要求时，综合判定该批产品合格；否则综合判定该批产品不合格。

8 标志、包装、运输和贮存

8.1 标志

8.1.1 每个包装单元内应附有产品合格证明。内容包括：产品标记、生产日期或批号、检验员或检验机构名章、商标或生产单位名称。

8.1.2 每个包装单元上应有产品标记、生产单位、生产地址、净重和防雨防潮标志。

8.2 包装

摩擦密封材料用包芯纱的纱卷应大小基本一致；每卷包芯纱应衬有防潮纸或塑料袋包装，外用编织袋包装。

8.3 运输

运输中应防雨、防潮、防晒、防破损。

8.4 贮存

应贮存在具有防雨防潮设施的仓库内。

ICS 59.080.20
Q 61
备案号：55985-2016

JC

中华人民共和国建材行业标准

JC/T 2371-2016

摩擦材料用复合纱

Composite yarn for friction materials

2016-07-11 发布 2017-01-01 实施

中华人民共和国工业和信息化部 发布

前 言

本标准按照 GB/T 1.1-2009 给出的规则起草。

本标准由中国建筑材料联合会提出。

本标准由全国非金属矿产品及制品标准化技术委员会（SAC/TC406）归口。

本标准起草单位：南通新源特种纤维有限公司、浙江科马摩擦材料股份有限公司、咸阳非金属矿研究设计院有限公司、国家非金属矿制品质量监督检验中心。

本标准主要起草人：张红林、钱勤、王宗和、杨余章、张振。

本标准为首次发布。

摩擦材料用复合纱

1 范围

本标准规定了摩擦材料用复合纱的术语和定义、分类和标记、要求、试验方法、检验规则以及标志、包装、运输和贮存。

本标准适用于在摩擦材料生产中使用的复合纱。

2 规范性引用文件

下列文件对于本文件的应用是必不可少的。凡是注日期的引用文件，仅注日期的版本适用于本文件。凡是不注日期的引用文件，其最新版本（包括所有的修改单）适用于本文件。

GB/T 7690.1 增强材料 纱线试验方法 第 1 部分：线密度的测定

GB/T 7690.2 增强材料 纱线试验方法 第 2 部分：捻度的测定

GB/T 7690.3 增强材料 纱线试验方法 第 3 部分：玻璃纤维断裂强力和断裂伸长的测定

GB/T 8170 数值修约规则与极限数值的表示和判定

GB/T 9914.1 增强制品试验方法 第 1 部分：含水率的测定

3 术语和定义

下列术语和定义适用于本文件。

3.1 复合纱 composite yarn

以无机纤维、有机纤维、金属纤维的定长纤维或连续长纱为原料，通过纺纱、合股工艺加工而成的纱线。

3.2 疵点 defect

指纱线上不应当有的杂物、污渍、碰伤等不符合要求的缺陷。

3.3 捻度 twist

纱线沿轴向一定长度内的捻回数，以捻 / 米表示。

3.4 捻向 direction of twist

加捻后，单纱中的原丝或股纱中的单纱呈现的倾斜方向。从右下角倾向左上角的称为 S 捻，从左下角倾向右上角的称为 Z 捻。

4 分类和标记

4.1 分类

摩擦材料用复合纱按所含纤维种类分为四类，分类与代号见表 1。每类按线密度分为若干规格。

表 1　摩擦材料用复合纱分类与代号

分类	所含纤维种类	代号
1 类	由无机纤维纺纱合股而成的摩擦材料用复合纱	F1
2 类	由无机纤维、金属纤维纺纱合股而成的摩擦材料用复合纱	F2
3 类	由无机纤维、有机纤维纺纱合股而成的摩擦材料用复合纱	F3
4 类	由无机纤维、有机纤维、金属纤维纺纱合股而成的摩擦材料用复合纱	F4

4.2 标记

摩擦材料用复合纱按产品名称、本标准号、分类代号、线密度、捻向、捻度组成的顺序标记。

示例：由无机纤维、有机纤维、金属纤维加捻合股而成的摩擦材料用复合纱，线密度为 1 950 tex，捻向为 S，捻度为 50，标记为：

摩擦材料用复合纱 JC/T 2371–F4–1950S50

5 要求

5.1 摩擦材料用复合纱外观质量应符合表 2 的规定。

表 2　摩擦材料用复合纱的外观质量要求

序号	疵点名称	要求
1	污渍纱	不允许
2	碰伤、磨损	不允许
3	杂物	不允许
4	结头不良	线密度≤ 1 650 tex，接头不长于 2 cm；线密度＞ 1 650 tex， 应分股错开打结，错开距离不小于 3 cm，接头长度不长于 2 cm
5	成型不良	不允许（应成型良好，方便退绕）

5.2 摩擦材料用复合纱理化性能应符合表 3 规定。

表 3　摩擦材料用复合纱理化性能

<table>
<tr><th>类别</th><th>线密度允许偏差 / %</th><th>含水率 / %</th><th>烧失量 / %</th><th>捻度允许偏差 / %</th><th>断裂强度 / （N · tex^{-1}）</th></tr>
<tr><td>F1</td><td rowspan="4">± 10</td><td rowspan="2">≤ 1.0</td><td rowspan="2">≤ 1.5</td><td rowspan="4">± 10</td><td rowspan="2">≥ 0.20</td></tr>
<tr><td>F2</td></tr>
<tr><td>F3</td><td rowspan="2">≤ 2.0</td><td rowspan="2">供需双方协商</td><td rowspan="2">≥ 0.10</td></tr>
<tr><td>F4</td></tr>
</table>

6 试验方法

6.1 试样调节

试样应放置在温度23 ± 2 ℃、相对湿度为50% ± 10%的环境下保持4 h后再进行测定。

6.2 外观检查

在正常（光）照度下，目测法逐个检查。

6.3 线密度测定

按 GB/T 7690.1 中玻璃纤维纱线的规定进行。

6.4 含水率测定

按 GB/T 9914.1 的规定进行。

6.5 烧失量测定

6.5.1 仪器设备

6.5.1.1 高温炉：0~1 000 ℃，精度 ±20 ℃。

6.5.1.2 天平：感量不大于 0.001 g。

6.5.1.3 烘箱：调温范围为0~300 ℃，控温器灵敏度±3 ℃。

6.5.1.4 干燥器。

6.5.1.5 瓷坩埚：50 mL。

6.5.2 试验步骤

将瓷坩埚放入温度为625 ℃的高温炉中，灼烧至恒重，称量，精确至0.001 g，记为m_0。截取试样3~5 g，去掉样品中的金属纤维，放入瓷坩埚，在105 ℃下烘干至恒重，称量，精确至0.001 g，记作m_1；然后将盛有试样的瓷坩埚放入625 ℃的高温炉中灼烧30 min，取出。待红色消退后，移入干燥器中冷却至室温，称量，精确至0.001 g，记作m_2。

6.5.3 结果计算

烧失量C（%）按式（1）计算：

$$C = \frac{m_1 - m_2}{m_1 - m_0} \times 100\% \qquad (1)$$

式中　m_0——瓷坩埚质量，单位为克（g）；

m_1——干燥试样和瓷坩埚质量，单位为克（g）；

m_2——灼烧后试样和瓷坩埚质量，单位为克（g）。

三次平行测定所得结果之差不应超过 0.20%，否则应重新称样测试。

取三个试样测试结果的算术平均值为测定结果，按 GB/T 8170 修约至两位小数。

6.6 捻向和捻度测定

6.6.1 捻度测定

按 GB/T 7690.2 中合股纱的规定进行。

6.6.2 捻向测定

垂直握住纱线，如果纱线围绕它自身的中轴形成的螺旋线以与字母 Z 或 S 的中间部分相同的方向倾斜，则相应地称为 Z 捻或 S 捻。

6.7 断裂强度测定

按 GB/T 7690.3 的规定进行。

7 检验规则

7.1 组批原则

同一原料、同一生产工艺、同一品种、同一规格、稳定连续生产一定数量的复合纱，筒装质量2.5 kg以下（含2.5 kg），以250 kg为一批，不足250 kg仍按一批计；筒装质量2.5 kg以上，以500 kg为一批，不足500 kg仍按一批计。

7.2 抽样方法

7.2.1 外观检查采用随机抽样方法，不同批量所需的样本量、合格批或不合格批的判定应符合表 4 的规定。

表 4　摩擦材料用复合纱外观检查抽样表　　单位：筒

批量	样本大小	合格判定数	不合格判定数
≤ 15	3	0	1
16~25	5	1	2
26~50	8	1	2
51~90	13	2	3
≥ 91	20	3	4

7.2.2 理化性能检验用样品从外观检查合格的样品中随机抽取三筒纱卷，每筒纱卷制备各个检验项目用试样一份。每个检验项目以三个试样测试结果的算术平均值作为报告值。

7.3 判定规则

7.3.1 外观质量按表 4 检查判定。理化性能中任何一项不符合第 5 章的要求时，应加倍取样对不符合项进行复验，以复验结果为准。

7.3.2 除含水率外，其他检验项目均符合第 5 章的要求时，则综合判定该批产品合格；否则综合判定该批产品不合格。

7.3.3 若含水率超过表 3 规定，则应从计量中扣除超过部分。

8 标志、包装、运输和贮存

8.1 标志

8.1.1 每个包装单元内应附有产品合格证明。内容包括：产品标记、生产日期或批号、检验员或检验机构名章、商标或生产单位名称。

8.1.2 每个包装单元上应印刷有产品标记、生产单位名称、生产地址、净质量和防雨防潮标志。

8.2 包装

摩擦材料用复合纱的纱卷应大小基本一致；每筒纱卷应衬有防潮纸或塑料袋包装，外用编织袋包装；以 25 ± 2 kg 为一个包装单元。

8.3 运输和贮存

8.3.1 运输中应防雨、防潮、防破损。

8.3.2 应贮存在具有防雨防潮设施的仓库内，避免日光直射。

ICS 59.080.20
Q 69
备案号：63770-2018

JC

中华人民共和国建材行业标准

JC/T 2449-2018

摩擦密封材料用对位芳纶浆粕

Para-aramid pulp for friction and sealing materials

2018-04-30 发布　　2018-09-01 实施

中华人民共和国工业和信息化部 发布

前 言

本标准按照 GB/T1.1–2009 给出的规则起草。

本标准由中国建筑材料联合会提出。

本标准由全国非金属矿产品及制品标准化技术委员会（SAC/TC406）归口。

本标准起草单位：烟台泰普龙先进制造技术有限公司、珠海格莱利摩擦材料有限公司、宁波飒驰新材料科技有限公司、咸阳非金属矿研究设计院有限公司、佛山市顺德区质量技术监督标准与编码所、南通新源特种纤维有限公司、国家非金属矿制品质量监督检验中心、烟台泰和新材料股份有限公司。

本标准主要起草人：岳程、石志刚、李和平、张建国、倪品、张军岩、钱勤、赵晓纯、温嘉钰、邱召明、许德胜。

本标准为首次发布。

摩擦密封材料用对位芳纶浆粕

1 范围

本标准规定了摩擦密封材料用对位芳纶浆粕（以下简称“对位芳纶浆粕”）的术语和定义、要求、试验方法、检验规则、标志、包装、运输和贮存。

本标准适用于在摩擦材料和密封材料中使用的对位芳纶浆粕。

2 规范性引用文件

下列文件对于本文件的应用是必不可少的。凡是注日期的引用文件，仅注日期的版本适用于本文件。凡是不注日期的引用文件，其最新版本（包括所有的修改单）适用于本文件。

GB/T 332 纸浆 打浆度的测定（肖伯尔-瑞格勒法）

GB/T 8170 数值修约规则与极限数值的表示和判定

GB/T 19587 气体吸附 BET 法测定固态物质比表面积

GB/T 29779—2013 纸浆 纤维长度的测定 非偏振光法

GB/T 30711 摩擦材料热分解温度测定方法

3 术语和定义

下列术语和定义适用于本文件。

3.1 对位芳纶浆粕 papa-aramid pulp

对位芳纶纤维长丝微纤化加工后的产物。在此过程中，纤维的表面被局部破坏，形成大量与原丝相连接的微纤，对位芳纶纤维长丝优秀的特性被保留下来。

3.2 肖氏打浆度 schopper-riegler beating degree

将一定体积和浓度、温度调节至20 ± 0.5 ℃的对位芳纶浆粕悬浮液倒入肖伯尔-瑞格勒仪的滤水室中，滤液通过滤网上的纤维滤层流入一个备有底孔和侧管的漏斗内，然后将从侧管流出的滤液收集在一个有肖伯尔刻度值的量筒中，读取SR值，该值即为对位芳纶浆粕的肖氏打浆度。它表示对位芳纶浆粕悬浮液的滤水速率，综合反映对位芳纶纤维被切断、润胀、分丝帚化的细纤维化程度。

3.3 纤维长度 fiber length

悬浮在水中的对位芳纶浆粕纤维流经测量室，使用一个适宜的非偏振光源使纤维与背景形成高对比的图像，测量出每根纤维的长度。假定所有的纤维都具有相同的粗度，用长度-重量平均纤维长度公式计算出试样的纤维长度。

3.4 比表面积 specific surface area

将对位芳纶浆粕试样放到气体体系中，其表面在低温下将发生物理吸附。当吸附达到平衡时，测量平衡吸附压力和吸附的气体量，根据 BET 方程式求出试样单分子层吸附量，从而计算出试样的总面积，再除以试样质量，得出单位质量试样的表面积，即比表面积。

3.5 热分解温度 thermal decomposition temperature

在程序控温下，以恒定速率加热对位芳纶浆粕试样，测量试样质量变化与温度的关系。当试样质量损失（不包括吸附水蒸发）达到5%时的温度，即为热分解温度。

4 要求

4.1 对位芳纶浆粕的外观为淡黄色或金黄色团絮状羽毛结构，不允许有明显的纤维束。

4.2 对位芳纶浆粕干浆的含水率应不大于8.0%，湿浆的含水率由供需双方商定。

4.3 对位芳纶浆粕的其他性能应符合表1规定。

表1　对位芳纶浆粕的性能要求

序号	特性	特性值	试验方法
1	肖氏打浆度 /° SR	25 ~ 60	5.3
2	维长度 / mm	0.6 ~ 3.0	5.4
3	比表面积 /（$m^2 \cdot g^{-1}$）	5.0 ~ 15.0	5.5
4	热分解温度 /℃	> 500	5.6
5	灼烧余量 /%	≤ 5.0	5.7

5 试验方法

5.1 外观检查

目测。

5.2 含水率测定

5.2.1 试验设备

试验设备应符合下列要求：

a）称量瓶：带盖，建议为扁形，容积100 mL左右；

b）天平：感量不大于0.001 g；

c）电热干燥箱：调温范围为0 ~ 300 ℃，控温器灵敏度 ± 1 ℃；

d）干燥器：能整体放入称量瓶。

5.2.2 试验步骤

将约5 g试样置于已知质量的称量瓶中，准确称量（精确至0.001 g）。将盛样的称量瓶半开盖放入干燥箱中，在105~110 ℃下烘干2 h。盖严称量瓶，取出放入干燥器中冷却至室温，称量（精确至0.001 g）。

5.2.3 结果计算

含水率（%）按公式（1）计算：

$$含水率=\frac{m_1-m_2}{m_1-m_a}\times 100\% \quad (1)$$

式中　m_1——烘干前称量瓶加试样的质量，单位为克（g）；

m_2——烘干后称量瓶加试样的质量，单位为克（g）；

m_a——称量瓶的质量，单位为克（g）。

5.2.4 允许差

两次平行测定所得结果之差不应超过 0.50%，否则应重新称取试样测定。

以不超差的两次平行结果的算术平均值作为报告值，并按 GB/T 8170 修约至二位小数。

5.3 肖氏打浆度测定

按照 GB/T 3332 规定执行。

5.4 纤维长度测定

按照GB/T 29779—2013规定执行，试验结果采用GB/T 29779—2013中9.2.1（b）长度-重量平均纤维长度表示。

5.5 比表面积测定

取对位芳纶浆粕约 0.5 g 于 105℃下干燥 2 h，然后按 GB/T 19587 规定执行。

5.6 热分解温度测定

按照 GB/T 30711 规定执行。

5.7 灼烧余量测定

5.7.1 设备仪器

设备仪器应符合下列要求：

a）天平：感量不大于 0.2 mg；

b）高温炉：最高温度不低于 900 ℃，控温精度不大于 ± 10 ℃；

c）瓷坩埚：容积不小 30 mL；

d）干燥器：能整体放入瓷坩埚。

5.7.2 操作步骤

将约 1 g 干燥后的试样置于已知质量的瓷坩埚中，准确称量（精确至 0.2 mg）。将盛样的瓷坩埚置于高温炉内，在 800 ℃下灼烧 2 h。取出放置在干燥器中冷却至室温，再次称量灼烧后盛样的瓷坩埚（精确至 0.2 mg）。

5.7.3 结果计算

灼烧余量（%）按公式（2）计算：

$$灼烧余量=\frac{m_4-m_b}{m_3-m_b}\times 100\% \tag{2}$$

式中 m_3——灼烧前试样加坩埚的质量，单位为克（g）；

m_4——灼烧后残余物加坩埚的质量，单位为克（g）；

m_b——坩埚的质量，单位为克（g）。

5.7.4 允许差

两次平行测定所得结果之差不应超过 0.50%，否则应重新称取试样测定。

以不超差的两次平行结果的算术平均值作为报告值，并按 GB/T 8170 修约至二位小数。

6 检验规则

6.1 检验分类

6.1.1 出厂检验

对位芳纶浆粕的出厂检验项目为：外观、含水率、肖氏打浆度、纤维长度。

6.1.2 型式检验

对位芳纶浆粕的型式检验项目包括第 4 项的全部要求。有下列情况之一时，应进行型式检验：

a）产品正式投产或定型时；

b）正常生产时，每六个月进行一次；

c）原材料、工艺等发生较大变化，可能影响产品性能时；

d）出厂检验的结果与上次型式检验结果有较大差异时；

e）产品停产三个月以上恢复生产时。

6.2 组批原则

以同批次、同品种的对位芳纶浆粕产品 2 000 kg 为一批，不足 2 000 kg 亦按一批计。

6.3 抽样方法

从每批对位芳纶浆粕产品中按表2随机抽取样本袋。从每袋产品中随机抽取约20 g样品，将所抽样品充分混匀，然后称取试验所需用量。对于含水率试验样品，应在打开包装后立即抽取，并迅速放入密闭容器中。

表 2　取样袋数　　单位：袋

批量	抽取样本数
≤ 40	2
41 ~ 120	3
≥ 121	5

6.4 判定规则

经检验各项质量指标符合本标准要求时，判定该批产品合格。若其中一项或一项以上指标不符合本标准要求，应重新加倍抽样复验不符合项。若复验结果全部符合本标准要求，判定该批产品合格；若复验结果仍有一项或一项以上不符合本标准要求，判定该批产品不合格。

7 标志、包装、运输和贮存

7.1 标志

7.1.1 每袋对位芳纶浆粕产品外包装上应以醒目的颜色标明产品名称、生产单位、生产地址、执行标准号、净质量以及防雨防潮标志。

7.1.2 每批对位芳纶浆粕产品应附有产品检验报告。

7.2 包装

7.2.1 对位芳纶浆粕产品用袋包装，每袋净重允许误差应在 ±0.1 kg 范围内。

7.2.2 包装袋内要有完整的避光、防潮、防静电保护措施。

7.3 运输

对位芳纶浆粕产品运输时应防雨防潮，装卸时禁止损环外包装。

7.4 贮存

对位芳纶浆粕产品应贮存在通风、干燥处，避光保存。

Q/DDQ

南通新源特种纤维有限公司企业标准

Q/320621DDQ 02-2008

无石棉摩擦密封材料基材
复合纱织物

2008-12-24 发布　　2008-12-24 实施

南 通 新 源 特 种 纤 维 有 限 公 司　发布

前 言

本标准编写符合GB/T 1.1–2000《标准化工作导则 第1部分：标准的结构和编写规则》、GB/T 1.2–2000《标准化工作导则 第2部分：标准中规范性技术要素内容的确定方法》的规定。

本标准由南通新源特种纤维有限公司起草。

本标准主要起草人：杨余章。

本标准于 2008 年 12 月 24 日首次发布并实施。

无石棉摩擦密封材料基材
复合纱织物

1 范围

本标准规定了无石棉摩擦密封材料基材—复合纱织物（以下简称复合纱织物）的术语与定义、产品型号、要求、试验方法、检验规则及标志、包装、运输和贮存。

本标准适用于以玻璃纤维、金属纤维、天然纤维、化学纤维按比例有序组合而成的复合纱织物。它是无石棉汽车离合器面片、无石棉盘根、无石棉刹车带、隔热保温、过滤等各种产品的理想的骨架材料。

2 规范性引用文件

下列文件中的条款通过本标准的引用而成为本标准的条款。凡是注日期的引用文件，其随后所有的修改单（不包括勘误的内容）或修订版均不适用于本标准，然而，鼓励根据本标准达成协议的各方研究是否可使用这些文件的最新版本。凡是不注日期的引用文件，其最新版本适用于本标准。

GB/T 191　包装储运图示标志

GB/T 398　棉本色纱线

GB/T 7689.2 增强材料 机织物试验方法 第 2 部分：经、纬密度的测定

GB/T 7689.5 增强材料 机织物试验方法 第 5 部分：玻璃纤维拉伸断裂强力和断裂伸长的测定

GB/T 7690.1 增强材料 纱线试验方法 第 1 部分：线密度的测定

GB/T 7690.2 增强材料 纱线试验方法 第 2 部分：捻度的测定

GB/T 9914.1 增强制品试验方法 第 1 部分：含水率的测定

GB/T 9914.2 增强制品试验方法 第 2 部分：玻璃纤维可燃物含量的测定

GB/T 18374 增强材料术语及定义

3 术语与定义

GB/T 18374 中的术语与定义适用于本标准。

3.1 复合纱

采用玻纤、金属纤维、化学纤维、天然纤维等性能各异的多种纤维根据客户要求，按比例有序地组合加工而成。

3.2 复合纱织物

采用玻纤、金属纤维、化学纤维、天然纤维等性能各异的多种纤维，按比例有序地组合加工成复合纱，用纯棉线作纬纱织成的复合纱织物 (又称复合纱帘子布)。

4 产品型号

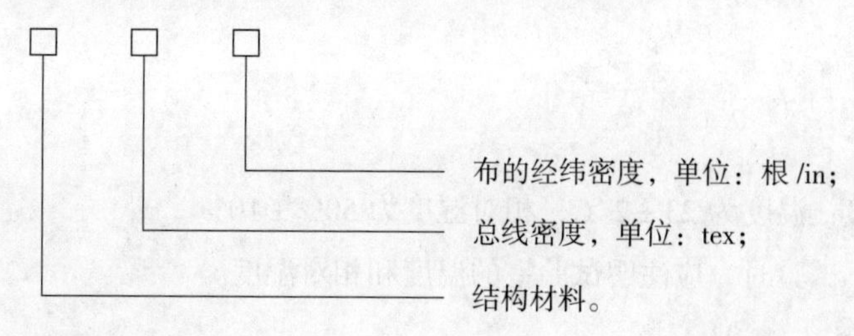

示例：WTX1950–7 × 1.7

经纱总线密度为 1 950 tex；布的经线密度为 7 根 /in、纬线密度为 1.7 根 /in 的中碱玻纤亚克力复合纱帘子布。

5 要求

5.1 原料要求

5.1.1 复合纱织物纬线应符合 GB/T 398 的规定。

5.1.2 复合纱织物经线的线密度：理论值 ±10%（tex）。

5.1.3 复合纱的捻度，根据客户的要求加捻。

捻度表示方法：

捻向：S 向、Z 向。

捻度：捻 / 米，捻度偏差 ±10%。

5.1.4 复合纱经线抗拉强度≥ 100 N/mm^2。

5.1.5 复合纱经线含水率≤ 2.0%。

5.1.6 复合纱经线烧失量：理论值 ±5%。

5.1.7 外观质量

复合纱织物外观疵点见表 1。

表 1　外观疵点

序号	疵点名称	疵点程度	合格品
1	磨损	表面损伤	不允许
2	泡泡纱	松、紧股	不允许
3	多、缺股	多股纱、缺股纱	不允许
4	错号	号数用错	不允许
5	污渍、歪斜、错经	点状的、片状的	不允许
6	接头	单股接头、打结、翘头长度	接头≤ 1 cm
7	断经、断纬、双纬		不允许
8	污渍、拖纱、破洞		不允许
9	剥皮纱、布卷松散		不允许

5.2 复合纱织物的其他要求，由供需双方商定。

6 试验方法

6.1 外观检验

目测检验。

6.2 试验室环境

6.2.1 试验室标准环境：温度为 23 ± 2 ℃，相对湿度为 50% ± 10%。

6.2.2 在非标准环境下试验时，应注明试验室的温度和相对湿度。

6.3 经、纬密度的测定

按 GB/T 7689.2 的规定执行。

6.4 线密度测定

按 GB/T 7690.1 的规定执行。

6.5 捻度的测定

按 GB/T 7690.2 的规定执行。

6.6 抗拉强度测定

按 GB/T 7689.5 的规定执行。

6.7 含水率测定

按 GB/T 9914.1 的规定执行。

6.8 烧失量测定

按 GB/T 9914.2 的规定执行。

7 检验规则

7.1 产品须经厂质检部门检验合格后方可出厂，并附有产品合格证。

7.2 检验分类

复合纱织物产品检验分出厂检验和型式检验。

7.2.1 出厂检验

出厂检验的检验项目为：线密度、外观疵点、含水率、抗拉强度、烧失量。

7.2.2 型式检验

型式检验项目为第 4 项的全部内容，有下列情况之一时，应进行型式检验：

a）新产品定型鉴定时；

b）如结构、材料、工艺有重大改变，可能影响产品性能时；

c）产品长期停产再次恢复生产时；

d）正常生产每一年进行一次。

7.3 组批与抽样

7.3.1 复合纱织物入库以一日连续生产入库的数量为一批，外观质量检验合格。

7.3.2 在每批中至少随机抽取总量的 5% 供外观检验之用，在外观检验合格后的样品中随机抽取一只，按试验方法中的规定进行各项性能试验。

7.4 判定

复合纱织物性能试验的结果，以低的一项等级来确定。各项性能试验结果有任何一项不合格时，应从该批中抽取双倍数量的样品，对不合格项进行复检，若复检结果仍不合格，则判定该批产品为不合格品。

8 标志、包装、运输与贮存

8.1 标志

8.1.1 产品外包装标志应符合 GB/T 191 的规定。

8.1.2 织物应附有产品合格证，标明生产日期、工号，外包装上面标注产品代号及产品净重。

8.2 包装

织物应紧密、整齐地卷在硬质纸管上，布面不得有折叠和不均现象。每卷织物应用结实柔软的包装材料包装，其他包装要求由供需双方商定。

8.3 运输与贮存

产品在运输时必须轻拿轻放，在贮存过程中应防潮、防火、防污损。

参考文献

摩擦片在汽车制动系统使用过程中的问题浅析	赵丽云	《非金属矿》2000 年 11 月
摩擦材料实用生产技术	汤希庆、司万宝、王铁山	中国摩擦密封材料协会
有机摩擦材料学	张清海	中国摩擦密封材料协会
矿物复合摩擦材料	高惠民	化学工业出版社
汽车摩擦材料测试技术	王铁山、曲波	吉林科学技术出版社
摩擦材料及其制品生产技术	申荣华、何林	北京大学出版社
高性能酚醛树脂及其应用技术	唐路林、李乃宁、吴培熙	化学工业出版社
纺织纤维	邢声远、吴宏仁	化学工业出版社
石棉摩擦材料的结构与性能	张元民	中国建筑工业出版社
材料的干摩擦学	张永振	科学出版社
磨损失效分析案例汇集	磨损失效分析案例编委会	机械工业出版社
石棉制品的生产	[苏]П.П.м а п п п/ 戎培康、亚力译	中国建筑工业出版社
短纤维增强塑料手册	[美]Roger F. Jones 主编	化学工业出版社
现代纺织复合材料	黄故 主编	中国纺织出版社
玻璃纤维标准使用手册	国家玻璃纤维产品质量监督检验中心、全国玻璃纤维标准化技术委员会 编著	中国标准出版社
简明纺织材料学	李亚滨、杨弘、褚益清、王绍平、张毅 编	中国纺织出版社
玻璃纤维与矿物棉全书	张耀明、李巨白、姜肇中 主编	化学工业出版社
玻璃纤维应用技术	姜肇中、邹宁宇、叶鼎铨 主编	中国石化出版社
《纺织材料学》（第 3 版）	姚穆 主编	中国纺织出版社
制动摩擦材料与摩擦片及检测标准实用手册	申荣华 等	中国冶金出版社
摩擦材料填料与配方设计	司万宝	大连理工大学出版社
纺织手册	邢声远	化学工业出版社
现代摩擦材料	[苏]N. M. 费多尔钦科	中国冶金出版社
纤维辞典	邢声远 等	化学工业出版社